先进制造应用禁忌系列丛书

# 模具制造禁忌

金属加工杂志社　组编

机械工业出版社
CHINA MACHINE PRESS

本书内容以案例征集的形式组编，由来自模具制造行业领域具有丰富经验的十余位专业人士共同编写。编写人员对多年模具生产制造经验进行总结、提炼，按照理论联系实际、突出生产应用、及时更新知识的原则编写了本书。

本书内容包括模具制造概述、冲压模具制造禁忌、塑料成型模具制造禁忌及其他模具制造禁忌，强调应用能力培养，注重模具制造工艺知识要点和基本概念的理解，强化理论与生产实际的联系。

本书可作为各企业一线模具从业人员的技能培训教材，也可作为研究机构相关人员及高职、高专、本科院校相关专业师生的参考资料。本书将助力模具行业人员汲取经验、推动模具行业的技术进步。

**图书在版编目（CIP）数据**

模具制造禁忌/金属加工杂志社组编 .—北京：机械工业出版社，2024.4

（先进制造应用禁忌系列丛书）

ISBN 978-7-111-75464-0

Ⅰ.①模… Ⅱ.①金… Ⅲ.①模具-制造-禁忌 Ⅳ.①TG76

中国国家版本馆 CIP 数据核字（2024）第 061993 号

机械工业出版社（北京市百万庄大街 22 号　邮政编码 100037）

策划编辑：李亚肖　　　　　责任编辑：李亚肖　戴　琳

责任校对：甘慧彤　陈　越　责任印制：张　博

北京联兴盛业印刷股份有限公司印刷

2024 年 6 月第 1 版第 1 次印刷

184mm×260mm · 15.5 印张 · 382 千字

标准书号：ISBN 978-7-111-75464-0

定价：88.00 元

电话服务　　　　　　　网络服务

客服电话：010-88361066　机　工　官　网：www.cmpbook.com

　　　　　010-88379833　机　工　官　博：weibo.com/cmp1952

　　　　　010-68326294　金　书　网：www.golden-book.com

**封底无防伪标均为盗版**　机工教育服务网：www.cmpedu.com

# 编写人员

主　编：张善文　扬州大学

　　　　葛文军　扬州大学

编写组成员：

文根保　中国航空工业航宇救生装备有限公司

赵　凯　陕西先锋东太钣金技术有限公司

李晓波　山西航天清华装备有限责任公司

马宝顺　盘起工业（大连）有限公司

李欢迎　长城汽车股份有限公司

金龙建　松渤电器（上海）有限公司

陶永亮　重庆川仪工程塑料有限公司

周德雄　瑞德电子（深圳）有限公司

孙永元　扬州大学

樊士玉　扬州大学

滕兴欢　扬州大学

吕周龙　扬州大学

模具是汽车、家电、电子通信设备、轨道交通装备、医疗器械以及航空航天等主导产品制造业的保障性装备，也是精密成形制造的关键基础零部件。随着模具在制造业中的应用日益广泛，它为促进国民经济的发展将发挥越来越重要的作用。由于模具的结构复杂、装配精密，寿命要求长，加之多品种小批量的生产模式，模具制造业成为当今世界先进制造业的重要代表，其制造水平也是衡量一个国家制造业水平的重要标志。

我国是模具大国，"十三五"以来连续多年保持着世界第一大模具消费国、模具生产国和模具出口国地位，模具制造业从业人员一度达到上百万。进入高质量发展阶段，模具制造技术和产业的创新驱动发展，对模具从业人员，特别是专业技术人才提出了新的更高要求。为了满足模具制造从业人员的知识更新和在岗培训要求，各级政府部门加大了对职业教育和相关培训机构在师资和教材编写方面的支持力度，包括鼓励一些行业专家和模具大师总结他们多年积累的经验，出版书籍，与行业分享，以提高相关人员的模具设计制造能力。金属加工杂志社组织业内经验丰富的专业人士编写的《模具制造禁忌》一书，正是顺应这种形势问世的。它采用新颖的"禁、忌"警醒方式，详细讲述了常用模具设计制造关键环节中"完全不可用"或"非必要，尽量避免用"的模具制造工艺、技术或措施，是专业技术书籍编写方式的一种创新尝试。

《模具制造禁忌》是在总结、分析并解决多家模具制造企业遇到的生产过程中出现的问题的基础上编写完成的，内容以占模具总量75%左右的冲模、塑料模为主，兼具基础理论而更注重生产实践，且图文并茂，体系结构符合工程技术人员要求，可作为模具制造相关人员的培训教材或技术手册，也可供机械类专业人员参考。

相信本书的出版，能够成为模具制造专业技术人员的好帮手，进而助力我国模具产业的高质量发展。

中国模具工业协会名誉会长

　　近年来，我国国民经济的高速稳定增长带动模具工业迅速发展。模具工业对模具设计与制造、材料成形与控制、机械设计制造及其自动化等专业的技术应用性人才培养提出了更高要求。为适应培养现代模具制造技术人员的需要，编者总结近十几年模具生产和教学方面的经验，参考国内外有关著作和论文的精华，按照理论联系实际、突出生产应用、更新知识的思路编写了本书。

　　本书内容包括模具制造概述、冲压模具制造禁忌、塑料成型模具制造禁忌、其他模具制造禁忌。为适应培养模具生产一线应用型专业技术人才的需要，本书强调应用能力培养，注重突出模具制造工艺知识要点和基本概念，强化理论联系模具生产实际。通过模具制造基本概念、模具制造技术与典型模具制造工艺过程的介绍，使技术人员对模具制造有比较系统的了解。通过引用典型生产实例进行分析，用二维或三维图、产品实物图等直观表达模具制造过程中的禁忌，使技术人员能深刻理解所述内容，很好地掌握模具制造技术的知识要点，从而更好地培养技术人员分析和解决模具生产实际问题的能力。

　　本书可作为高职、高专、本科院校模具相关专业的学习资料，也可供从事模具制造的工程技术人员参考。

　　本书由金属加工杂志社组编，张善文、葛文军任主编。第1章由张善文、葛文军编写，第2章由李晓波、李欢迎、马宝顺、金龙建、赵凯编写，第3章由陶永亮、文根保、周德雄编写，第4章由文根保编写。全书由张善文统稿。其他参编人员还有孙永元、樊士玉、滕兴欢、吕周龙。本书在编写过程中还得到了有关企业和专家的大力支持与帮助，在此一并表示感谢！

　　由于编者水平有限，书中难免有错漏及不当之处，恳请广大读者批评指正。

编者

# 目　录

# 第 1 章

# 模具制造概述

## 1.1 模具制造简述

### 1.1.1 模具及模具的类型

模具是由机械零件组成,在与相应的压力成型设备(如冲床、塑料注射机、压铸机等)相配合时,可直接改变金属或非金属的形状、尺寸、相对位置和性质,使之成为合格零件或半成品的成型工具。用模具成型的零件也称为制件。

模具的种类繁多,根据不同的分类方法可把模具分为以下类型。

1)按成型材料的性质,分为金属模具和非金属模具。

2)按材料在模具内成型的特点,可分为冷冲模和型腔模两大类。其中,冷冲模包括冲裁模、拉深模、弯曲模、冷挤压模及成型模具等;型腔模包括锻模、压铸模、塑料模、粉末冶金模、陶瓷模及橡胶模等。

### 1.1.2 模具的特点

模具以特定的结构型式通过一定的方式使材料成型为一种工业产品,是能成批生产出达到一定形状和尺寸要求的工业产品零部件的一种生产工具,模具成型可以应用于大到飞机、汽车,小到茶杯、钉子,几乎所有的工业产品的成型。用模具生产制件具有高精度、高一致性、高生产率、质量好、成本低、节省能源和材料等优点。模具在很大程度上决定着产品的质量、生产率和新产品的开发能力,因此模具又有"工业之母"的美誉。

### 1.1.3 模具制造及模具制造技术

模具制造是指在相应的制造设备和制造工艺条件下,直接对模具构件用材料(一般为金属材料)进行加工,改变其形状、尺寸、相对位置和性质,使之成为符合要求的构件,再将这些构件配合、定位、连接并固定装配为模具的过程。这一过程是通过各种工艺、工艺过程管理、工艺顺序设计,对模具构件进行加工、装配来实现的。

模具制造技术就是运用各类装配和加工技术,生产出各种具有特定形状和加工作用的模具,并使其应用于实际生产中的一系列工程应用技术。它包括产品零件的分析技术、模具的设计和制造技术、模具的质量检测技术、模具的装配和调试技术及模具的使用和维护技术。

### 1.1.4 模具制造的过程

模具制造和其他机械工业产品的制造一样，都是将原材料加工为成品的过程，但模具加工制造过程与一般机械产品的加工过程又有所区别。模具制造的过程主要包括模具方案的确定、模具的设计、工艺规程的制定、零部件生产、模具的装配、模具试模与修整及模具检测与验收等阶段。

1. 模具方案的确定

在模具设计及生产之前，应该根据客户的要求，认真分析研究产品的形状、尺寸、精度以及其他技术要求，初步确定模具总的结构及精度等，并根据制造单位的实际情况等因素拟定模具设计与制造的总方案。

2. 模具的设计

模具的设计是模具制造过程中最关键的工作，主要包括模具总装配图和各零部件图的绘制。装配图要反映出各零部件之间的装配关系、尺寸、位置等，而零部件图则应标明其尺寸及公差、精度、材料、热处理及其他技术要求等。

3. 工艺规程的制定

工艺规程是指工艺人员对模具零部件的生产以及装配等工艺过程和操作方法的规定。制造模具时，在工艺上要充分考虑模具零部件的材料、结构形状、尺寸、精度及使用寿命等方面的不同要求，采用合理的加工方法和工艺路线来保证模具的加工质量，提高生产率，降低成本。

4. 零部件生产

零部件生产是指根据零部件图样的要求以及制定的工艺规程，采用切削加工、铸造加工和特种加工等方法加工出符合要求的零部件。零部件的加工往往包括粗加工、热处理和精加工等过程。零部件的生产还包括标准件及其他外协件的采购等。

5. 模具的装配

模具的装配是将加工好的模具零部件及标准件按照模具装配的要求装配成一个完整的模具。在模具装配的过程中，还要对一些零部件进行修整，以达到设计要求。

6. 模具试模与修整

模具装配好后，还需要在规定的成型机械上试模，检查模具在运行过程中是否正常，所得到工件的形状、尺寸、精度等是否符合要求。如果不符合要求，还需要对模具的一些零部件进行修整，并再次试模，直至能正常运行并加工出合格的工件为止。

7. 模具检测与验收

模具制造的最后一步是将检测合格的模具以及试制的工件进行包装，并附带检验单、合格证、使用说明等，交付相关部门或出厂。

### 1.1.5 模具制造及工艺特点

1. 模具制造的特点

模具制造与其他的机械制造相比，具有以下几个特点：

1）模具生产具有单件生产属性。模具是非定型产品，每套模具均有其不同的技术要求，通常生产一种工件，一般只需要一两副模具，这就使模具生产具有单件小批量生产的特点。

2）模具形状及加工方法复杂，加工精度要求高。模具的工作部分一般都是复杂的曲面，而不是一般机械加工的简单几何体，模具生产制造技术几乎集中了机械加工的精华，一副模具往往需要用各种先进的加工方法才能保证加工质量。此外，模具的零部件不仅要具有较高的尺寸精度，还要具有较高的形状和位置精度。

3）模具生产周期长、成本高。由于模具的单件生产属性，且对生产的要求高，每制造一副模具，都要从设计开始，并且要利用多种加工方式，一些零部件的具体尺寸以及位置必须要经过试验后才能确定，因此，模具生产的周期长、成本高。

4）模具生产的成套性。当生产某个工件需要多副模具时，各个模具之间往往相互影响，只有最后加工出的工件合格，这一套模具才算合格。

5）模具生产需试模。由于上述模具设计及模具制造的一些特点，模具生产后，必须要经过反复的试模、修整才能验收、交付使用。

2. 模具的工艺特点

模具工艺主要有以下几个特点：

1）模具零部件毛坯精度较低，加工余量较大。毛坯一般由木模铸造、手工造型、砂型铸造及自由锻等方法加工而成。

2）模具零部件除采用如车床、万能铣床、内外圆磨床及平面磨床等普通机床来加工外，还需要采用如电火花机床、线切割加工机床、成形磨削机床、电解加工机床等精密、高效的专用加工设备来加工。

3）为了降低模具零部件的加工成本，很少采用专用夹具。一般采用通用夹具，用划线法和试切法来保证尺寸精度。

4）精密模具要考虑工作部分零部件的互换性，一般模具采用配合加工的方法。

5）模具生产的专业厂家一般都实现了零部件和工艺的标准化、通用化和系列化，从而实现批量生产。

# 1.2 模具制造技术现状与发展前景

## 1.2.1 模具在国民经济中的地位与作用

模具是成型加工的基础，因此，模具的设计与制造是成型加工的核心，而模具的质量和使用寿命则是决定成形加工过程是否经济、可行的关键。

模具是重要的工艺装备，以其特定的形状通过一定的方式使原材料成型。例如，锻件和冲压件都是通过锻造或冲压方式使金属材料在模具内发生塑性变形而获得的；粉末冶金件、压铸件以及橡胶、塑料、陶瓷等非金属制品，绝大多数也是用模具成型的。用模具加工零件，具有高产、优质、低成本等特点，因此在机械制造、家用电器、轻工日用品、石油化工、仪器仪表、航空航天、电子产品及机电产品等工业部门得到了极其广泛的应用。据统计，利用模具制造的零件，在自行车、洗衣机、电冰箱、电风扇及手表等轻工产品中约占85%以上；在电视机、录音机、计算机等电子产品中约占80%以上；在汽车、拖拉机、飞机、电机电器及仪器仪表等机电产品中占 60% ~ 70%。

随着社会经济的发展，人们对工业产品的品种、数量、质量及款式都有越来越高的要求。为了满足人们的要求，世界上各工业发达国家（或地区）都十分重视模具技术的研究和开发，大力发展模具工业，采用先进技术和设备，提高模具制造水平，取得了显著的经济效益。

目前，人们普遍认识到，研究和开发模具技术对促进国民经济的发展具有特别重要的意义。模具技术已成为衡量一个国家产品制造水平的重要标志之一。对于模具在现代工业中的重要地位有很多说法，比如，美国认为模具工业是工业的基石；日本认为模具是进入富裕社会的原动力；德国认为模具是金属加工业中的帝王；我国认为模具是效益放大器。由此可以断言，模具工业在国民经济中的地位将会日益提高，模具技术也会不断发展，并在国民经济发展过程中发挥越来越重要的作用。

## 1.2.2 模具制造技术的现状

模具零部件的制造加工方法有常见的金属切削加工、电化学加工和电火花加工，同时还有精密铸造、激光加工和其他高能束加工，以及集两种加工方法于一体的复合加工等。随着数控技术和计算机技术的发展，其在模具零部件加工中的应用也越来越广泛。

1. 金属切削加工技术

金属切削加工（习惯上简称为"切削加工"）是利用切削刀具从毛坯上切除多余金属，以获得符合形状、尺寸和表面粗糙度要求的零件加工方法。铸造、锻压和焊接等方法（除特种铸造、精密锻造外），通常只能用来制造毛坯或较粗糙的零件。凡精度要求较高的零件，一般都要进行切削加工，因此，切削加工在模具制造业中占有重要的地位。

切削加工可分为钳工和机械加工两部分。

1）钳工一般由工人手持工具对工件进行切削加工，其主要内容有划线、錾削、锯削、锉削、刮削、钻孔和铰孔、攻螺纹及套螺纹等，机械装配和维修也属钳工范围。随着加工技术的不断发展，钳工的一些工作已由机械加工所代替，机械装配也在一定范围内不同程度地实现了机械化、自动化。但在某些情况下，钳工不仅方便、经济，还易于保证加工质量，特别是在机械装配、维修以及模具制造中，仍然是不可缺少的加工方法，因此，钳工在模具制造业中占有独特的地位。

2）机械加工是将工件和刀具安装在机床上，通过工人操纵机床来完成切削加工的技术。其主要的加工方式有车、钻、刨、铣、磨及齿轮加工等。所用的机床有车床、钻床、刨床、铣床、磨床和齿轮加工机床等。

机床的种类很多，若按其适用范围来分类，则可分为通用机床、专门化机床和专用机床；若按其精度来分类，则可分为普通机床、精密机床和高精度机床；若按其自动化程度来分类，则可分为一般机床、半自动机床和自动机床；若按其自身质量来分类，则可分为一般机床、大型机床和重型机床。按机床的加工性质和所用刀具进行分类是最基本的机床分类方法。按照现行国家标准 GB/T 15375—2008《金属切削机床 型号编制方法》的规定，机床按其工作原理划分为 11 类，即车床、钻床、镗床、磨床、齿轮加工机床、螺纹加工机床、刨插床、拉床、铣床、锯床及其他机床。

2. 数控加工技术

模具作为成型塑件的工具，其零件制造精度要求高于成型塑件的精度。组成模具的大部分零件一般具有复杂的型面，传统的加工方法不仅加工效率低，且加工精度低。数控加工是模具零件加工的主要方法，如数控车削加工、数控铣削加工、数控线切割加工及数控电火花加工等。

（1）数控车削加工　数控车削可用于顶杆、推杆、导柱、导套等轴类零件的加工，还可用于回转体类模具零件的加工，如外圆体、内圆盆类零件的注射模零件，轴类、盘类零件的锻模零件及冲模的凸模等。

（2）数控铣削加工　数控铣削可用于外形轮廓较为复杂或者带有三维曲面型面的模具零件的加工，如注射模的型芯、型腔板等。

（3）数控线切割加工　数控线切割可加工各种直壁模具零件或者一些形状复杂、材料特殊以及带有异型通槽的模具零件。

（4）数控电火花加工　数控电火花加工可用于复杂形状、特殊材料、镶拼型腔板及镶件、带异型槽的模具零件的加工。

（5）数控加工中心加工　数控加工中心根据加工轴的数量可分为 3 轴数控加工中心、4 轴数控加工中心和 5 轴数控加工中心等，其中，5 轴数控加工中心可以加工高精度、曲面复杂的模具零件。目前，在模具零件加工中，5 轴数控加工中心应用较广泛。

3. 特种加工技术

模具制造常用的特种加工方法有电火花加工、激光加工、超声波加工、电子束加工、电铸成型等。

（1）电火花加工　电火花加工是利用电蚀作用去除材料的加工方法，又称放电加工或电蚀加工。加工时工件和工具电极同时浸泡在绝缘工作液中，并在两者之间施加强脉冲电压，以击穿绝缘工作液。由于能量高度集中，放电区的高温会使工件表面金属局部熔化脱落，以此达到去除材料的效果。电火花加工主要分为电火花成形加工和电火花线切割加工。

1）电火花成形加工。电火花成形加工在模具行业中应用广泛，尤其适用于注射模零件加工。随着零件加工精度、表面粗糙度要求的不断提高，电火花成形机的需求也在增加。电火花成形机的优势：放电加工控制系统可实现 4 轴联动或 5 轴联动加工，实现机床的高精度（重复定位精度 $\leqslant 2\mu m$）、高效率（切割速度 $\geqslant 500mm/min$）、低表面粗糙度值（$Ra \leqslant 0.1\mu m$）、低电极损耗率（$\leqslant 0.1\%$）、任意轴向的抬刀和伺服放电、复杂的 4 轴联动加工。

2）电火花线切割加工。线切割加工是电火花加工的一种，其电极是细长的金属丝，金属丝在移动的同时进行脉冲放电，使其附近的金属局部熔化脱落，通过控制金属丝的移动轨迹即可切割相应的图案。高速走丝线切割使用钼丝作为工具电极，其直径为 $0.02 \sim 0.3mm$，往复移动速度达 $8 \sim 10m/s$；低速走丝线切割使用铜丝作为工具电极，其移动速度较慢，一般小于 $0.2m/s$，且单向运动。相比于电火花成形加工，电火花线切割加工精度高，约为 $10\mu m$。低速走丝线切割精度可达 $0.5\mu m$，表面粗糙度值约为 $Ra\ 0.2\mu m$。高速走丝线切割精度可达 $20\mu m$，表面粗糙度值约为 $Ra\ 3.2\mu m$。电火花线切割适用于加工冲孔模和落料模等零件上的各种模孔、型孔、复杂型面、样板和窄缝等。

（2）激光加工　激光加工是使加工部位的材料在高能激光束的照射作用下加热至高温熔融状态，并使用冲击波将熔融物质喷射出去的加工方法，或是使材料在较低能量密度的激光束作用下熔化，然后进行焊接的加工方法。在模具行业，尤其是在模具修复和模具制造方面，激光加工应用广泛，常见的有激光切割、激光打孔、激光淬火和激光焊接等。同时，激光加工技术还能应用在表面强化处理方面，主要有两种方式：一是利用激光焊对模具表面局部损伤部位进行修复；二是利用激光对模具表面进行淬火硬化。

（3）超声波加工　超声波是指频率高于 20kHz 的声波。超声波加工是利用超声波作为动力，带动工具做超声振动，通过工具与工件之间的磨料冲击进行工件表面加工的成形方法。采用超声波-电化学抛光复合加工工艺加工模具型腔表面，不仅可以提高模具型腔表面质量和降低表面粗糙度值，还能提高生产率，减少工具的磨损。

（4）电子束加工　电子束加工是指在真空环境中通过高能电子束将工件待加工部位加热至熔融或蒸发的状态，以此去除材料的加工方法。同时，高能电子束提供的能量使工件表面发生化学反应，也是电子束加工的一种方式。将带有脉冲电压的电子束照射在模具零件表面，可以对模具零件表面进行抛光处理，是一种新型的模具零件表面处理工艺。

（5）电铸成型　电铸成型是利用电化学过程中的阴极沉积现象进行成型的加工方法，主要用于注射模零件的加工。注射模的电铸成型是将动模作为阴极，将需要电铸的金属作为阳极，将它们同时置于镀槽中，然后通入直流电，此时阳极的金属释放金属离子，并向动模沉积，一段时间后，动模上会沉积适当厚度的金属层，形成电铸层。电铸工艺适用于金属型腔的复制加工，加工精度高。

**4. 柔性制造技术**

柔性制造单元（Flexible Manufacturing Cells，FMC）是数控加工中心的扩展，数台数控机床或加工中心和工件运输装置在计算机的控制下，根据需要自动更换夹具和刀具，进行工件的加工。

柔性制造单元主要有以下 3 种类型：

1）托板存储库式，其特点是有托板储存系统，可通过 PLC 控制托板的选择和定位，适用于非回转体零件的加工。

2）机器人搬运式，由加工中心、数控机床、机器人和工件传输系统等组成，有些还包括清洗设备。

3）可换主轴箱式，一般由可更换主轴箱的数控机床、主轴库、主轴交换装置和托板交换装置组成。装有工件的托板交换装置将工件运送至圆形工作台上夹紧，装有主轴箱的动力头驱动刀具加工工件。可换主轴箱式 FMC 的加工方式为多轴加工，适用于中、大批量工件的加工生产。

**5. 快速制模技术**

与传统模具零件加工技术相比，快速制模技术能以较低的生产成本及较高的效率，制造出较高精度、耐用的模具，是一种经济效益良好的先进制造技术。

（1）3D 打印技术　3D 打印属于增材制造（Additive Manufacturing，AM）技术，是激光技术、材料科学技术、计算机技术及数控技术高度发展的产物。3D 打印技术与传统去除材料的加工方法不同，其采用"分层切片，层层叠加"的原理，只需要把产品 3D 模型通过指定的方式传输到 3D 打印设备，就可以打印出具有一定精度的产品。相比于传统制模技术，3D 打印技术的制造效率高，成本低，适用于新产品的开发研究。

（2）表面成形制模技术　表面成形制模技术可用于型腔表面或精细花纹的加工，涉及的工艺技术有电铸、喷涂、化学腐蚀等。

（3）浇注成型制模技术　浇注成型制模技术主要有铋锡合金制模技术、锌基合金制模技术、树脂复合成形技术及硅胶制模技术等。

（4）冷挤压及超塑性成型制模技术　冷挤压是模具型腔板的一种加工方法，不需要切削加工，只需将坚硬的原模或动模经过冷挤压压入较软且塑性好的材料内，形成所需的型腔。经冷挤压加工形成的型腔表面光滑，可缩短挤压后的加工过程。冷挤压、冷滚压是加工复杂型腔或型面的新工艺，由于效率高、质量好，广泛应用于制造塑料、压铸、热锻、精压、冷镦、冷冲、螺纹滚压等各种模具零件。超塑性成型是利用超塑性金属作为型腔坯料，在超塑性状态下将工艺凸模压入坯料内部，以实现模具成型加工。具有超塑性的材料有很多种，用于制造模具的如 T8A、T12A、Cr12MoV、9SiCr、ZnAl22 等。利用超塑性成型技术制造型腔，对缩短制造周期、提高塑料制品质量、降低产品成本、加速新产品的研制，具有重要意义。

（5）无模多点成形技术　通过对一系列排列规则、高度可调的基体的实时控制，自由地构造成型面，实现板材曲面加工，是集计算机技术和多点成形技术于一体的复合制造技术。

（6）随形冷却技术　注射模中，冷却水道可以根据塑件形状设计成相应的形状，水道直径可以根据需要改变，水道截面形状的选择呈多样化。模具冷却时间是决定塑件生产周期长短的重要因素，通过 CAE 分析优化模具冷却水道的形状和布置方式，可以提高冷却效率，并降低因冷却不均而产生的废品率。目前，随形冷却水道主要通过选择性激光熔化（SLM）技术制造。

### 1.2.3　模具制造技术的发展前景

1. 影响模具制造技术发展的因素

（1）制造设备水平的提高促进模具制造技术的发展　先进的模具制造设备拓展了机械加工模具的范围，提高了加工精度，降低了表面粗糙度值，大大提高了生产率。如数控仿形铣床、加工中心、精密坐标磨床、数控坐标磨床、数控电火花成形机、低速走丝线切割、精密电加工机床、三坐标测量机、挤压研磨机及激光快速成形机等。

（2）模具新材料的应用促进制模技术的发展　模具材料是影响模具寿命、质量、生产率和生产成本的重要因素，目前我国模具寿命仅为发达国家的 1/5~1/3，而材料和热处理的原因占 60% 以上。随着新型优质模具钢的不断开发（如 65Nb、LD1、HM1、GR 等）以及热处理工艺和表面强化处理工艺的进一步完善和发展（如组织预处理、高淬低回、低淬低回、低温快速退火等热处理工艺以及化学热处理、气相沉积、渗金属、电火花强化等新工艺、新技术），都将极大地促进和提高模具制造技术的快速发展。

（3）模具标准化程度的提高促进模具制造技术的发展　模具的标准化程度是模具技术发展的重要标志，目前我国的标准化程度约占 30%（50 多项国家标准、300 多个标准号），而发达国家为 70%~80%。标准化促进了模具的商品化，商品化推动了模具生产的专业化，从而提高制模质量，缩短制造周期，降低制造成本，也可促进新材料、新技术的应用。

（4）模具现代设计和制造技术促进了模具制造技术的发展　CAD/CAM/CAE 技术的发展，使模具设计与制造向着数字化方向发展。尤其是零件三维造型软件（如 UG、Pro/E）

的广泛应用，实现了模具设计与制造的一体化，极大地提高了模具制造技术和水平，也是未来模具制造技术的主要发展方向。

2. 模具制造技术发展趋势

（1）推广应用模具 CAM 技术

1）模具软件功能的集成化。

2）模具设计、分析及制作的三维化。

3）模具软件应用的网络化趋势。

（2）模具加工设备发展趋势

1）电火花加工机床朝着智能化、自动化、高效化、精密化的方向发展。

2）激光加工设备向着更高精度、更高效率的激光抛光机和 5 轴联动激光加工机床的方向发展。

3）高速铣削机床将向加工精度更高的方向发展。

4）随着 3D 打印技术的发展，金属 3D 打印机逐渐应用于注射模随形冷却水道镶件的加工、模具零件的加工制造及修复等。

5）柔性制造单元朝多功能方向发展。

6）加工技术及装备的加工速度更快、精度更高。

7）复合主轴头 5 轴联动机床和复合加工机床发展空间大。

（3）数控系统发展趋势

1）数控系统向智能化、开放式、网络化的方向发展。

2）重视新技术标准、规范的制定。

# 1.3　典型模具制造

## 1.3.1　冲压模具制造

冲压模具制造是模具设计过程的延续，是以冲压模具设计图样为依据，通过原材料的加工和装配转变为具有使用功能的成型工具的过程，其过程如图 1-1 所示，主要包含以下 3 方面工作。

1）工作零件（凸、凹模等）的加工。

2）配购通用件、标准件及进行补充加工。

3）模具的装配与试模。

随着模具标准化和生产专业化程度的提高，现代模具制造过程已比较简化。模具标准件的精度和质量已能满足使用要求，并可从市场购买。工作零件的坯料也可从市场购买，因此模具制造的关键和重点是工作零件的加工和模具装配。

需要强调的是，模具加工集中了机械加工的精华，冲压模具加工采用了许多先进的加工方法和手段，如数控铣、数控电加工、坐标镗、坐标磨及成形磨等。

1. 模具零件的工艺性分析

通过分析研究产品的装配图和零件图，可熟悉该产品的用途、性能及工作条件，明确零件在产品中的位置和作用。分析该零件各项技术要求和公差的制定依据，在此基础上审查图

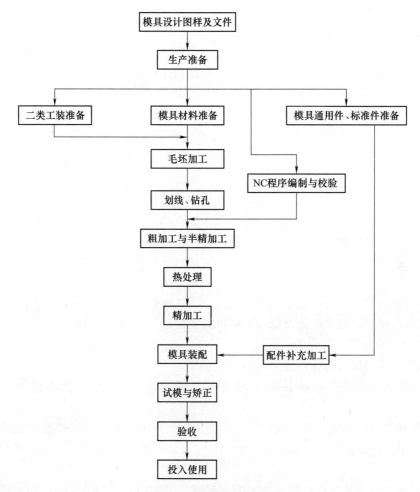

图 1-1　冲压模具制造过程

样的完整性和正确性，例如图样是否有足够的视图，尺寸和公差是否标注齐全，零件的材料、热处理及其他技术要求是否完整、合理。在熟悉零件图的同时，要对零件结构的工艺性进行分析。只有这样，才能综合判断零件的结构、尺寸、公差及技术要求是否合理。若有错误和遗漏，应提出修改意见。

2. 模具零件的毛坯选择

选择毛坯的基本任务是选定毛坯的制造方法及制造精度，毛坯的选择不仅会影响毛坯的制造工艺和费用，而且会影响到零件机械加工工艺及生产率与经济性。如选择高精度的毛坯，可以减少机械加工劳动量和材料消耗，提高机械加工生产率，降低加工成本，但却增加了毛坯的费用。因此，选择毛坯要从机械加工和毛坯制造两方面综合考虑，按照零件的结构形状、尺寸、材料、力学性能，结合现有的生产条件，以求得到最佳效果。

3. 工艺路线的拟定

拟定工艺路线是制订工艺规程的关键步骤，其主要内容包括选择定位基准、选择加工方法和加工设备、划分加工阶段、确定工序的集中与分散、安排加工顺序等。

（1）选择定位基准　定位基准不仅会影响零件的加工精度，而且对同一个待加工表面选用不同的定位基准，其工艺路线也可能不同。机械加工的最初工序只能用毛坯上未加工过的表面作为定位基准，这种定位基准称为粗基准。用已经加工过的表面作定位基准则称为精基准。在制订零件机械加工工艺规程时，应先考虑选择怎样的精基准定位能保证零件达到设计要求，然后考虑选择什么样的粗基准定位，再把用作精基准的表面加工出来。必须指出的是，定位基准的选择不能仅考虑本工序的定位、装夹方式是否合适，而应结合整个工艺路线统一考虑，使先行工序为后续工序创造条件，使每个工序都有合适的定位基准和装夹方式。

（2）选择加工方法和加工设备　选择加工方法和加工设备时，除要考虑到生产率和经济性要求外，还要考虑到生产类型。若是大批量生产，则要采用高效率设备与专用设备，如使用各种类型的组合机床；加工平面和孔采用拉床进行拉削加工；加工轴类零件采用多刀车床、多轴车床或仿形车床；采用精密铸造或精压毛坯可减少切削加工量。若是中、小批量生产，则应选用通用设备，或采用数控机床以提高加工质量和生产率。在选择加工方法和加工设备时，应进行方案比较，选择性价比最高的方案。

选择加工方法还要考虑工件材料的性质。工件材料若是淬火钢，常采用磨削加工，也可采用振动切削加工；若是有色金属，则通常采用高速精密车削、精镗等加工方法。

选择加工方法时，首先应当选定主要表面（零件的工作表面或基准）的最后工序的加工方法。然后再确定最后加工工序以前的各准备工序的加工方法和顺序。

（3）划分加工阶段　零件的机械加工一般要经过粗加工、半精加工和精加工几个阶段才能完成，对于特别精密的零件还要进行光整加工。

1）粗加工阶段主要是切除各加工表面的大部分加工余量，并为半精加工提供定位基准。

2）半精加工阶段的任务是完成次要表面的加工，并为主要表面的精加工做好准备。

3）精加工阶段主要是保证各主要表面的尺寸、形状和位置精度以及表面粗糙度达到图样要求。

4）光整加工阶段是对精度要求很高（标准公差等级 IT5 以上）、表面粗糙度值要求很小（$Ra$ 为 0.2μm 以下）的表面来说的。这一阶段一般不用矫正形状精度和位置精度。

加工阶段的划分是对零件加工的整个过程而言，不能以某一表面的加工或某一工序的性质来判断。在具体应用时也不可绝对化。对于有些重型或加工余量小、精度不高的零件，可以在一次的装夹中完成表面的粗加工和精加工。

（4）确定工序的集中与分散　在安排零件的加工顺序时，应考虑工序的集中与分散问题。工序集中是使每道工序所加工的表面数量尽可能多，而使零件加工总的工序数目减少，所用机床和夹具的数量也相应减少。工序集中有利于保证零件各表面之间的位置精度，简化生产，节省辅助作业时间。工序分散则是减少每道工序的加工内容，增加总的工序数目，工序分散所用设备较简单，对工人的技术水平要求较低，且生产准备工作量小，容易适应生产产品的变换。

大批量生产中，常采用工序集中原则，但也有一些工厂在大批量生产时采用工序分散原则，以便适应生产产品的不断变换。单件小批量生产中，由于不采用专用设备，工序集中受限。对于重型零件，为减少零件装卸和运输的劳动量，工序应适当集中。对于刚性差且精度高的精密零件，则工序应适当分散。由于工序集中的优点较多以及数控机床、柔性制造单元和柔性制造系统等的发展，现代生产倾向于采用工序集中来组织生产。

（5）安排加工顺序　加工顺序的安排主要包括切削加工工序、热处理工序及辅助工序的安排。

1）切削加工工序的安排。切削加工工序安排总的原则是前面工序为后续工序创造条件，做好基准准备。具体原则如下：

① 先基准面后其他。用作精基准的表面，首先要加工出来。因此，第一道工序一般是进行定位面的粗加工和半精加工（有时包括精加工），然后再以精基准面定位加工其他表面。

② 先主后次。零件次要表面（如键槽、紧固用的光孔和螺孔等）的加工工作量较小，它们一般都与主要表面（装配表面、工作表面）有相互位置要求，因此通常放在主要表面的半精加工之后、精加工之前进行。

③ 先粗后精。先安排粗加工，中间安排半精加工，最后安排精加工和光整加工。

④ 先面后孔。零件上的平面必须先进行加工，然后再加工孔。平面的轮廓平整，装夹和定位比较稳定可靠，若先加工好表面，就能以平面定位加工孔，保证孔和平面的位置精度。

2）热处理工序的安排。热处理的目的在于改变工件材料的性能和消除内应力。由于热处理的目的不同，使得热处理工序的内容及其在工艺过程中所安排的位置也不一样。

① 预备热处理。退火、正火工序通常安排在粗加工之前。调质有时也用做预备热处理，但一般安排在粗加工之后进行。

② 最终热处理。调质常作为最终热处理，一般安排在精加工之前。淬火可分为整体淬火和表面淬火两种，通常安排在精加工之前进行。表面淬火前要进行调质和正火处理，其加工路线一般为下料→锻造→正火或退火→粗加工→调质→半精加工→表面淬火→精加工。当零件需要做渗碳淬火处理时，常将渗碳工序放在次要表面加工之前，待次要表面加工完之后再进行淬硬处理，这样可以减少次要表面与淬硬表面之间的位置误差。氮化处理一般应安排在粗磨之后、精磨之前进行。

③ 时效处理。精度要求一般的铸件，只需进行一次时效处理，安排在粗加工后较好，有时为减少运输工作量，也可放在粗加工之前进行。精度要求较高的铸件，则应在半精加工之后安排第二次时效处理，使精度稳定。精度要求很高的零件，则应安排多次时效处理。

④ 表面处理。表面镀层和发蓝处理应作为工艺过程的最终工序。

3）辅助工序的安排。辅助工序主要包括检测、去毛刺、清洗、涂防锈油等。

检测工序是主要的辅助工序，是保证产品质量的有效措施之一，是工艺过程不可缺少的内容。除每道工序由操作人员自行检测外，还必须在下列情况下安排检测工序：①零件粗加工或半精加工结束之后。②重要工序加工前后。③零件全部加工结束之后。④零件从一个车间送到另一个车间之前。⑤钳工去除毛刺常安排在易产生毛刺的工序之后、检测及热处理工序之前。

除了一般性的尺寸检查，对某些零件还要安排探伤、密封、称重、平衡等特种性能检测工序。射线检测、超声波检测等多用于零件或毛坯的内部质量检测，一般安排在工艺过程的开始。磁力探伤、荧光检测主要用于零件表面质量的检测，通常安排在精加工的前后进行。密封性检测、零件的平衡和重量检测一般安排在工艺过程的最后阶段进行。

**4. 加工工序的设计**

（1）机床和工艺装备的选择　在选择机床时要保证机床的加工范围应与零件的外轮廓尺寸相适应，机床的精度应与工序加工要求的精度相适应，机床的生产率应与零件的生产类型相适应。工艺装备的选择包括夹具、刀具和量具的选择。在单件小批生产中，应尽量选用通用夹具和组合夹具，采用通用量具；在大批量生产中，应根据工序加工要求设计制造专用夹具，并采用各种量规和高生产率的检测仪器和检测夹具等。选择刀具时一般应尽可能采用标准刀具，必要时可采用高生产率的复合刀具和其他一些专用刀具。

（2）加工余量的确定　加工余量是指加工过程中所切除的金属层厚度。它可分为加工总余量（毛坯余量）和工序余量。加工总余量是毛坯尺寸与零件图的设计尺寸之差。工序余量是相邻两工序的零件尺寸之差。在确定加工余量时，要分别确定加工总余量和工序余量。加工总余量的大小与所选的毛坯制造精度有关。用查表法确定工序余量时，粗加工工序余量不能得到，而是由加工总余量减去其他各工序余量之和得到。对于外圆和孔等旋转表面，加工余量是从直径上考虑的，实际切除的金属层厚度是加工余量的一半。平面的加工余量等于实际切除的金属层厚度。

（3）工序尺寸及其公差的确定　编制工艺规程的一个重要工作就是要确定每道工序的工序尺寸及其公差。工序尺寸及其公差的计算分为工艺基准与设计基准重合与不重合两种情况。在设计基准与工艺基准重合的情况下，表面多次加工时，首先确定各工序的工序余量，再由该表面的公称尺寸开始，即由最后一道工序开始，逐一向前推算工序尺寸，直到毛坯尺寸。如零件加工时多次转换工艺基准，引起测量基准、定位基准或工序基准与设计基准不重合，这时工序尺寸及其公差的计算需要利用工艺尺寸链来分析计算。

（4）切削用量的确定及时间定额的估算　切削用量的选择原则是效益原则，即在保证加工精度和不超过限制条件下，尽量增大切削用量。粗加工主要是为了去除加工余量，为精加工做准备，因此一般选择的背吃刀量较大，进给量也以稍大些为好，而切削速度应较小。精加工时，为达到图样规定的要求，一般尽量提高切削速度，同时减小进给量，背吃刀量也是比较小的。

时间定额是工艺规程中的重要组成部分。完成零件一道工序的时间定额称为单件时间，它由基本时间、辅助时间、布置工作地时间、休息和自然需要时间、准备与终结时间组成。基本时间和辅助时间的总和称为作业时间，是直接用于制造产品或零件所消耗的时间。在大量生产中，每个工作地点始终只完成一个固定的加工工序，所以在核算单件时间时可以不计入准备与终结时间。

**5. 编制工艺文件**

（1）机械加工工艺过程卡片　机械加工工艺过程卡片是以工序为单位简要说明产品的零件加工过程的一种工艺文件。它以工序为单位列出零件加工的工艺路线（包括毛坯选择、机械加工和热处理等），是制订其他工艺文件的基础。在单件小批量生产时，一般只填写机械加工工艺过程卡片。

（2）机械加工工艺卡片　机械加工工艺卡片是按产品的零件机械加工阶段编制的一种工艺文件，会详细说明产品或零件在机械加工阶段中的工序号、工序名称、工序内容、工艺参数、操作要求以及采用的设备、工艺装备等。它是用来指导工人进行生产、帮助技术人员掌握零件机械加工过程的一种主要的工艺文件，多用于成批生产的零件和小批生产的重要零件。

（3）机械加工工序卡片　机械加工工序卡片是在机械加工工艺过程卡片或机械加工工艺卡片的基础上，按每道工序所编制的一种工艺文件。一般具有工艺简图，并详细说明该工序的每个工步的加工内容、工艺参数、操作要求以及所用机床设备与工艺装备等。多用于大批量生产和成批生产重要零件。

工艺简图应标示出本道工序的加工表面（加工表面一般用粗实线标示，非本道工序的加工表面用细实线标示）、工序尺寸和技术要求，同时用符号指明加工的定位基准及装夹方法等。

## 1.3.2　塑料成型模具制造

在塑料成型生产中，塑料原料、成型设备和成型所用模具是三个必不可少的物质条件，必须运用一定的技术方法，使这三者联系起来形成生产能力，这种方法称为塑料成型工艺。塑料种类有很多，其成型方法也有很多，表1-1列出了常用的成型加工方法与模具。

表1-1　常用的成型加工方法与模具

| 序号 | 成型方法 | 成型模具 | 用　　途 |
|---|---|---|---|
| 1 | 注射成型 | 注射模 | 如电视机外壳、食品周转箱、塑料盆及汽车仪表盘等 |
| 2 | 压缩成型 | 压缩模 | 如电器设备、电话机、开关插座、塑料餐具及齿轮等 |
| 3 | 压注成型 | 压注模 | 适用于生产小尺寸的塑件 |
| 4 | 挤出成型 | 口模 | 如塑料棒、管、板、薄膜及异形型材（扶手等） |
| 5 | 中空吹塑 | 口模、吹塑模 | 适用于生产中空或管状塑件，如瓶子、容器、玩具等 |
| 6 | 热成型 | 真空成型模具 | 适合生产形状简单的塑件，此方法可供选择的原料较少 |
| | | 压缩空气模具 | |

塑料的成型方法除了以上列举的6种，还有压延成型、浇注成型、玻璃纤维热固性塑料的低压成型、滚塑（旋转）成型、实型铸造成型及快速成型等。本书着重介绍应用最广泛的注射成型、压缩成型、压注成型、挤出成型等塑料成型工艺。

1. 注射成型工艺过程

注射成型工艺过程的确定是注射工艺规程制订的中心环节。主要有成型前的准备、注射过程和塑件的后处理三个过程。

（1）注射成型前的准备　为了保证注射成型过程顺利进行，使塑件产品质量满足要求，在成型前必须做好一系列准备工作，主要有原材料的检验和工艺性能测定、原材料的着色、原材料的干燥、嵌件的预热、脱模剂的选用以及料筒的清洗等。

1）原材料的检验和工艺性能测定。在成型前应对原材料的种类、外观（色泽、粒度和均匀性等）进行检验，对原材料流动性、热稳定性、收缩性、水分含量等方面进行测定。

2）对原材料进行着色。为了使成型后的塑件更美观或要满足使用方面的要求，配色、着色可采用色粉直接加入树脂法和色母粒法。

色粉与树脂直接混合后，送入下一步制品成型工艺，这样工序短、成本低，但工作环境差、着色力差、着色均匀性和质量稳定性差。

色母粒是将着色剂和载体树脂、分散剂、其他助剂配制成一定浓度着色剂的粒料，制品成型时根据着色要求，加入一定量色母粒，使制品含有符合要求的着色剂量，以此达到着色要求。

3）原材料的干燥。对于吸湿性强的塑料（聚酰胺、有机玻璃、聚酰胺、聚碳酸酯及聚砜等），应根据注射成型工艺允许的水分含量要求进行适当的预热干燥，去除原材料中过多的水分及挥发物，以防止注射成型时发生降解或成型后塑件表面出现气泡和银纹等缺陷。

不易吸湿的塑料，如聚乙烯、聚丙烯、聚苯乙烯、聚氯乙烯及聚甲醛等，如果储存良好，包装严密，一般可不进行干燥。

干燥处理就是利用高温使塑料中的水分含量降低，方法有烘箱干燥、红外线干燥、热板干燥及高频干燥等。干燥方法的选用，应视塑料的性能、生产批量和具体的干燥设备而定。热塑性塑料通常采用前两种干燥方法。

影响干燥效果的因素有：干燥温度、干燥时间和料层厚度。一般情况下，干燥温度应控制在塑料的玻璃化温度以下，但温度如果过低，则不易排除水分；干燥时间长，干燥效果好，但生产周期会过长；干燥时料层厚度一般为 20~50mm。干燥后的原材料要求立即使用，如果暂时不用，为防止再次吸湿，要密封存放；长时间不用的塑料使用前应重新干燥。

4）料筒的清洗。在注射成型之前，如果注射机料筒中原来残存的塑料与将要使用的新料不同或颜色不一致时，或发现成型过程中出现了热分解或降解反应，都要对注射机的料筒进行清洗。

通常，柱塞式注射机的料筒存料量大，又不易转动，必须将料筒拆卸清洗或采用专用料筒清洗设备。而对于螺杆式注射机通常采用直接换料、对空注射法清洗。

料筒的对空注射法清洗应注意以下几方面：

① 新料成型温度高于料筒内残存塑料的成型温度时，应将料筒温度升高至新料的最低成型温度，然后加入新料或新料的回料，连续"对空注射"，直到残存塑料全部被清洗完毕，再调整温度进行正常生产。

② 当新料的成型温度比料筒内残存塑料的成型温度低时，应将料筒温度升高至残存塑料的最佳流动温度后切断电源，用新料或新料的回料在降温状态下进行清洗。

③ 如果新料成型温度高，而料筒中残存塑料又是热敏性塑料（如聚氯乙烯、聚甲醛和聚三氟氯乙烯等），则应选流动性好、热稳定性高的塑料（如聚苯乙烯、低密度聚乙烯等）作为过渡料，先换出热敏性塑料，再用新料或新料的回料换出热稳定性好的过渡料。

④ 当两种材料成型温度相差不大时，则不必改变温度，先用新料的回料，后用新料连续"对空注射"即可。

由于直接换料清洗会浪费大量的清洗料，目前已经研制出一种新的料筒清洗剂，这种清洗剂的使用方法：首先将料筒温度升至比正常生产温度高 10~20℃，放入净料筒内的存储料，然后加入清洗剂（用量为 50~200g），最后加入新换料，用预塑的方式连续挤一段时间即可。可重复清洗，直至达到要求为止。

5）嵌件的预热。为了满足装配和使用强度的要求，成型前，金属零件先放入模具内的预定位置上，成型后与塑料成为一个整体。塑件内嵌入的金属零件称为嵌件。由于金属和塑料断面收缩率差别较大，在塑件冷却时，嵌件周围会产生较大的内应力，导致嵌件周围强度下降和出现裂纹。因此，在成型前要对金属嵌件进行预热，以减小嵌件和塑料的温度差。

对于成型时不易产生应力开裂的塑料，且当嵌件较小时，则可以不必预热。预热的温度以不损坏金属嵌件表面所镀的锌层或铬层为限，一般为 110~130℃。对于表面无镀层的铝合金或铜嵌件，预热温度可达 150℃。

6）脱模剂的选用。脱模剂是为使塑件容易从模具中脱出而喷涂在模具表面上的一种助剂。注射成型时，塑件的脱模主要依赖于合理的工艺条件和正确的模具设计，但由于塑件本身的复杂性和工艺条件控制的不稳定，可能会造成脱模困难，所以在实际生产中经常使用脱模剂。

常用的脱模剂有硬脂酸锌、液体石蜡（白油）和硅油等。除了硬脂酸锌不能用于聚酰胺，对于一般塑料，上述三种脱模剂均可使用。其中尤以硅油的脱模效果最好，只要对模具施用一次，即可长效脱模，但价格高昂、使用麻烦。硬脂酸锌通常用于高温模具，而液体石蜡多用于中低温模具。

使用脱模剂时，喷涂应均匀、适量，以免影响塑件的外观和质量。对于含有橡胶的软塑件或透明塑件不宜采用脱模剂，否则将影响塑件的透明度。

（2）注射过程　注射成型过程包括加料、塑化、充模、保压、倒流、冷却和脱模等几个步骤。但就塑料在注射成型中的实质变化而言，注射成型过程包括塑料的塑化和熔体充满型腔与冷却定型两大过程。

1）加料。注射成型时需定量加料，使塑料塑化均匀，以获得良好的塑件。加料过多、受热的时间过长，容易引起塑料的热降解，同时使注射机功率损耗增多；加料过少，料筒内缺少传压介质，使型腔中塑料熔体压力降低，难于补压，容易引起塑件出现收缩、凹陷、空洞甚至缺料等缺陷。

2）塑化。塑料在料筒中受热，由固体颗粒转换成黏流态，并变成可塑性良好的均匀熔体的过程称为塑化。塑化进行得好坏会直接影响塑件的产量和质量。对塑化的要求是在规定时间内能提供足够数量的塑料熔体，且塑料熔体在进入塑料型腔之前应达到规定的成型温度，而且熔体温度应均匀一致。

决定塑料塑化质量的主要因素是塑料的性能、受热状况和塑化装置的结构。通过料筒对塑料加热，使聚合物分子松弛，由固态向液态转变；而剪切作用则以机械力的方式强化了混合和塑化过程，使塑料熔体的温度分布、物料组成和分子形态都发生改变，并更趋于均匀；同时螺杆的剪切作用能在塑料中产生更多的摩擦热，促进了塑料的塑化，因而螺杆式注射机对塑料的塑化比柱塞式注射机要好得多。

总之，塑料的塑化是一个比较复杂的物理过程，它涉及固体塑料输送、熔化、塑料熔体输送等许多问题，涉及注射机类型、料筒和螺杆结构，涉及工艺条件的控制等。

3）充模。充模是注射机的柱塞或螺杆将塑化好的熔体推挤至料筒前端，经过喷嘴及模具浇注系统进入并充满型腔的过程。模具型腔内的熔体迅速增加，压力也迅速增大，当熔体充满型腔后，其压力达到最大值。

4）保压。熔体在模具中冷却收缩时，继续保持施压状态的柱塞或螺杆使浇口附近的熔体不断补充入模具中，使型腔中的塑料能成型出形状完整的致密塑件，这一阶段称为保压。直到浇口冻结时，保压结束。

5）倒流。如果浇口尚未冻结，柱塞或螺杆后退，卸除对型腔中熔体的压力，这时型腔中的熔体压力将比浇口处的高，就会发生型腔中熔体通过浇口流向浇注系统的倒流现象，使塑件产生收缩变形及质地疏松等缺陷。如果浇口处的熔体已凝固，柱塞或螺杆开始后退，则倒流阶段不会出现。

6）浇口冻结后的冷却。当浇注系统的塑料已经冻结，已不再需要继续保压，因此可退回柱塞或螺杆，卸除对料筒内塑料的压力，并加入新料，同时模具通入冷却水、油或空气等冷却介质，进行进一步的冷却。这一阶段称为浇口冻结后的冷却。实际上冷却过程从塑料注入型腔起就开始了，它包括从充模完成、保压到脱模前的这一段时间。

7）脱模。塑件冷却到一定的温度即可开模，在推出机构的作用下将塑件推出模外，脱模时，型腔内压力要接近或等于外界压力，可使脱模顺利，塑件质量较好。型腔内压力与外界压力之差称为残余压力。当残余压力为正值时，脱模较为困难，塑件容易被划伤或破坏；当残余压力为负值时，塑件表面容易产生凹陷或内部产生真空泡。

（3）塑件的后处理　塑件脱模后常需要进行适当的后处理，主要指退火和调湿处理。

1）退火处理。由于塑化不均匀或塑料在型腔中的结晶、定向和冷却不均匀，会造成塑件各部分收缩不一致，或由于金属嵌件的影响和塑件的二次加工不当等原因，塑件内部不可避免地存在一些残余应力，导致塑件在使用过程中产生变形或开裂，因此塑件常需要退火处理，以消除残余应力。

把塑件放在一定温度的烘箱中或液体介质（如水、热矿物油、甘油、乙二醇和液体石蜡等）中一段时间，然后缓慢冷却至室温。利用退火时的热量，加速塑料中大分子的松弛过程，从而清除或降低塑件成型后的残余应力。

退火的温度一般控制在高于塑件使用温度10~20℃或低于塑件热变形温度10~20℃。温度不宜过高，否则塑件会发生翘曲变形；温度也不宜过低，否则达不到后处理的目的。退火的时间取决于塑料品种、加热介质的温度、塑件的形状和壁厚、塑件的精度要求等因素。

2）调湿处理。将刚脱模的塑件（聚酰胺类）放在热水中隔绝空气，防止氧化，消除残余应力，以加速达到吸湿平衡，稳定其尺寸，称为调湿处理。聚酰胺类塑件脱模时，在高温下接触空气容易发生氧化变色，在空气中使用或存放又容易因吸水而膨胀。而调湿处理既能隔绝空气，又能使塑件快速达到吸湿平衡状态，使塑件尺寸稳定下来。

调湿处理还可以改善塑件的韧性，使冲击强度和抗拉强度有所提高。调湿处理的温度一般为100~120℃，热变形温度高的塑料品种取上限；反之，取下限。

调湿处理的时间取决于塑料的品种、塑件形状、壁厚和结晶度大小。达到调湿处理的时间后，塑件缓慢冷却至室温。

并不是所有塑件都要进行后处理。通常只是对于带有金属嵌件、使用温度范围变化较大、尺寸精度要求较高、壁厚大和残余应力又不易自行消除的塑件才进行必要的后处理。

2. 压缩成型工艺过程

（1）压缩成型前的准备工作　热固性塑料比较容易吸湿，储存时易受潮，加之质量体积较大，一般在成型前都要对其进行预热，有些还要进行预压处理。

1）预热。预热就是成型前为了去除塑料中的水分和其他挥发物、提高压缩时塑料的温度。在一定的温度下，将塑料加热一定的时间，这个时期塑料的状态与性能不发生任何变化。

预热的作用有两个：一是去除塑料中的水分和挥发物，使塑料更干净，保证成型塑件的质量；二是提高原料的温度，便于缩短压缩成型的周期。

预热的方法包括加热板预热、电热烘箱预热，红外线预热及高频电热等，生产中常用的是电热烘箱预热，在烘箱内设有强制空气循环和控制温度的装置，利用电阻丝加热，将烘箱内温度加热到规定的温度，再用风扇进行空气循环。由于塑料的导热性差，因此在预热时，塑料要铺开，料层厚度不要超过 2.5cm，并每隔一段时间翻滚一次。

2）预压。预压是将松散的粉状、粒状、纤维状塑料用预压模在压力机上压成重量一定、形状一致的型坯，型坯的大小以能紧凑地放入模具中预热为宜，多数采用片状和长条状，预压后的塑料密实体称为压锭或压片。

预压的作用如下：

① 加料方便准确。采用计数法加料既迅速又准确，减少了因加料不准确而产生的废品。

② 模具的结构紧凑。成型塑料经预压后体积缩小，相应地可以减小模具加料腔尺寸，使模具结构紧凑。

③ 缩短了成型周期。成型塑料经预压后，坯料中夹带的空气含量比松散塑料中的少，使模具对塑料的传热加快，缩短了预热和固化时间。

④ 便于安放嵌件和压缩精细塑件。对于带嵌件的塑件，由于可以预压成型出与塑件相似或相仿的锭料，因此便于压缩成型较大、凹凸不平或带有精细嵌件的塑件。

⑤ 降低了成型压力。压缩率越大，压缩成型时所需的成型压力就越大。采取预压之后，由于部分压缩率会在预压过程中完成，所以成型压力将降低。

⑥ 避免了加料过程塑料粉料飞扬，改善了劳动条件。

预压是在专门的压片机（压锭机）上进行的，主要有三种：偏心式压片机、旋转式压片机和液压式压片机。偏心式压片机用于尺寸较大的预压物，但效率不高；旋转式压片机用于尺寸小的预压物，效率高；液压式压片机用于松散程度较大的预压物，效率高。

预压需要专门的压片机，生产过程复杂，实际生产中一般不进行预压。

（2）压缩成型过程　压缩成型的工序有安放嵌件、加料、合模、排气、固化及脱模等。

1）安放嵌件。嵌件有金属制成的嵌件（如插件、焊片等）和塑料制成的嵌件（如按钮、琴键等），安放时位置要正确。为保证连接牢靠，埋入塑料的部分要采用滚花、钻孔等工艺加工或设有凸出的棱角、形状等；为防止嵌件周围的塑料出现裂纹，加料前对嵌件进行预热，使嵌件收缩率尽量与塑料相近，或采用浸胶布做成垫圈（用预浸纱带或布带编绕到芯模上）进行增强。

2）加料。在模具加料室内加入已经预热和定量的塑料。加料方法有重量法、容量法、计数法。重量法是加料时用天平称量塑料重量，该加料法准确，但操作麻烦。容量法根据所需要的塑料的体积制作专门的定量容器来加料，此方法加料操作方便，但准确度不高。计数法是以个数来加料，只适用于加预压锭。

为防止塑件局部产生疏松等缺陷，塑料加入模具加料型腔时，应根据成型时塑料在型腔中的流动和各个部位需要塑料量的大致情况合理堆放塑料，粉料或粒料的堆放要做到中间高四周低，便于气体排放。

3）合模。加料完成之后即可合模。合模分两步：在型芯尚未接触塑料之前，要快速移动合模，借以缩短周期和避免塑料过早固化；当型芯接触塑料后改为慢速，防止因冲击对模具中的嵌件、成型杆或型腔的破坏。同时慢速也能充分地排出型腔中的气体。模具完全闭合之后即可增大压力对成型物料进行加热加压，合模所需时间从几秒到数十秒不等。

4）排气。压缩成型热固性塑料时，为了充分排出型腔外成型塑料中的水分、挥发物以及交联反应和体积收缩所产生的气体。一般在合模之后会进行短暂卸压，将型芯松动少许时间，排气可以缩短固化时间，有利于塑件性能和表面质量提高。排气的时间和次数应根据实际需要而定，通常排气次数为 1~2 次，每次时间为几秒到数十秒。

5）固化。固化是指热固性塑料在压缩成型温度下保持一段时间，分子间发生交联反应，进而硬化定型。固化时间取决于塑料的种类、塑件的厚度、物料形状以及预热和成型温度，一般由 30s 至几分钟不等；为了缩短生产周期，对于固化速率低的塑料，有时也可不必将整个固化过程放在模内完成，只要塑件能够完成脱模即可结束模内固化，然后将欠熟的塑件在模外采用后烘的方法使其继续固化。

6）脱模。固化后的塑件从模具上脱出的工序称为脱模。一般脱模是由模具的推出机构将塑件从模内推出。带有嵌件的塑件应先使用专用工具将其拧脱，然后再进行脱模。

对于大型热固性塑料塑件，为防止在脱模后的冷却过程中翘曲变形，可在脱模之后把它们放在与塑件结构形状相似的校正模上进行加压冷却。

（3）压缩成型后处理

1）模具的清理。正常情况下，塑件脱模后一般不会在型腔中留下黏料、塑料飞边等。如果出现这些现象，应使用一些比模具钢材软的工具（如铜刷）去除残留在模具内的塑料飞边，并用压缩空气吹净模具。

2）塑件后处理。塑料压缩成型过程完成之后，通常还需对塑件进行后处理，后处理能提高塑件的质量，热固性塑料塑件脱模后常在较高的温度下保温一段时间，使塑件固化达到最佳力学性能后的处理方法和注射成型的后处理方法一样，但处理的温度不同，一般处理温度比成型温降高 10~50℃。

3）修整塑件。修整包括去除塑件的飞边、浇口，有时为了提高外观质量，消除浇口痕迹，还须对塑件进行抛光。

3. 压注成型的工艺过程和工艺条件

（1）压注成型工艺过程　压注成型工艺过程和压缩成型工艺过程基本类似，主要区别在于压注成型过程是先加料后闭模，而压缩成型过程是先闭模后加料。压注成型在挤塑的时候加料腔的底部留有一定厚度的塑料垫，以供压力传递。

（2）压注成型的工艺条件　压注成型的工艺条件包括成型压力、成型温度和成型时间等。

1）成型压力。成型压力是指压力机通过压注柱塞对加料腔内塑料熔体施加的压力。由于熔体通过浇注系统时有压力损耗，故压注时的成型压力一般为压缩成型的 2~3 倍。例如，酚醛塑料粉需用的成型压力常为 50~80MPa，有纤维填料的塑料为 80~160MPa，压力随塑料的种类、模具结构及塑件形状的不同而改变。

2）成型温度。成型温度包括加料腔内的塑料温度和模具本身的温度。为了保证塑料具有良好的流动性，料温必须适当低于交联温度 10~20℃。压注成型时塑料经过浇注系统能从中获得一部分摩擦热，因而模具温度一般可比压缩成型时的温度低 15~30℃。压注成型塑料在未达到固化温度以前要求塑料具有较大的流动性，而达到固化温度后又须具有较快的固化速率。

3）成型时间（成型周期）。压注成型时间包括加料时间、充模时间、交联固化时间、塑件脱模和模具清除时间等，在一般情况下，压注成型时的充模时间为 5~50s，由于塑料在热和压力的作用下，经过浇注系统，受热均匀，塑料化学反应也比较充分，塑料进入型腔时已临近树脂固化的最后温度，故保压时间较压缩成型的短。

**4. 挤出成型的工艺过程**

挤出成型过程可分为如下三个阶段：

第一阶段为塑化。即在挤出机上进行塑料的加热和混炼，使固态塑料转变为均匀的黏性流体。

第二阶段为成型。利用挤出机的螺杆（柱塞）旋转加压，使黏流态塑料通过具有一定形状的挤出模具口模（机头），使其成为具有一定几何形状和尺寸的塑件。

第三阶段为定型。通过冷却等方法使熔体塑料已获得的形状固定下来，成为固态塑件。

（1）原料的准备　挤出成型用的大部分是粒状塑料，在成型前要去除塑料中的杂质、降低塑料中的水分、进行干燥处理。其具体方法可参照注射成型和压缩成型的原料准备工作。

（2）挤出成型　将挤出机预热到规定温度后，起动电动机的同时，向料筒中加入塑料，螺杆旋转向前，输送物料，料筒中的塑料在外部加热和摩擦剪切热的作用下熔化，由于螺杆转动时不断对塑料推挤，使塑料经过滤板上的过滤网进入口模，经过口模后成型为一定形状的连续型材。

口模的定型部分决定了塑件的横截面形状，但挤出口模后的塑料尺寸和口模的尺寸之间会存在偏差，主要原因是当塑料离开口模时，由于压力消失，会出现弹性恢复，从而产生膨胀现象；同时由于冷却收缩和牵引力的作用，又使塑件有缩小的趋势。塑料的膨胀与收缩均与塑料品种和挤出温度、压力等工艺条件有关。在实际生产中，对于管材，一般是把口模的尺寸放大，然后通过调节牵引的速度来控制管径尺寸。

（3）定型和冷却　热塑性塑件从口模中挤出时，具有相当高的温度，为防止其在自重的作用下发生变形，出现凹陷或扭曲现象，保证其达到要求的尺寸精度和表面粗糙度，必须立即进行定型和冷却，使塑件冷却固化。定型和冷却在大多数情况下是同时进行的，挤出薄膜、单丝等不需要定型，直接冷却即可；挤出板材和片材，一般要通过一对压辊进行压平，同时有定型和冷却作用；在挤出各种棒料和管材时，有一个独立的定径过程，管材的定径方法有使用定径套、定径环和定径板等，也有采用通水冷却的特独口模定径，其目的都是使其紧贴定径套冷却定径。

冷却分为急冷和缓冷，一般采用空气冷却或水冷却，冷却速度对塑件质量有很大影响。对于硬质塑料，为避免残余应力，保证塑件外观质量，应采用缓冷，如聚苯乙烯、硬聚氯乙烯、低密度聚乙烯等；对于软质或结晶型塑料，为防止其变形，则要求急冷。

（4）塑件的牵引、卷取和切割　挤出成型时，由于塑件被连续不断地挤出，其重量会越来越大，造成塑件停滞，妨碍了塑件的顺利挤出，因此，辅机中的牵引装置提供一定的牵引力和牵引速度，均匀地将塑件引出，同时通过调节牵引速度还可对塑件起到拉伸的作用，提高塑件质量。牵引速度与挤出塑料的速度有一定的比值（即牵引比），其值必须大于或等于 1。不同塑件的牵引速度不同，膜、单丝的牵引速度一般较大，硬质塑料则不能大，牵引速度必须能在一定范围内实现无级平缓地变化，并且要十分地均匀，牵引力也必须可调。

通过牵引后的塑件，如棒、管、板、片等，可根据要求在一定长度后通过切割装置将其切断。切割装置有手动切割和自动切割两种。切断过程中，要求端面尺寸准确、切口整齐。如单丝、薄膜、电线电缆及软管等在卷取装置上绕制成卷，将成型后的软管卷绕成卷，并截取一定长度。需要注意的是，在牵引速度恒定不变的情况下，要维持卷取张力不变，即保持卷取线速度不变。

# 第 2 章

# 冲压模具制造禁忌

冲压模具是冲压生产中必不可少的模具。冲压模具制造技术是当前模具制造加工中应用最为普遍的技术。冲压模具制造的产品质量、生产率、成本与冲压模具结构设计、工艺流程、加工制造、材料、热处理、装配、试模及维修保养等密切相关。本章将围绕以上因素，讲解冲压模具制造过程中的禁忌。

## 2.1 冲压模具结构设计禁忌

### 2.1.1 忌模架对称

**原因：** 如果模架自身结构对称（包括板面和导向），上、下模在安装时极易造成错误，撞伤模具的工作零件，损坏模具。

**措施：** 对称模具的模架要明显不对称，以防止上、下模装错位置。通常在每套模具中的导向装置上，提取一组导向机构，使它与其他导向机构不同（在同规格系列中，提取任意一组导向机构偏置；或者，提取一组导向机构，做上一或下一规格系列设计）。

**成效：** 上、下模不会装错，即使装错，由于导向机构不能配对，对模具也不会造成损伤，只需调转180°即可重新进行上、下模安装。

### 2.1.2 忌弯曲毛坯毛刺方向倒置

**原因：** 如果毛刺在外表面（靠近凹模一侧），则由于外层受拉应力作用，在毛刺的周围易产生应力集中现象，弯曲后使制件外层产生裂纹甚至开裂。

**措施：** 落料断面带毛刺的一侧，应位于弯曲内侧。

**成效：** 在弯曲后毛刺处于制件的内层，制件的弯角处不会出现裂纹和开裂现象。

### 2.1.3 忌不利于修模

**原因：** 弹性材料的回弹量，不论是弯曲还是拉深等成型工艺，只能通过试模得到准确数值，参与成型的凸模和凹模可能要经历多次修模，需要对凸模和凹模进行多次拆卸。

**措施：** 为省时省力，缩短试模时间，不可设置阻碍或者不利于拆卸凸模和凹模的结构。模具结构要使凸模和凹模便于拆卸、修改。如将凸模和凹模置于插装结构中，以挡板定位并紧固。

**成效：** 拆卸挡板，再拆卸凸模和凹模的紧固定位零件后，即可从插装结构中抽拔出凸模和凹模，实现快速拆卸。

### 2.1.4 忌排样的搭边值过大或过小

**原因**：过大的搭边值势必造成工艺废料的增加，导致工艺成本增加；过小的搭边值将导致条料的刚度减小，不利于送料。

**措施**：针对不同性质的材料，选择合适的搭边值。硬材料的搭边值可以选小一些；软材料、脆性材料的搭边值要大一些；冲裁件尺寸大或者有尖凸复杂形状时，搭边值应选大一些；厚度大的材料的搭边值应选大一些。

**成效**：合理的搭边值可以减少工艺废料和结构废料的产生，提高材料利用率，同时可以有效补偿定位误差，还可提高条料刚度，保证送料顺畅，提高生产率。

### 2.1.5 忌模架尺寸过大或过小

**原因**：模架的平面尺寸，不仅应与模块平面尺寸相适应，还应与压力机台面或垫板相适应。当模架的平面尺寸过大，超出压力机台面尺寸时，会造成人机工程不协调，造成安全隐患；当模架平面尺寸过小时，操作人员操作不便，更易造成安全隐患。

**措施**：根据设计、计算出的工艺力、压力中心、模具闭合高度和适配模块的模架尺寸，选取合适的吨位、合适的封闭高度（模具的闭合高度必须在压力机的最大和最小封闭高度之间）、合适的工作台面的压力机。

**成效**：人机工程协调性良好，人员操作方便，减少安全隐患，提高冲压效率。

### 2.1.6 忌忽视降低冲裁力手段

**原因**：冲压工艺力计算不准确，或者不重视采取降低冲裁力手段，除不能有效延长模具寿命之外，还有可能造成安全隐患，或者造成冲压设备选取上的资源浪费。

**措施**：精准计算冲压工艺力，包括冲裁力、卸料力、成形力等，还应对多冲头冲裁采取阶梯冲法、冲头斜刃口设计、红冲工艺（制件加热后成形）和增设冲裁工步等。

**成效**：采取合理的降低冲裁力手段后，冲头寿命显著延长，对压力机的吨位要求也不苛刻，有效降低对冲压设备的要求。

### 2.1.7 忌忽视凸模强度

**原因**：多凸模的冲孔模，大小凸模若做成相同长度，则较小、较细的凸模更容易折断。

**措施**：多凸模的冲孔模，邻近大凸模的细小凸模，应比大凸模在长度上短一个冲件料厚。多凸模冲孔模作业时，较长的大凸模先行冲孔，然后细小凸模再行冲孔。

**成效**：避免大凸模冲孔时的冲击，同时给细小凸模做导向，使细小凸模不易折断。

### 2.1.8 忌忽视侧向力

**原因**：单面冲裁的模具，在冲裁过程中由于材料受到剪切，使得材料所受冲裁力方向发生改变，分解为竖直向下和水平朝向凹模两个方向的力。水平方向的侧向力使凸模产生侧向偏移趋势，增大冲裁间隙，影响制件品质；同时凸模在侧向力作用下，寿命短缩；侧向力还对模具的导向产生很大影响，导致导柱、导套磨损严重，冲裁间隙越来越大。

**措施**：单面冲裁的模具，应在结构上采取措施，使凸模和凹模的侧向力相互平衡，不应让模架的导柱、导套受侧向力。可以通过降低冲裁力的办法，减小侧向力；可以在凹模侧增设挡块，平衡掉侧向力；可以通过增大凹模的方式，包容整个凸模刃口，平衡掉侧向力等。

**成效**：采取平衡侧向力措施后，可有效延长凸模寿命，保证模具的导向精准，更保证了单面冲裁冲压制件的品质。

## 2.1.9　忌忽视排气孔

**原因**：拉深时，由于负压的作用，导致凹模压力异常，进而影响拉深质量，也使拉深工件不易脱模；由于拉深力的作用或缺少润滑油等因素，使工件很容易被粘在凸模上。工件与凸模间形成真空，既会增加卸料难度，还会造成工件底部不平，对于材料厚度较小的拉深件，甚至会使工件被压瘪。

**措施**：凸模上应设计排气孔，尤其是大型覆盖件拉深模，设置排气孔的意义更加显著。拉深模应有气孔，克服拉深过程中的真空和负压，以便于卸下工件。排气孔的直径不宜太小，否则容易被润滑油堵塞，或因排气量不够而使排气孔不起作用。

**成效**：对于狭义的拉深模，拉深凸模上合理设计直径为 5~10mm 的排气孔，能显著提高拉深质量和拉深效率；对于汽车覆盖件拉深模具，合理布局排气孔，可以显著改善薄钣金的压瘪状况，提升覆盖件品质。

## 2.1.10　忌忽视材料流动

**原因**：对于拉深件，尤其是矩形或异形拉深件，因为它们有四个或多个 90° 的圆角，当金属流向圆角时，材料会被挤压。在矩形的直边处，就是简单的弯曲和校直。在矩形拉深件直边处存在的流动阻力比起圆角处来说要小得多。

矩形件拉深时伴随着大量金属流动，为了控制金属的流动，在压边圈和拉深圈表面间圆角处，拉深材料将变厚。当材料在压边圈和拉深圈之间没有过分被挤压通过时，该拉深材料在圆角处变厚。

**措施**：对于矩形或异形拉深件，可利用不等的凹模圆角、设置拉深筋等方法控制材料流动以达到拉深件质量要求。适当增大圆角半径就会较大地提高拉深能力，因为大半径圆角减小了材料的压缩力。在圆角处太多的压缩会限制金属的流动，最终导致开裂。增大圆角半径及减小展开尺寸就会减小成形的刚度。展开平板的钝角也能够减小材料的压缩力。

**成效**：在充分考虑材料类型、材料厚度、展开平板的尺寸和外形、零件的几何尺寸、润滑、拉深筋的高度和形状、压边圈的压力等影响材料流动的因素外，还需要进行必要的拉深圆角半径调整，使得拉深件壁厚均匀、无起皱和拉裂，以满足拉深件设计要求。

## 2.1.11　忌忽视限位块

**原因**：冲压模具中设置限位块，主要考虑的是预防上模超程后的过度冲压，导致模具的损坏或制件报废，同时也是为了在冲压模具的运输过程中，确保上、下模间不直接刚性接触，保护模具。

**措施**：为便于校模和存放，冲压模具必须安装闭合高度限位块。并且，模具工作时限位块不应受压；上、下模的限位块间，还应设置保安块，避免上、下模刚性接触，利于模具运输并保护模具。

**成效：** 冲压模具中设置限位块，可有效预防过度冲压。同时，上、下限位块间设置保安块，更有利于冲压模具的运输和保护。

### 2.1.12 忌忽视安全操作

**原因：** 冲压模具是冲压加工的重要工艺装备，冲压制件就是靠上、下模的相对运动来完成的。加工时由于上、下模之间不断地分合，假如操作工人的手指不断进入或停留在模具闭合区，便会对其人身安全产生威胁。因此，在模具结构设计中，必须考虑冲压操作人员的操作方便与安全问题。

**措施：** 在结构上应尽量保证进料、定料、出件、清理废料的方便。对于小型工件的加工要严禁操作人员的手指、手腕或身体的其他部位伸入模内作业；对于大型工件的加工，若操作人员必须手入模内作业时，要尽可能减小入模的范围，尽可能缩短手在模内停留的时间，并应明确模具危险区范围，配备必要的防护措施和装置。模具上的各种零件应有足够的强度及刚度，防止应用过程中发生损坏和变形，紧固零件要有防松动措施，避免意外伤害操作人员。不应在冲压加工过程中发生废料或工件飞弹现象，影响操作人员的注意力，甚至击伤操作人员。另外，要避免冲裁件毛刺割伤人手。不允许操作人员在进行冲压操作时有过大的动作幅度，避免身体失去稳定的姿势；不允许操作人员在作业时有过多和过难的动作。

**成效：** 在冲压设备自带的光栅保护之外，对于操作人员的安全性，冲压模具结构设计上要充分考虑优良的冲压人机工程，有利于提高冲压作业效率和冲压制件品质。同时，有效可靠的模具结构设计，还有利于冲压模具寿命的显著延长。

### 2.1.13 忌忽视校正弯曲要点

**原因：** 冲压生产中，弯曲件的占比较大，其冲压缺陷主要表现在形状与尺寸不符合设计要求，主要原因是材料回弹和毛坯定位不当。对于 U 形件，主要表现为 U 形底部不平整，其原因主要是顶板与弯曲凸模底部没有靠紧。校正弯曲主要是校正自由弯曲和接触弯曲后的不平整缺陷。

**措施：** 采用带有能产生压紧力的压料顶板，在开始弯曲之前，使压料顶板对弯曲毛坯有足够的压紧力。校正弯曲时，校正力应主要集中在弯曲件圆角处，效果更好，为此，对于带顶板的 U 形弯曲模，其凹模内侧近底部处应做出圆弧，圆弧尺寸与弯曲件相适应。

**成效：** 模具结构设计中，充分考虑弯曲的三个阶段，即自由弯曲、接触弯曲和校正弯曲的成形特点，充分考虑压料顶板设计和压紧力施加，还有将校正力施加在弯曲件圆角处，以及压料顶板的圆角设计等，会显著减少弯曲件的缺陷。

### 2.1.14 忌忽视对称弯曲

**原因：** 弯曲件的形状应尽量简单且保持左右对称，使弯曲时材料不产生滑动或造成偏移，进而影响弯曲件的精度。尤其是小型非对称弯曲件，应采取先对称弯曲再切断分离的冲压工艺，对称弯曲成形如图 2-1 所示。

**措施：** 对于小型的非对称弯曲件，在模具结构设计时可同时弯曲两件变成对称弯曲，以防止弯曲件滑动，弯曲件在弯曲后切开，可保证产品精度。

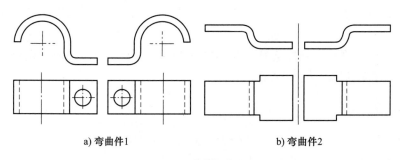

a) 弯曲件1　　　　　　　　　b) 弯曲件2

图 2-1　对称弯曲成形

**成效：**对于小型非对称弯曲件，采取对称弯曲工艺后，不仅显著提升了弯曲件精度，一模两件更提高了冲压效率。

## 2.1.15　忌忽视送料方向

**原因：**送料方向直接关系到压力机在冲压车间的布局，直接影响到操作人员的冲压效率。合理的冲压送料方向，也会减小操作人员的劳动强度。

**措施：**送料方向要与选用的压力机相适应。一般的送料均采用从左向右的方向。开式压力机一般采用左右送料方向，也可采用前后送料方向；喉式压力机只能采用左右送料方向。

**成效：**模具结构设计时，送料方向选择得当，除了能提高冲压作业效率、减小人员劳动强度，还可有效控制模具尺寸，达到降本增效的目的。

## 2.1.16　忌忽视人机工程

**原因：**人机工程友好，会显著提高作业效率，实现快速维修保养；人机工程欠佳，维修保养作业耗时费力，待机时间长，不利于连续冲压生产和冲压产能提升。

**措施：**设计中要充分考虑到现场维修人员的维修方便，如汽车钣金冲压多为量产项目，大规模使用侧冲孔斜楔机构，冲压线上冲头磨损较快，需要经常更换，如果使用非标设计的斜楔机构，不考虑人机工程的交互友好，势必造成拆卸安装耗时耗力，严重影响生产率。采用标准化的斜楔机构和快换固定座（球锁紧固定座），使更换冲头在线上就可以进行，减少待机时间，节约了生产成本。

**成效：**设计时，多考虑维修保养时安装拆卸的人机工程交互友好，可以确保冲压连续生产，实现高效的冲压和维修保养作业。

## 2.1.17　忌忽视模具强度

**原因：**冲压模具在冲压生产中承受冲击载荷，模具零部件之间有很多刚性动态接触，对模具及其零部件的强度要求自然是不言而喻的。合理地进行强度方面的结构设计，可以有效延长模具寿命，减少维修次数，提高冲压生产率。避免由于模具及其零部件强度不足，过早地出现模板弯曲、断裂，冲头、凹模崩碎，避免导柱、导套选择过细导致的模架稳定性不足等不可逆失效问题。

**措施：**根据理论计算的冲压工艺力，适当增加模板厚度、导向零件刚度，选择较大直径来提高模具的强度；凸模、凹模的选材要考虑冲压制件的钣金强度、厚度等因素。有条件的话，计算机仿真分析也是必要的，根据仿真分析结果，选取合适的模板厚度、合适的导柱组件直径等。

**成效：** 提高模具强度，自然能延长模具寿命，但也不能过分强调增加模板厚度、增大导柱直径等。品质要求过高，对模具成本降低不利。

### 2.1.18  忌局部凸起

**原因：** 大型汽车冲压模具的模座的较大平面部分易产生局部凸起。

**措施：** 结构设计中，要特别注意大型铸件外表面不应有小的凸出部分；生产中，在耐火材料及黏结剂不变的情况下，降低浇注温度，同时对易胀肚的部位加强局部冷却，使型壳在高温下变形量降到最小。

**成效：** 目前，侧围模具和顶盖模具的模座易出现局部凸起，这种情况通过加强型壳的高温强度和局部冷却，得到了明显改善。

### 2.1.19  忌又大又薄的水平面

**原因：** 如果汽车冲压模具的铸件结构设计中出现又大又薄的水平面，则铸造过程中极易出现各种铸造缺陷，如呛气孔、渣气孔等，但汽车模具的模座铸件质量要求往往很高，很多时候不允许补焊，造成整个铸件的报废。

**措施：** 在结构设计中，尽量避免较大又较薄的水平面；同时，铸造工艺中，除铸型、型芯必须保持排气畅通外，还需严格控制浇注温度，综合考虑铸件的壁厚、凝固速度等；制定合理平稳的浇注系统。薄壁大平面铸件表面缺陷产生的原因很多，浇注系统需满足以下四个条件：一是保证金属液连续、均匀、平稳地充满型腔；二是防止熔渣、杂质和气体进入；三是使型腔和金属液中的气体顺利排逸；四是横浇道的设计要尽量简单。倾斜浇注和溢流排气排渣法，可有效避免呛气孔缺陷；局部补贴法也能解决薄壁部位的呛气孔铸造缺陷问题。

**成效：** 模具设计中，应尽量避免薄壁大平面设计，除非不得已，可将以上几种方法结合起来，对解决又大又薄水平面铸件的铸造缺陷问题，效果非常显著。

### 2.1.20  忌忽视内应力

**原因：** 当铸件残存内应力时，机械加工过程中或者机械加工之后会产生新的变形，进而影响模具自身的尺寸和精度；内应力的长期存在，可能使铸件在变形之后发生开裂现象；若工况比较恶劣，如冲压环境潮湿时，则铸件受腐蚀速度加快。

**措施：** 在结构设计中，应避免采用易产生较大内应力的形状，如尽量保持内外壁厚相对一致，避免连接部位尺寸的大幅度变化等，使之浇注后均匀冷却；铸件结构设计尽量使用对称结构，使得内应力可以进行抵消；使用反变形法，根据内应力方向设计成铸件的反变形；在铸件上设置拉筋，可以消除冷却过程中的内应力等。

在铸造工艺上，采用同时冷凝法，使铸件内外冷却速度保持基本一致，避免铸件变形；采用人工时效和自然时效的综合手段，释放铸造过程中的内应力等。

**成效：** 完全消除铸件的内应力也不现实，采取合理的结构设计和有效的铸造工艺，可以有效控制内应力，以获得理想的铸件质量。

## 2.1.21　忌壁厚不均匀

**原因：**汽车模具铸件的壁厚不均匀，将导致整个铸件产生内应力；同时，壁厚不均匀的最大隐患是模具在使用过程中强度严重不足，易开裂，进而造成巨大经济损失。

**措施：**在结构设计中，铸件壁厚力求均匀。即使在冲压制件形状复杂，壁厚均匀性通过设计较难实现时，也力求铸件过渡部位的壁厚要均匀递增或递减。

**成效：**在结构设计中，规避壁厚不均匀设计，能有效控制铸件内应力产生；同时，对于铸件本身的强度指标控制，也能事半功倍。

## 2.1.22　忌镶块刃口边界与卷料边界平齐

**原因：**在设计落料模具镶块时，通常以工艺线为边界设计镶块的边界，而工艺线是以卷料宽度线为边界设定的。一旦忽略了实际卷料是有公差的，以及卷料中心与设备中心的偏差量，在实际生产时，就容易造成卷宽部位切不断、废料无法脱离产品、无法连续生产及得不到合格的产品等问题。

**措施：**按照工艺线设计修边镶块后，对处于卷宽位置的修边镶块进行特殊处理，沿曲率方向延长修边线至卷宽方向距离卷料边界，即卷料边界至修边镶块最外端的距离最小为 20mm，修边镶块边界与卷料边界关系如图 2-2 所示。

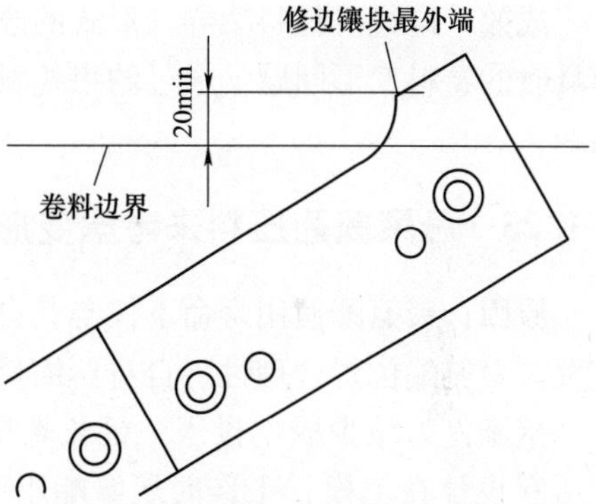

**成效：**废料完全脱离产品，实现合格产品连续稳定地生产。

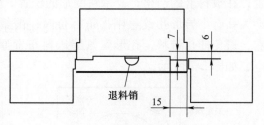

图 2-2　修边镶块边界与卷料边界关系

## 2.1.23　忌冲孔无防吸功能

**原因：**由于落料模卷料上附着油、生产节拍频次快，以及平板料不排气，会造成因真空使冲孔废料被吸上去的问题，废料在遇到压芯或聚氨酯后，或由于自重，落到下模修边镶块工作面上，导致落料模卷料因批量被压伤变形而报废。

**措施：**为防止冲孔废料黏着、落至下模修边镶块工作面上而导致的批量报废问题，可将废料一片一落至废料滑板，冲孔废料镶块设计结构可采取以下方案：其一，冲孔凸模附油面减小；其二，凸模刃入量超过凹模刃口 1mm；其三，考虑安装退料销，落料冲孔结构如图 2-3 所示。

图 2-3　落料冲孔结构图

**成效：**通过以上措施，使冲孔废料一片一落，有效地避免了带料问题导致的卷料批量报废问题。

## 2.1.24　忌托料架进料端无导入或超出模具

**原因：**卷料由于自身重量，初次进入落料模具时，下塌现象使它直接与滚轮中下部发生碰撞，导致卷料变形，无法进入落料模具内部。托料架若超出模具，或因模具与其他刚性体碰撞产生变形，使它无法正常使用。

**措施：**为保证卷料初次进入模具时顺利，可将托料架进料端进行改制——导入形式一，如图2-4所示；导入形式二，如图2-5所示。为避免托料架撞坏，设计托料架时，可使托料架末端小于模具边缘5~30mm。

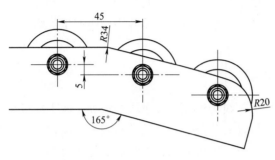

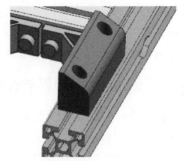

图2-4　导入形式一　　　　　　　　图2-5　导入形式二

**成效：**通过对托料架导入形式的改进及托料架大小的约束，有效地解决了卷料进入落料模具时的卷料变形问题。通过约束托料架大小，规避了因托料架变形而导致的无法正常生产问题。

### 2.1.25　忌聚氨酯压料未考虑变形

**原因：**聚氨酯使用寿命不仅与其自身压缩量有关，还与形状、位置、温度及环境等因素有关。聚氨酯位置合理性、自身压缩量、特殊造型处理是稳定生产的前提。

**措施：**为减少成本投入，延长聚氨酯更换周期，保证板料生产品质，要求如下：聚氨酯压料设计在上模，工作时聚氨酯压缩量为10mm，废料刀位置不设计聚氨酯压料；聚氨酯压料距卷料边缘≤15mm，两聚氨酯压料间最大距离为10mm；为避免因聚氨酯膨胀而造成的修边镶块切削聚氨酯，将聚氨酯压料安装在距离上模修边镶块刃口边缘1mm处，为避免聚氨酯压料变形、破裂、压伤板料，聚氨酯压料应避开下模镶块的螺孔、销孔位置；在板料上的凸角，易带料变形的位置，上模刃口凹圆弧角位置必须设计聚氨酯压料；冲大孔、小异形孔及急剧拐角部位时，聚氨酯采用随形压料，固定螺孔间距为40mm左右，避免冲孔带料，孔形聚氨酯压料布置原则如图2-6所示；随形聚氨酯压料下部做背空，如图2-7所示。

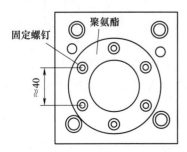

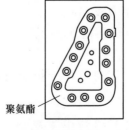

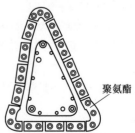

图2-6　孔形聚氨酯压料布置原则

**成效：** 通过以上对聚氨酯压料的布置进行规范，有效地延长了聚氨酯的更换周期，有效地保证了板料高效率生产。

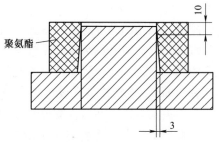

图 2-7　随形聚氨酯压料下部做背空

### 2.1.26　忌冲压拉深模限位块受力悬空

**原因：** 限位块作为拉深模关键部件，起到平衡模具整体受力的作用。受成形作用力大时，若限位块无到底筋或到底筋处开孔，使限位块受力悬空，长期批量生产中会出现限位块处塌陷或到底筋在开孔的薄弱处开裂，影响模具强度及使用寿命。

**措施：** 为保证限位块稳定性及模具使用寿命，下模限位块处、上模限位块作用面处设计到底筋，到底筋需要布置在限位块的受力中心内，并保证受力面积占限位块面积的 2/3 以上，另限位块到底筋处不允许设计减重孔、流水孔等。

**成效：** 通过在上、下模限位块设计到底筋，保证受力均匀，同时，到底筋不设计任何孔，有效地保证了限位块处受力时的模具强度，避免了因受力大而导致的模具凹陷及模具开裂问题。

### 2.1.27　忌压边圈调压垫布置不合理

**原因：** 压边圈是拉深模的主要部件之一，调压垫是调节压边圈平衡及调整板料成形过程中流入速度快慢的关键零件。调压垫的位置合理性会直接影响制件成形品质及其稳定性。不同制件有其各自的特殊性，制件成形过程中的开裂与褶皱均与板料流入量密切相关。

**措施：** 为保证制件品质及生产稳定性，压边圈布置调压垫时应每 300～500mm 处一个，均匀布置。由于调压垫的主要作用是平衡及调整走料，故调压垫应最大限度地布置在压料面附近，为避免加工干涉及保证调试的便利性，应保证调压垫距离压料面≥30mm。优选机床顶杆位置，调压垫对应的压边圈位置要设计立筋。由于板料一般为方料、梯形料等，角部走料调整次数多，故需要在角部两侧设计调压垫。另外，需要结合制件自身成形性需要，在进料敏感的部位设计调压垫，方便后期调控走料，保证制件品质。

**成效：** 通过对压边圈调压垫设计的规范性要求，为后期模具快速调试及量产的稳定性提供了保障。

### 2.1.28　忌拉深成形排气不畅

**原因：** 为防止模具内部气体压力导致制件成形过程中变形、制件成形不到位、板料与凹模形状内的气体在密封状态下形成高压区、凸模侧，制件成形后模具上升会形成负压区而导致上模带件问题，必须保证排气通畅，再提供克服板料在特殊造型下的抗拉强度所需要的力，在最大限度地减少能耗的前提下生产出合格的产品。另外，充足的排气避免了上模带件的问题，避免了制件磕伤，防止了制件错动，使自动化生产顺利实现，可见拉深模具的排气很重要。

**措施：** 为保证拉深模具充分排气，需在凸、凹模设计排气孔，并将排气孔设计在凸、凹模上下不影响型面下凹部分，或在凸模和上模的凹圆角部位，排气孔位置示意如图 2-8

所示。

　　根据凹圆角的角度位置，确定排气孔的方向，优选设计竖直排气孔，加工受限时设计角度排气孔，并需避开钻床机头干涉区；排气孔尺寸外板采用 $\phi4$mm，内板采用 $\phi6$mm，排气孔间距为 50~100mm；为保证排气孔打透型面，排气孔设计时需要避开铸造立筋，距离立筋最小为 10mm。上模排气孔设计时为防尘应增加聚乙烯软管，铝成型制件上模需增加防尘盖板。另根据实际情况在铸件立筋和型面背空区域增加铸造排气孔，直径 $\geqslant40$mm，优选前后、左右贯通的排气孔，铸造排气孔如图 2-9 所示。

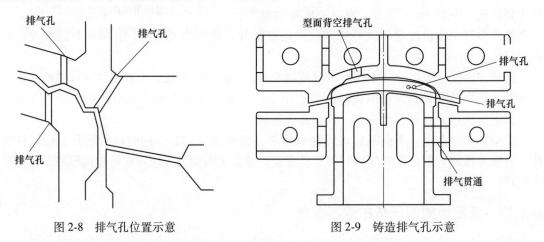

图 2-8　排气孔位置示意　　　　　　图 2-9　铸造排气孔示意

　　**成效**：通过合理设计排气孔，能在最小机床能耗下生产出合格的产品，制件通过筋槽定位在压边圈上，实现自动化生产合格品。

### 2.1.29　忌压边圈封闭筋槽无漏油孔

　　**原因**：拉深工艺为下筋的拉深模具，拉深筋设计在压边圈上，上模与其对应的部位为筋槽，此种情况因为筋槽设计在上模，故不需要增加漏油孔。拉深工艺为上筋的拉深模具，拉深筋设计在上模，压边圈对应部位为筋槽，这种情况下，因为板料自身有油，在批量生产过程中，封闭筋槽会积油，油有润滑作用，会加快板料流入速度，制件易起皱，成形不充分，会影响制件品质及精度，导致量产过程制件品质及精度波动大，影响装车。

　　**措施**：压边圈筋槽存在封闭筋槽或单条筋槽时，需要在封闭筋槽最低处、单条筋槽末端位置增加 2~3 个 $\phi6$mm 的漏油孔。因为孔需要打透模具，所以当正下方有筋时，在模具设计初期，应在将要制作漏油孔的正下方 100mm 处设计铸造孔，保证漏油孔后期制作时打透模具。

　　**成效**：通过在压边圈封闭筋槽最低处与单条筋槽末端设计漏油孔，有效地避免了因筋槽积油而导致的制件失稳问题的发生。

### 2.1.30　忌镶块分块线与板料流入方向一致

　　**原因**：冲压拉深模具采用镶块形式设计的时候，当镶块分块线与材料的流动方向一致时，在镶块分块线处易挤进料而影响拉深件的品质。

　　**措施**：镶块分块线不能与材料的流入方向一致，需要以一定角度分镶块，镶块分块线与

材料流入方向以 5°来进行分块，镶块
分块线位置需要保证镶块强度，镶块
分块线角度为 70°~110°，如图 2-10 所
示。当镶块为"外八字"结构时，镶
块有向内侧运动的趋势，必须在镶块
下侧增加定位键阻止镶块向内移动。
镶块拼缝处进行背空处理，单侧镶块
做背空即可，留 30mm 的工作区域，其
他位置随形背空 2mm。镶块拼缝分线
时需要过圆弧角 10mm。

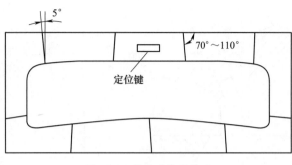

图 2-10　镶块分块线角度

**成效：**通过上述条件设计的拉深镶块结构，有效地规避了因分块线与板件流入方向一致
而产生的制件挤料、拉伤的品质缺陷问题。

### 2.1.31　忌侧冲异形孔凹模套无防脱、防转

**原因：**侧冲异形孔为非圆形孔，在生产过程中因冲裁力、摩擦力、振动易发生旋转问
题，异形孔与冲头的间隙很难调整至绝对均匀，加上长期批量生产，斜楔导板会自然磨损，
此时会发生冲头跑单边的现象，易发生凹模套被带动而凸出凸模的问题，严重的凹模套被带
出凸模，落在下模，导致模具安全事故发生。

**措施：**侧冲异形孔需要设计防转功能，主要有以下三种形式——其一，防转销防转；其
二，凹模套外形防转；其三，压板防转。为实现侧冲异形孔防脱，常有以下三种措施——其
一，螺钉单边压住防脱；其二，压板防脱；其三，顶丝防脱。

**成效：**通过对侧冲异形孔凹模套进行防转、防脱的功能设计，有效地避免了模具安全事
故的发生。

### 2.1.32　忌侧冲孔无防堵料

**原因：**侧冲孔堵料，尤其是角度小的侧冲孔堵料，是修边冲孔模经常遇到的问题，因为
板料有油易粘连。另外，为保证凹模套安装面强度，小角度侧冲孔必然会在凹模套安装面至
垂直落料孔区间产生料豆的堆积。若没有及时发
现，料豆会把整个落料通道堵死，最终导致冲头
折断、凹模套或镶块胀裂。

**措施：**废料水平排出式如图 2-11 所示，为
防止料豆阻塞，水平滑道应尽量短。废料从斜面
滑出时，铸最小 30°的斜面，并抛光，如果废料
排出方向有铸件侧壁的话，则需注意废料连接现
象。当侧冲孔角度>15°时，优先采用如图 2-12
所示结构，滑料角度最小为 45°且保证 $A \geq 2P$。

侧冲角度≤15°时，为方便观察滑料，窥视
孔下端做特殊处理，如图 2-13 所示，必要时进
行凹模套处镶块处理。

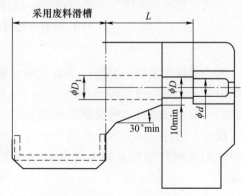

$D=d+(1\sim2)mm$
$D_1=D+1mm$

图 2-11　废料水平排出式

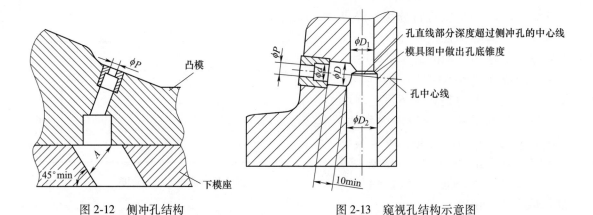

图 2-12　侧冲孔结构　　　　　　　图 2-13　窥视孔结构示意图

利用导料器的斜面将废料挤下，为防止发生阻塞，尺寸 $A$ 应尽量小（最小为 15mm），如图 2-14 所示。

当遇到宽度比较小的制件时，两侧相向的冲孔中间用锥形螺纹导向器将废料沿锥面各自挤下，圆锥角度为 90°～120°，如图 2-15 所示。

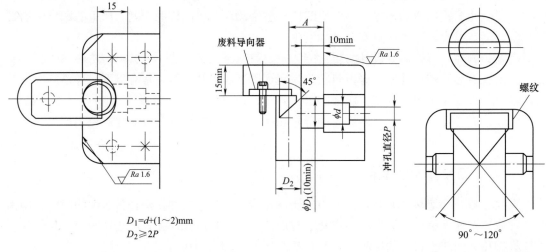

$D_1 = d + (1\sim2)\text{mm}$
$D_2 \geqslant 2P$

图 2-14　导料器结构　　　　　　图 2-15　相向冲孔锥形
螺纹导向器示意

偏心圆排出废料的情况：平面方向的偏心出料孔可以从平面方向改变废料滑出方向，容易确认废料状态，偏心圆排料结构如图 2-16 所示。

**成效**：通过上述方案，有效地解决了因侧冲孔料豆堆积而导致的模具安全性和自动化稳定生产问题。

### 2.1.33　忌同序修边冲孔间距太小

**原因**：修边与冲孔在同序工作时，需要考虑冲

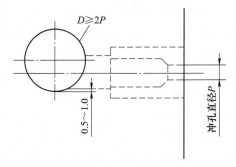

图 2-16　偏心圆排料结构

孔间距及冲孔与修边间距，间距太小会导致模具强度不足，易发生安全事故。

　　**措施：**为保证模具强度及稳定生产，对两孔之间的壁厚要求：当孔径最大为 4mm 时，孔间距最小为 2.2mm，凹模厚度最小为 30mm；当孔径为 4～10mm 时，孔间距最小为 4mm，凹模厚度最小为 30mm，如图 2-17 所示。对孔和修边线之间的壁厚的要求：当孔径小于或等于 12mm 时，最小壁厚为 4mm，当孔径超过 12mm 时，壁厚可适当增加。以上尺寸适用于料厚为 0.8mm 以下的情况；料厚超过 0.8mm 时，壁厚应适当增加，如模具材料为 7CrSiMnMoV 时，最小壁厚为 6mm。

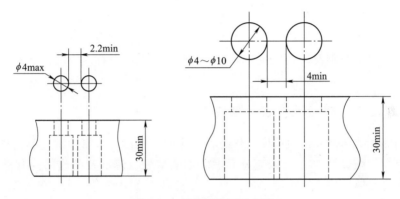

图 2-17　两孔间壁厚示意图

　　**成效：**通过规范同序修边冲孔间距，有效地解决了因模具强度而导致的安全生产事故问题。

## 2.1.34　忌上模修冲块无卸料装置

　　**原因：**修边冲孔模因产品造型、修边间隙、生产频次等原因，经常出现的问题为废料堆积、废料卡滞、废料不下落、废料旋转及上模带废料等，严重影响自动化生产，甚至发生模具安全事故。

　　**措施：**针对废料卡滞、废料不下落、废料旋转及带料问题，最常用的解决措施为在上模修冲块增加卸料装置。在对应的镶块上安装弹顶销即可满足常规废料滑落要求，弹顶销安装位置应在保证镶块刃口强度的前提下，设计在下模废料难下落或希望废料先下落的位置。弹顶销行程要比压芯行程短，在压芯压料前，弹顶销不得接触制件。优选安装在废料流向侧的上模刃口相对平缓的位置。当用弹顶销不能把废料弹出时，如废料刀设置成相背形式时，会发生废料含在上模的情况，此时需要使用辅助压料板卸料，要求如下：辅助压料板型面宽 30mm，与废料切刀平行，距修边线为 10mm 以上，辅助压料板压力源为强力弹簧，初压设定为 100N 以上，初始压缩量为 15mm 以下，保证主压料板压料后辅压料板再压料，原则上行程设定为 10mm。冲孔时候，冲头一定要选择带顶针的形式。非标异形冲头，在无安装小弹顶销空间时，在非标冲头端面中心设置一个半径为 3mm 的半球形来实现顶料功能。

　　**成效：**通过以上措施，有效地避免了因废料问题而导致的生产停线、模具安全事故的发生。

## 2.1.35　忌滑料板过长

**原因**：滑料板作为修冲模具的必备装置，是为了在实现自动化生产时，废料顺利滑出模具，落进机床的废料坑。在模具双层存放时，滑料板过长会使它与上层模具干涉，并使模具存放空间加大；滑料板过长时，会凸出工作台过长，影响工作台正常开出开进。

**措施**：本着滑料板材料最大化利用的宗旨，为防止滑料板与机床立柱干涉，滑料板末端加工 R30mm 的圆角，末端超出机床 10～20mm 为宜。当一级滑料板伸出模具太长时，不易搬运、存放，应设计分级滑板。当二级滑板角度大于或等于 15°，且二级滑料板折叠存放时，不得高于上模座，存放角度应大于或等于 70°，凸出模具最外侧应为 100mm 内。滑料板在展开和折叠过程中，都要避免与模具紧固螺栓和快速定位销发生干涉。

**成效**：按照以上原则设计滑料板，可节约材料、节约模具存放空间，使模具自动化生产顺利匹配完成。

## 2.1.36　忌冲头固定座设计在修边镶块上

**原因**：当侧冲孔与侧修边线同序工作时，冲头固定座设计在修边镶块上，修边镶块安装在斜楔滑块上，如图 2-18 所示，未充分考虑后期的装配、调试及整改的便利性。此种情况下，冲孔精度会受镶块底面平行度影响，且在后期整改修边线时，无法单独调整修边镶块，只能对修边镶块进行补焊。

**措施**：为了保证侧冲孔精度的稳定性，减少误差累积、镶块底面平行度对冲孔精度的影响，同时可方便、快速、单独调整修边镶块，应将冲孔固定座与修边镶块分离开来，均单独安装在斜楔滑块上，如图 2-19 所示。

**成效**：通过对冲头固定座、修边镶块单独设计，实现了单独调整的功能，减少了因误差累积而导致的精度问题。

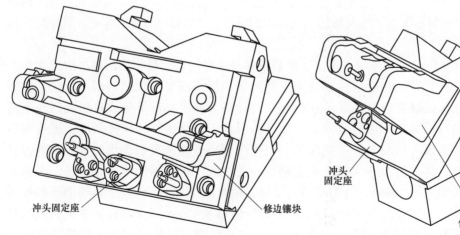

图 2-18　冲头固定座在修边镶块上

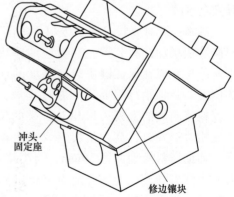

图 2-19　冲头固定座、修边镶块单独安装

## 2.1.37　忌过桥翻整镶块琐碎

**原因**：翻整镶块是模具的重要工作部件，装配精度要求翻整镶块拼合间隙小于

0.02mm，且翻整工作受侧向力影响。在压芯强度
受限或压芯侧销无布置空间时，需要压芯进行外
围设计，这时会出现翻整镶块过桥的问题，需要
每次拆压芯前先拆除过桥翻整镶块，但频繁地拆
装会导致翻整镶块拼缝错台或间隙大，导致批量
生产时在翻整镶块拼接处发生制件拉伤的问题。

**措施：** 为避免因反复拆装镶块而造成的拼接
缝处挤伤制件的问题，上模翻整镶块优先采用大
尺寸镶块设计，减少镶块分缝，如侧围、翼子板
轮毂处翻整镶块，如图 2-20 所示。

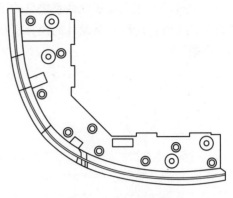

图 2-20　大尺寸镶块设计

**成效：** 通过将过桥镶块设计成大尺寸整体式
结构，减少了镶块拼接面的加工、镶块拼接面的研合、镶块的组装，以及镶块拆装时间，有
效地解决了镶块拼缝挤伤制件的问题。

## 2.1.38　忌凸模脱料面背空

**原因：** 凸模型面及后序模具凸模圆弧角背空是常见的减少过程模具调试、快速提升制件
精度的办法。但对于特殊制件，如"几"字形制件、U 形制件，凸模尖角部位型面及圆弧
角不要进行背空处理，若进行了背空处理会导致制件在凸模尖角部位因翻整力拉拽而产生制
件变形，凸模背空情况如图 2-21 所示。

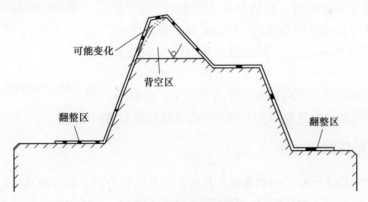

图 2-21　凸模背空情况

**措施：** U 形制件及"几"字形制件，凸模尖角部位不要进行背空处理，使制件与凸模
全付型，防止制件在翻整过程中发生错动，以此保证制件精度合格。

**成效：** 通过对"几"字形制件易回弹部位的控制，尤其是凸模控制制件位置度的关键
部位，进行全付型处理，有效地解决了因翻整拉拽而产生的制件变形问题。

## 2.1.39　忌压料芯与凹模分界位置固定

**原因：** 一般翻整模具的压料芯与凹模间隙取 0.5mm，位置为制件表面与翻边面延长面
的交线，间隙取在压料芯上，向产品压料面方向偏置，常规压料芯与凹模分界位置如图 2-22

所示，此种情况能满足常规翻整模具的正常工作要求。但是，当翻边直线段较短或翻边凸模圆弧角较大时，此种方案设计的模具，在调试生产时就会出现制件圆弧角根部回弹及制件变形的问题。

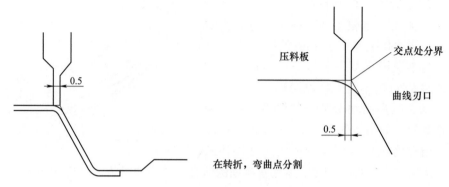

图 2-22　常规压料芯与凹模分界位置

**措施：**翻整模具凸模圆弧角较大时，当它大于或等于 $10t$（$t$ 为板厚）时，应考虑翻整后制件回弹，需在圆弧角过切点向内 2~3mm 处分界。凸模圆弧角较大的情况如图 2-23 所示，凹模和压料芯间隙在 0.5mm 以内，防止翻整整形后制件发生变形。

当翻边直线部分较短时，翻边部位直线段在 $2t$ 以下时，在圆弧角过切点或过切点向内 2~3mm 处分界，凹模和压料芯间隙取 0.5mm 以内，凹模镶块翻边圆弧角取尖角型式。

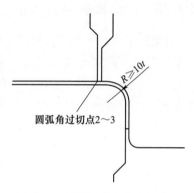

图 2-23　凸模圆弧角较大的情况

**成效：**在不同料厚、不同翻整长度的情况下，翻整分模线设置在不同位置，有效地解决了制件回弹及制件变形的问题。

## 2.1.40　忌翻整压芯行程小

**原因：**翻整模具的压料芯一般有效工作面大，且压料力高于修边模具压芯，当翻整压芯行程小的时候，会出现压不住制件、制件翻边时棱线错动、制件回弹、制件翻整部位凹坑等问题。

**措施：**翻整模具一般分为两类，一种是垂直翻边时 $S=A+\alpha+\beta$，其中 $S$ 为压料芯工作行程，$A$ 为最大咬合量，$\alpha$ 为余量（最小为 10mm），$\beta$ 为前工程制件形状和凹模的干涉量（需要考虑前工序制件的回弹量），如图 2-24a 所示；另一种是斜翻边、整形时 $S=B+\alpha$，其中 $S$ 为压料芯工作行程，$B$ 为加工时的必要行程（要考虑前工序的制件回弹量），$\alpha$ 为余量（最小为 10mm），如图 2-24b 所示。

**成效：**通过对翻整模具压芯行程的规范，有效地规避了因压芯行程问题导致的制件棱线错位、回弹、凹坑等缺陷。

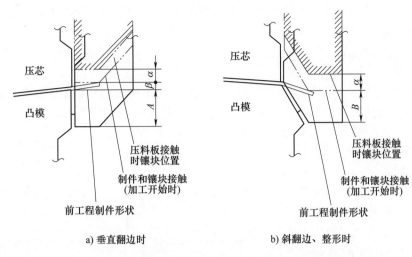

a) 垂直翻边时　　　　　　　b) 斜翻边、整形时

图 2-24　压芯行程示意图

## 2.1.41　忌翻边顶出器设计不合理

**原因：**翻边模具翻边完成后，经常会出现制件抱凸模的情况，尤其是前后门外板、机盖外板、翼子板等，使自动化取件时因无法取出或强行取件而导致制件变形。若翻边顶出器设计合理，则可解决以上自动化生产及制件品质问题。

**措施：**为确保顺利将制件顶起脱离凸模且制件品质良好，需保证在压料芯脱开冲压件后，才允许翻边顶出器工作，为防止制件品质问题，翻边顶出器行程不能太大，顶起制件脱离凸模 3~5mm 为佳。翻边顶出器尽量设置在制件的角部翻边处，考虑在投入、取出制件时不能有干涉，因此在制件刚度大的地方多设置，并均匀布置，最大间隔为 600mm。同时要注意实际使用情况，避免造成成本浪费。以一模两件门外板为例，门外板翻边模优选在角部设置翻边顶出器，但是也要综合考虑加工、标准件采购等成本的支出。图 2-25 所示的设计虽满足使用要求，但是造成了翻边顶出器采购量及加工安装面的增多，以及安装调试周期的延长。综合考虑使用要求及经济性，此处设计一个翻边顶出器、一个拖杆及两个顶出块，即可满足生产正常使用要求且节省模具开发成本，如图 2-26 所示。

图 2-25　翻边顶出器浪费结构

图 2-26　翻边顶出器最优结构

**成效**：在满足翻边模具翻边顶出器设置原则的前提下，应综合考虑成本、周期问题，以最少零部件实现最大化生产良品。

### 2.1.42 忌驱动块挡墙方向错误

**原因**：驱动块为斜楔滑块运动提供原动力，故驱动块的稳定性及精准度是产品批量、稳定生产的前提。驱动块挡墙有两方面的作用：其一，就是拼装定位基准；其二，就是抵消滑块的反作用力，避免销钉和螺钉受剪切应力。

**措施**：斜楔的挡墙在两个方向设置，一个设置在侧面，一个设置在后面。但是，双动斜楔结构需要根据斜楔滑板、行程导板两者先后接触顺序不同，及其产生侧向力的方向不同，将挡墙设置在接触受力的后方，如图 2-27 所示。

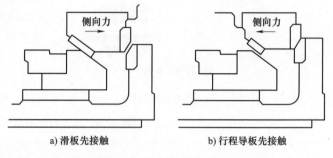

a) 滑板先接触　　　b) 行程导板先接触

图 2-27　驱动块挡墙位置分类

**成效**：通过驱动块先接触滑块还是先接触行程导板来判断驱动块挡墙的设定位置，以规避侧向力对驱动块精度及稳定性的影响。

### 2.1.43 忌双动斜楔取件安全距离小

**原因**：双动斜楔常用在锐角翻边的模具上，如机盖外板、侧围、翼子板、后背门外板及顶盖外板等制件。因为是锐角翻边，制件会抱在凸模上，且制件在取出时会与凸模干涉，无法实现自动化取件，必须使下模工作斜楔先退回，以保证制件取出路径内有安全量。

**措施**：常规制件双动斜楔退件安全余量最小为 5mm，特殊制件如侧围上边梁侧翻整。受制件造型及驱动行程、压芯行程、模具强度等方面的影响，可以将退件安全余量最小设定为 2mm，母斜楔（凸模）行程 ≥L（翻边长度）+5mm，斜楔行程 ≥刃入量 +a+A+斜楔压芯行程+母斜楔行程，双动斜楔如图 2-28 所示。

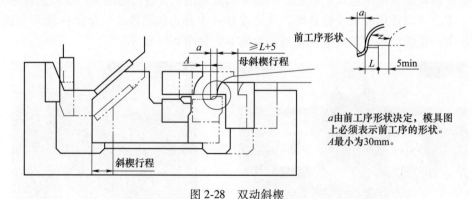

a 由前工序形状决定，模具图上必须表示前工序的形状。
A 最小为 30mm。

图 2-28　双动斜楔

**成效**：综合考虑母斜楔回退行程、驱动行程、压芯行程及模具强度等因素，常规制件退件安全余量为 5mm，可满足安全量及自动化提速的需求；侧围退件安全余量为 2mm，可满足自动化生产节拍 8 件/min 的需求。

## 2.1.44 忌侧修镶块弹顶销提芯时干涉

**原因：** 模具设计是按照模具闭合状态进行模具图样设计的。侧修斜楔模具为防止废料卡滞，可在侧修镶块上设计弹顶销，弹顶销凸出刃口 5~10mm，模具在自然状态下时，弹顶销和压芯均处于未压缩状态，单独提取压芯时，斜楔回退后，侧修镶块刃口距离压芯分模面末端有 5mm 的安全余量，此时弹顶销会与压芯干涉，故压芯在 $Z$ 向取放时会撞坏弹顶销。

**措施：** 针对压芯与侧修镶块弹顶销干涉的问题，设计人员可以在设计最终版图样时，在斜楔回程、镶块弹顶销呈自然状态，压芯呈顶起状态的条件下，设计弹顶销与压芯安全量，一般铸造安全量为 15mm，加工安全量为 10mm，也可以上部工作区做加工避让，下部非工作区做铸造避让，以减少机械加工量。

**成效：** 通过在设计最终版图样时，设计侧修镶块弹顶销与压芯安全量，有效地解决了压芯取放过程中撞坏侧修镶块弹顶销的问题。

## 2.1.45 忌隐冲模具压芯无平衡块

**原因：** 隐冲是驱动导板安装在压芯内部、滑动机构安装在上模的一种特殊模具结构，用于大型制件内部小冲孔的情况。因为制件内部无法布置常规斜楔驱动块，故需采用隐冲结构。采用隐冲模具结构时，若压芯无平衡块，则当下模无制件时，模具闭合，就会出现冲头啃下模凹模套的安全事故。因为正常隐冲是下模与压芯间有一个料厚的间隙进行的隐冲，但是下模若无制件，相对压芯来说在 $Z$ 向又多运动了一个料厚的距离，此时冲头与凹模套就会发生啃单边的问题。

**措施：** 平衡块起平衡压芯受力的作用，同时也有使压芯与下模保持约一个料厚的间隙的作用，平衡块设置原则为带平衡点研合制件着色，制件找实色（相对较清晰的着色），平衡垫找虚色（相对较模糊的着色）为最佳。基本上平衡块有一个料厚的间隙，故隐冲模具必须在压芯上均匀设计平衡块。

**成效：** 通过在压芯上设计平衡块，保证下模与压芯总保持一个料厚的间隙，解决了隐冲模具冲头啃伤下模凹模套的问题。

## 2.1.46 忌侧压料力不足

**原因：** 制件回弹、塌边、翘边及圆弧角变形等问题，常常与侧压料力不足有直接关系。受产品造型及冲压方向的综合因素限制，最常见的是侧修、侧翻压料力不足的问题。

**措施：** 针对侧压料力不足的问题，是否增加侧压芯要根据以下因素判定，设在产品剖面形状上斜度最大的部位，在加工点中心画一个 $\phi20mm$ 的圆，在圆与剖面形状交点与加工点之间作直线，所得直线与 $Y$ 轴夹角为 $\theta$。对于修边模具，当 $\theta \leqslant 30°$ 时，采用侧压芯；当 $\theta > 30°$ 时，采用正压芯。对于翻整模具，当 $\theta \leqslant 40°$ 时，采用侧压芯；当 $\theta > 40°$ 时，采用正压芯，如图 2-29 所示。

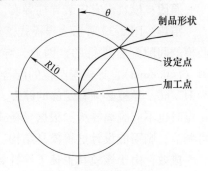

图 2-29 侧压芯判定方法

**成效：** 通过对修边与翻整模具何时采用侧压芯的情况进行分类汇总，从设计初期规避模具调试生产因侧压料力不足而导致的产品报废问题。

### 2.1.47　忌高精度工作区斜楔无 V 形导向

**原因：** 非线性翻边、精修、冲孔，以及两端闭口翻边时，斜楔导向导板无法满足精度要求及生产稳定性需求。无 V 形导向时，精修经常出现毛刺问题。角部翻边、两端闭口翻边无 V 形导向时，会出现偏单边情况，导致圆弧角大小不一致、圆弧角处棱线变形等问题。

**措施：** 为避免以上问题的发生，在常规吊装斜楔进行修边、冲孔时设置 V 形导向；在角部翻边、两端闭口翻边时采用 V 形导向；在滑块和驱动块间设定标准 V 形导向，如图 2-30 所示。对于大型非标斜楔，当斜楔滑块长度大于 500mm 时，采用标准的 V 形导板，当滑块长度小于或等于 500mm 时，采用两侧斜导板样式结构，如图 2-31 所示。对于小型非标斜楔，当斜楔

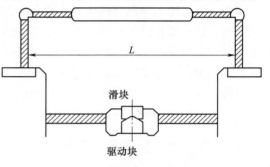

图 2-30　标准 V 形导向

滑块无空间布置 V 形导板时，可采用非标组合 V 形导向样式，如图 2-32 所示。

图 2-31　两侧斜导板样式

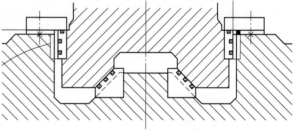

图 2-32　非标组合 V 形导向样式

**成效：** 通过对不同工作内容及工作区域长度的分类汇总，以及对 V 形导向样式的总结，满足了不同产品多样化及工作内容的需求。

### 2.1.48　忌导板式落料模导板较薄、凸模脱离导板

**原因：** 模具没有安装导柱导套。

**措施：** 图 2-33 所示为导板式落料模，其结构比较简单，上、下模的导向是依靠导板与凸模的间隙配合进行的，因此，导板与凸模的配合间隙必须小于凸、凹模间隙。对于薄料（$t<0.8mm$），导板与凸模的配合为 H6/h5，对于厚料（$t>3mm$），其配合为 H8/h7，一般为 H7/h6。导板必须有足够的厚度，凸模始终套在导板孔中上下滑动，即使在凸模上升到上止点时也不应脱离导板。根据导板式落料模的结构特点，如果压力机行程较长，或者行程不可调节，则不能设计这种模具结构。

**成效：** 由于该模具去掉了导柱导套，减小了模具外形尺寸，可安装在较小台面的压力机上进行冲压生产。

### 2.1.49 忌导料板的厚度随意设计

**原因：**导料板厚度如果较小，则使条料无法通过挡料销向前送进。

**措施：**导料板厚度应大于固定挡料销外露高度和板料厚度之和，才能保证条料顺利通过挡料销顶部的间隙，向前送进。

**成效：**图 2-33 所示的导板模具将导板兼做卸料板用，紧箍在凸模上的废料在凸模回程时直接被导板刮除，这种卸料方式称为刚性卸料。图 2-33 所示的导料装置采用两块导料板并将它们左右对称布置。

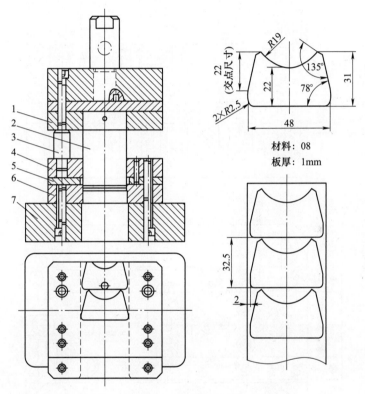

材料：08
板厚：1mm

图 2-33 导板式落料模
1—凸模固定板 2—凸模 3—限位柱 4—导板 5—导料板 6—凹模 7—下模座

由于凸模与导板已有了良好的配合且始终不脱离，所以凸模采用了工艺性能很好的直通式结构（根据凸模的结构特点，该模具在导板上必须安装两个限位柱，其高度不可随意设计，必须按模具不工作时控制凸模进入凹模的深度为 0.5~1mm 来确定），其作用是阻止上模下落到底面损害导向精度，在模具刃磨后，限位柱应磨去凸模与凹模刃磨量的总和。

导板模比无导向模的精度高，寿命长，使用时安装也较容易，卸料可靠，但复杂冲裁件的导板模的导孔制造比较困难。导板模一般用于冲裁形状比较简单、尺寸不大、厚度大于 0.8mm 的冲裁件。

### 2.1.50　忌用侧刃定距的级进模送料步距与侧刃切去的长度不一致

**原因：**侧刃定距的级进模如图 2-34 所示，在凸模固定板上，除装有一般的冲孔、落料凸模外，还装有特殊的凸模侧刃，侧刃断面的长度等于送料步距。在压力机的每次行程中，侧刃在条料的边缘冲下一块长度等于步距的料边，于是侧刃前后导料板之间的宽度不同，前窄后宽，在导料板处形成一个凸肩。

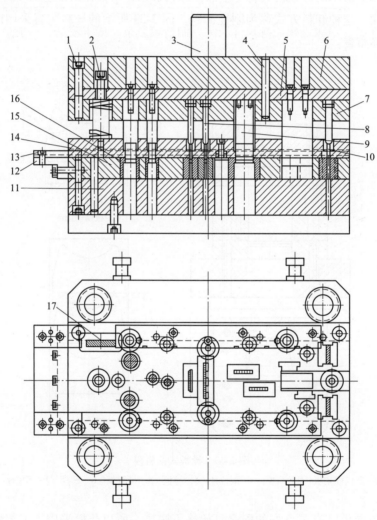

图 2-34　侧刃定距的级进模

1—内六角螺钉　2—卸料螺钉　3—模柄　4—销钉　5—垫板　6—上模座　7—凸模固定板　8~10—凸模

11—下模座　12—承料板　13—导料板　14—卸料板　15—凹模固定板　16—凹模镶件　17—侧刃

**措施：**只有在侧刃切去一个长度等于步距的料边而使其宽度减少之后，条料才能再向前送进一个步距，从而保证了孔相对位置的正确。

**成效：**用单侧刃冲裁时，侧刃排在第一工位或其前面。也可采用双侧刃排列，有些级进模将左右两侧刃并齐布置在第一个工位或其前面，目的是提高送料精度，避免送料时条料歪斜。

　　侧刃定距的优点是不受冲裁件结构限制，而且操作方便安全，送料速度快，便于实现自动化。缺点是模具结构比较复杂，材料有浪费。在一般情况下，侧刃定距精度比用导正销低，所以有些级进模将侧刃与导正销联合使用，侧刃用作粗定位，导正销用作精定位（侧刃断面的长度应略大于送料步距，这样导正销对条料前后方向的导正就不会受到凸肩的干涉）。

　　级进模比单工序模生产率高，减少了模具和设备的数量，工件精度较高，便于操作和实现生产自动化。对于特别复杂或孔边距较小的冲压件，用简单模或复合模冲制有困难时，可用级进模逐步冲出。但级进模轮廓尺寸较大，制造较复杂，成本较高，一般适用于大批量生产小型冲压件。

## 2.1.51　忌正装复合模的结构设计时，如果采用定位销，未设计避让孔，或未采用活动定位销

　　**原因：**图 2-35 所示为冲孔落料正装复合模的典型结构。凸凹模在上模，凹模和凸模在下模，工作时，板料以定位销定位，上模下压，凸凹模和凹模进行落料，落下的料卡在凹模中，同时冲孔凸模与凸凹模内孔进行冲孔，冲孔废料卡在凸凹模孔内。卡在凹模中的冲件通过顶件装置由下向上顶出凹模面。顶件装置由顶杆和顶件圈及装在下模座底下的弹顶器组成。

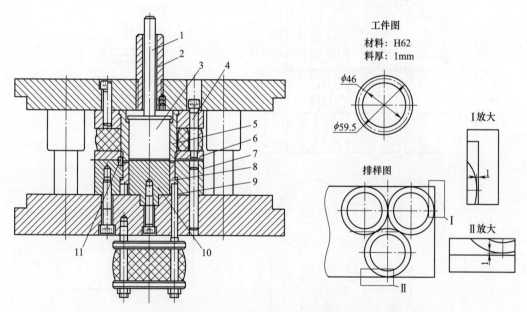

图 2-35　冲孔落料正装复合模

1—打料杆　2—模柄　3—退料柱　4—卸料螺钉　5—凸凹模
6—卸料板　7—凹模　8—顶件圈　9—顶杆　10—凸模　11—定位销

　　**措施：**该模具采用装在下模座底的弹顶器推动顶杆和顶件圈，弹性零件高度不受模具有关空间的限制，顶件力大小容易调节，可获得较大的顶件力。卡在凸凹模内的冲孔废料由推件装置推出。推件装置由打料杆、退料柱组成。当上模上行至上止点时，压力机横杆通过推件装置把废料推出，每冲裁一次，使冲孔废料被推下一次，使凸凹模孔内不积存废料，胀力

小，不易受损。但冲孔废料落在下模工作面上时，清除废料麻烦，尤其孔较多时。边料由弹压卸料装置卸下。由于采用定位销，在卸料板上需钻出避让孔，或采用活动定位销。

上、下模采用导柱导套导向，导柱布置在两侧中线位置。为防止装模时将导柱导套装反，应将两个导柱做成直径大小不一样的。

**成效**：从上述工作过程可以看出，正装复合模工作时，板料在压紧的状态下分离，冲件平直度较高。但由于弹顶器和弹压卸料装置的作用，分离后的冲件容易被嵌入边料中，进而影响操作和生产率。

### 2.1.52 忌倒装复合模的结构设计时，凹模采用直刃壁，且凸、凹模壁厚较小

**原因**：图 2-36 所示为冲孔落料倒装复合模的典型结构，凸凹模装在下模，凹模和冲孔凸模装在上模。倒装式复合模通常采用刚性推件。

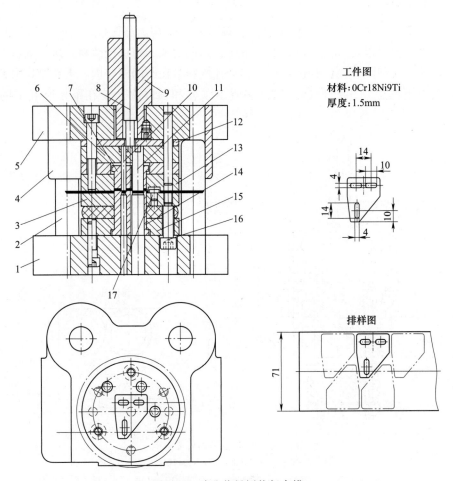

图 2-36　冲孔落料倒装复合模

1—下模座　2—导柱　3—卸料板　4—导套　5—上模座　6—凸模固定板　7—顶件器　8—打料杆
9—模柄　10、11—冲孔凸模　12—上垫板　13—凹模　14—凸凹模　15—凸凹模固定板　16—卸料螺钉　17—定位钉

推件装置把卡在凹模中的冲件推下，刚性推件装置由打料杆、顶件器组成。冲孔废料直接由冲孔凸模从凸凹模内孔被推下，无顶件装置，但如果采用直刃壁凹模洞口，则凸凹模内

有废料积存，胀力较大。当凸、凹模壁厚较小时，可能导致凸、凹模破裂。

**措施：**板料的定位靠定位钉来完成。由于采用定位钉进行导料和挡料，所以在凹模上必须加工相应的避让孔。

**成效：**采用刚性推件的倒装式复合模，板料不是处在压紧的状态下被冲裁，因而平直度不高。这种结构适用于冲裁较硬的或厚度大于 0.3mm 的板料。如果在上模内设置弹性零件，即采用弹性推件装置，这就可以用于冲裁材质较软的或厚度小于 0.3mm 的板料，且平直度要求较高的冲裁件。

## 2.1.53　忌级进模结构设计时，工步数较多，无侧压装置，凸凹模设计不方便刃磨和维修

**原因：**级进模的工步数，等于分解的单工序之和。如冲孔-落料级进模的工步数，通常等于冲孔与落料两个单工序之和。但为了增强冲模的强度及便于加工，对于多孔零件，可根据内孔的数量分几步完成。工步数越少越好，工步数越多，累积误差越大，制件尺寸精度越低。但为了凹模的强度和便于安装加工，有时还必须增加工步数，但最多不能超过 3 个工步。

级进模设计时，必须设计完好的导料系统，以保证条料在模具中正常地运行。在级进模中，一般是条料或卷料送进，对其材质、厚度、条料宽度等均有较严格的要求。级进模的导料系统是由两条导料板及延伸至凹模之外的承料板构成的。为了防止条料送进过程中产生摆动，一般装有侧压装置，如侧压块。

**措施：**级进模当每次冲压完成后，应立即将条料从凸模中刮下。常用的卸料机构主要有固定式卸料机构和弹压式卸料机构两种形式，在设计级进模进行工序安排时，应注意以下几方面：

1）在冲孔与落料工序顺序安排时，应先安排冲孔，后安排落料，以便于使先冲好的孔，作为导正定位孔，以提高制件精度。

2）在没有圆形孔的制件中，为了提高送料步距精度，可在凹模首次工步中设计工艺孔，以其作为导正定位孔。

3）当产品要求孔与外形的某凸出部位位置精度时，应把该部位与孔设计在同一工步成形。

4）同一尺寸基准的精度要求较高的不同孔，在不影响凹模强度情况下，应安排在同一工步进行。

5）尺寸精度要求较高的工步，应尽量安排在最后一道工序进行。尺寸精度要求不太高的工步，则应安排在较前工序。

6）在对多工步的级进模，安排如冲孔、切口、切槽、弯曲、成形及切断等工序的次序时，一般应把分离工序，如冲孔、切口、切槽，安排在前面，接着可安排弯曲、拉深、成形工序，最后再安排切断及落料工序。

7）冲不同形状及尺寸的多孔时，尽量不要把大孔与小孔安排在同一工序，以便修磨时能确保孔距精度。

设计级进模时，凸模与凹模孔的数量较多，故设计凸、凹模时，除了要能保证正常冲压要求外，还应注意以下几点：

1）凸模的结构设计要充分考虑其安装时的稳定性，尤其是对于高速连续冲压的凸模设计更要注意这一点。

2）凸模的安装设计要便于拆卸，便于刃磨和维修。

3）为了便于加工，对于形状复杂的凹模型孔，可采用嵌镶结构。

**成效**：通过以上结构方面的设计，可以使条料沿另一边导料板平稳送进。弹压式卸料机构不仅起卸料作用，还可以起压料作用，使冲压效果更好。在采用弹压式卸料机构时，往往在固定板和卸料板之间采用辅助导柱、导套导向，以使卸料板与凸模有良好的配合，又能起到保护细小凸模的作用。

### 2.1.54 忌弯曲模结构设计时，用固定的结构生产各种弯曲件

**原因**：弯曲模的结构设计应在选定弯曲件工艺方案的基础上以及确定弯曲工序的前提下进行。弯曲模的结构由上、下两部分组成，模具中的工作零件、卸料零件、定位零件的作用与冲裁模的零件基本相似，只是零件的形状不同。弯曲不同形状的弯曲件，就采用不同类型的弯曲模，常见的有 V 形件弯曲模、U 形件弯曲模、圆形件弯曲模等。

图 2-37 所示为一种 V 形件弯曲模结构型式。上模由弯曲凹模、上模座及模柄组成，下

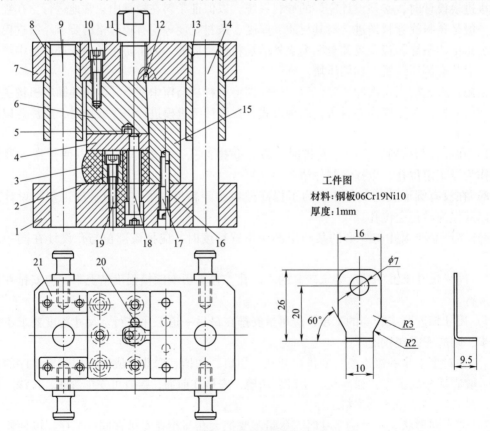

工件图
**材料**：钢板06Cr19Ni10
**厚度**：1mm

图 2-37 V 形件弯曲模 1

1—下模座 2—限位柱 3—橡皮 4—顶料板 5—定位销 1 6—弯曲凹模 7—上模座 8—导套 1
9—导柱 1 10、17、19—内六角圆柱头螺钉 11—模柄 12—内六角锥端紧定螺钉 13—导套 2
14—导柱 2 15—弯曲凸模 16—内螺纹圆柱销 A 型 18—卸料螺钉 20—定位销 2 21—靠板

模由弯曲凸模、顶料板、橡皮、卸料螺钉及下模座组成。在顶料板上装有定位销 1 和定位销 2，以保证坯料在冲模上的位置正确。限位柱保证模具在弯曲件弯曲后产生一个矫正力，从而保证零件的弯曲尺寸达到图样要求。下模的橡皮和顶料板、卸料螺钉组成顶件装置，以便于压弯后将制件顶出。

　　模具在工作时，坯料放在顶料板上，用定位销 1、定位销 2 进行定位，板料在被压弯的同时，将顶料板、橡皮压下，待压弯成型后，弯曲凹模回程时，在橡皮的弹力作用下，通过顶料板将零件顶出。

　　**措施：**图 2-38 所示为另一种 V 形件弯曲模结构型式，上模由压弯凸模和模柄组成，下模由压弯凹模及底座、挡料销和顶杆、弹簧构成。在压弯凹模上设有定位槽，并装有挡料销，以保证坯料在冲模上的位置正确。凹模中间的顶杆及弹簧组成顶件装置，以便于压弯后将制品顶出。模具在工作时，坯料放在压弯凹模上的定位槽和挡料销间，板料在被压弯的同时，将顶杆压下，待压弯成型后，压弯凸模回程时，在弹簧的弹力作用下，通过顶杆将零件从凹模中顶出。

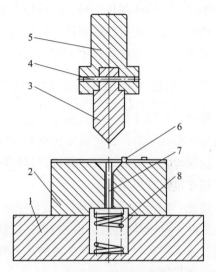

图 2-38　V 形件弯曲模 2

1—底座　2—压弯凹模　3—压弯凸模　4—销钉

5—模柄　6—挡料销　7—顶杆　8—弹簧

　　在设计 V 形件弯曲模时，如果 V 形弯曲件的两弯曲边较长，且尺寸公差要求较低，批量较小，需选用 V 形件弯曲模 2 的结构，因为该结构简单，制造加工容易。如果 V 形弯曲件的两弯曲边较短，且尺寸公差要求较高，批量较大，需选用 V 形件弯曲模 1 的结构。

　　**成效：**降低了模具制造成本。

## 2.1.55　忌弯曲模设计时，未在结构上考虑增加防止坯料偏移的零件，未增加凸模和凹模的修正值

　　**原因：**为了保证弯曲件的质量，弯曲模结构设计时应保证坯料在弯曲时不发生偏移，同时，应注意放入和取出工件的操作要安全、迅速和方便。

　　**措施：**为了防止坯料偏移，应尽量利用零件上的孔和定位销定位，定位销装在顶板上时，应注意防止顶板与凹模之间产生窜动。若零件无孔，但允许在坯料上冲制工艺孔时，可以考虑在坯料上设计出定位工艺孔。当零件不允许有工艺孔时，可采用顶杆、顶板等压紧坯料，以防止弯曲过程中坯料发生偏移。对于对称弯曲件，弯曲件的凸模圆角半径和凹模圆角半径应保证两侧相等，以免弯曲时坯料发生滑动和偏移。

　　**成效：**有效地防止了坯料发生滑动和偏移，保证弯曲件的尺寸达到图样要求。

## 2.1.56　忌设计制造弯曲模时，凸模圆角半径做成最大允许尺寸

**原因：**为了尽量减少工件在弯曲过程中被拉长、变薄和划伤等现象，弯曲模的凹模圆角应光滑，凸、凹模的间隙要适当，不宜过小。如果凸模圆角半径过大，则图样要求的工件内圆角半径小于凸模圆角半径，凸模将无法进行维修，从而造成模具的报废。

**措施：**可以先将凸模圆角半径做成最小允许尺寸，以便试模后，根据需要修整放大。

**成效：**工件弯曲过程中没有出现被拉长、变薄、划伤等现象。

## 2.1.57　忌拉深模结构设计时，没有设计压边限位机构，无顶件装置

**原因：**在设计时，应根据压力机和零件形状不同，来确定拉深模结构型式。例如，对于一般中小型浅盒形件，可以采用落料-拉深复合模结构；对于小型筒形件及矩形盒零件需要多次拉深时，一般应设计成级进拉深模结构；对于大批量的圆筒形件需要多次拉深时，应采用带料级进拉深模结构。

**措施：**1）设计拉深模时，要合理地选择压边装置。在采用弹簧及橡胶垫做压边力的压边装置时，应设计有压边限位机构，以获得拉深过程中均匀的压边力，克服弹顶装置的压边不足。或采用有很大压缩量的橡胶垫及弹簧的压边装置，以使压边力在整个拉深过程中保持不变或变化较小。

2）应根据拉深件表面质量及尺寸精度的不同，采用不同顶件装置，如当制品要求底部较平，则不能采用下漏的出件形式，应采用上出件的弹性顶件装置。

3）设计拉深模时，通常情况下可不必采用导柱、导套导向，只要上、下模对准，调整好上、下模间隙（可借助于样件调整）即可，但对于要求精度较高的拉深模或大型覆盖件拉深模，一般应选用导柱导向装置，

4）拉深模设计时，要对拉深工艺进行准确计算，尤其是多次拉深才能成型的模具，其拉深次数、各次拉深的半成品尺寸应满足拉深变形工艺的要求。

**成效：**1）拉深模对压力机的行程有较高的要求时，尤其对于拉深件较高的制件，其压力机行程必须大于拉深件高度的2倍，否则制件无法从模具中取出。

2）大中型拉深模中的凸模，必须设有通气孔，以便通气良好，使制件能从凸模中卸下。

3）凸模、凹模、压边圈必须有足够的硬度、耐磨性及表面粗糙度。

4）在设计落料-拉深复合模时，落料凹模的高度应高出拉深凸模的上平面，一般为2~5mm，以利于冲裁与拉深工序分别进行，也使冲裁刃口能有足够的刃磨余量，延长模具寿命。

5）对于形状复杂或多次拉深的拉深件，一般很难准确计算出坯件形状和尺寸，往往在拉深结束确定准确尺寸之后，才能设计和制造首次拉深坯件的落料模，以免造成浪费。

## 2.1.58　微型孔网板模设计禁忌

图2-39所示为微型孔网板，材料为Q195或Q215A钢，板厚为0.4mm。经分析，该制

件采用一出四排列的自动冲孔排样方式，其排样如图 2-40 所示。

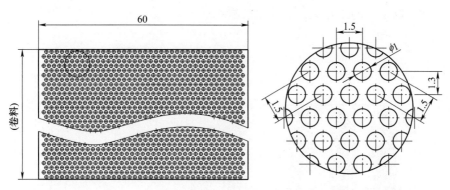

图 2-39 微型孔网板

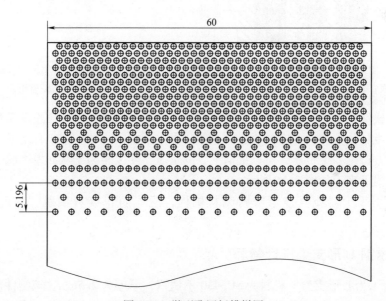

图 2-40 微型孔网板排样图

**原因：** 由于该制件各网孔直径较小，孔径为 1.0mm，且网孔较多，若按常规的模具设计结构（即没有采用预防废料上跳下堵的机构），则在批量生产时经常会出现废料上跳下堵，上跳是废料有时没有从凹模落料孔往下落，而在凸模回升时，随着凸模往上带出模面压伤制件，影响制件的质量，如图 2-41 所示；下堵是有时废料堵在凹模落料孔内（见图 2-42），不能顺利地往下落，严重时会将细小凸模折弯（见图 2-43）、折断。

**措施：** 从理论上讲，废料是否跳出凹模的模面，取决于其所受向上的吸附力和凹模侧壁对废料向下的咬合力之间的差值。只要提高咬合力、减小吸附力，即可达到废料

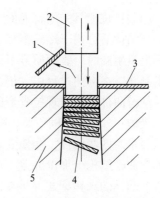

图 2-41 废料回跳示意图
1—回跳废料 2—凸模
3—带料 4—废料 5—凹模

回跳的改善与防止。而废料堵塞的原因主要是由于凹模落料孔，防止的方法应围绕凹模落料孔的设计与相关联之间的结合关系上采取措施。

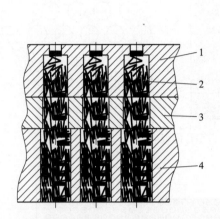

图 2-42 废料堵塞落料孔示意图
1—凹模 2—被堵塞废料 3—下模垫板 4—下模座

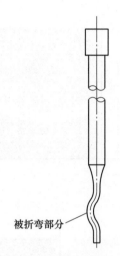

被折弯部分

图 2-43 堵模后导致
细小凸模被折弯

若制件凸模细小不能安装任何防止废料回跳和堵模的措施，且冲压速度又快，则可在模具的下方安装废料收集箱，在废料收集箱上加装真空泵或吸尘器。由于真空泵或吸尘器的作用，使废料下方产生一个负压，可以抵消上方的负压，使废料易于从凹模中脱落进而被真空泵或吸尘器吸附下来，如图 2-44 所示。

**成效**：采用吸尘器或真空泵吸附废料机构，既能防止废料回跳，又可以防止废料堵塞。

### 2.1.59 不锈钢 L 形支架设计禁忌

图 2-45 所示为 L 形支架，材料为 SUS430 不锈钢，厚度为 2.5mm。该制件形状简单，为外观件，因此对弯曲后表面质量要求较高，其表面不得有压伤、压痕及弯曲时所产生的拉丝痕等。

**原因**：该模具采用普通的 L 形弯曲模结构，即弯曲凸模为一体式的结构，如图 2-46 所示。该结构适合用于冷轧钢板、铜及铝等弯曲件，但对于表面质量要求高的不锈钢弯曲件，在小批量生产时，表面质量可以得到满足，而大批量生产时，即使其凸模采用较好的合金工具钢制作，在弯曲过程中，仍会出现板料与弯曲凸模摩擦发热，进而导致弯曲凸模工作面拉毛后使弯曲件表面出现拉丝痕的现象。

**措施**：如图 2-46 所示，这副模具的总体结构是符合设计要求的，但针对厚料不锈钢且表面要求高的弯曲件，会使其表面出现拉丝痕的现象，难以满足设计要求。经分析，可在普通的弯曲模结构上加以改善，可将普通一体式的弯曲凸模结构（见图 2-46）改为带滚针 L 形弯曲凸模的结构型式（见图 2-47 中的弯曲凸模座、压板及滚针）。滚针的外径部位比弯曲凸模座侧面的工作平面凸出 0.05~0.08mm。弯曲时，滚针接触弯曲件，而弯曲凸模座的侧面会缩进 0.05~0.08mm，起到避让作用。

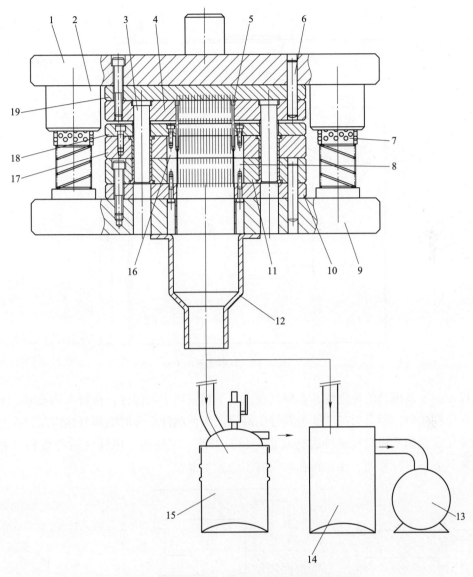

图 2-44　采用真空泵或吸尘器吸附废料结构图

1—上模座　2—导套　3—小导柱组件　4—凸模固定板　5—凸模　6—圆柱销　7—导柱　8—凹模
9—下模座　10—下模垫板　11—下模板　12—废料吸出部件　13—真空泵　14—废料收集箱
15—吸尘器　16—卸料板镶件　17—卸料板　18—卸料板垫板　19—固定板垫板

　　工作时，首先将坯料放入弯曲凹模上，由定位销对坯料进行定位，上模下行，压料板首先压紧坯料（见图 2-48a）；上模继续下行，安装在弯曲凸模座上的滚针对坯料逐步进行弯曲（见图 2-48b）；当弯曲到如图 2-48c 所示的示图时，上模继续下行，从如图 2-48c 所示状态至如图 2-48d 所示状态的过程，滚针对弯曲件作竖直滚动，从而减少弯曲时的摩擦，使制件弯曲后表面光滑、质量好。

　　该制件改进后的模具结构如图 2-49 所示，该模具由 4 套滑动导柱、导套配合导向，为

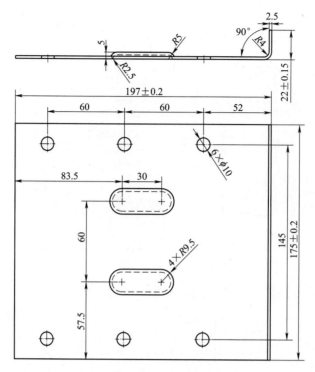

图 2-45　L形支架

保证调模的高度及模具的稳定性，本模具在上、下模安装了限位柱，在每次调模时，上限位柱与下限位柱闭合，模具的高度即为调好的高度。为使制件工作时能很好地定位，在弯曲时该结构采用定位销及压料板镶件进行双重定位，当前一工序的工序件（后称坯料）在压料板的压紧状态下进行弯曲，使坯料在弯曲时不会发生滑移。

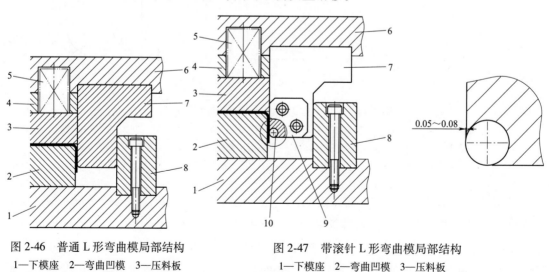

图 2-46　普通 L 形弯曲模局部结构
1—下模座　2—弯曲凹模　3—压料板
4—上垫板　5—弹簧　6—上模座
7—弯曲凸模　8—凸模挡块

图 2-47　带滚针 L 形弯曲模局部结构
1—下模座　2—弯曲凹模　3—压料板
4—上垫板　5—弹簧　6—上模座　7—弯曲凸模座
8—凸模挡块　9—压板　10—滚针

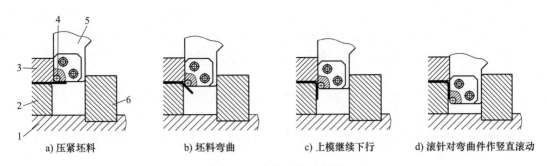

a) 压紧坯料　　　　b) 坯料弯曲　　　　c) 上模继续下行　　　　d) 滚针对弯曲件作竖直滚动

图 2-48　弯曲过程示意图

1—下模座　2—弯曲凹模　3—压料板　4—滚针　5—弯曲凸模座　6—凸模挡块

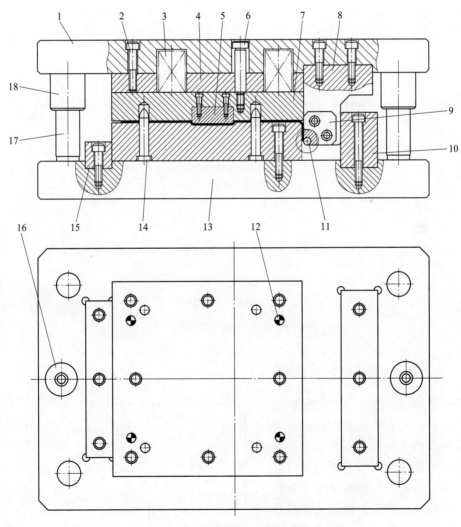

图 2-49　改进后的模具结构图

1—上模座　2—螺钉　3—弹簧　4—上垫板　5—压料板镶件　6—卸料螺钉
7—压料板　8—弯曲凸模座　9—压板　10—凸模挡块　11—滚针　12—圆柱销
13—下模座　14—定位销　15—凹模挡块　16—限位柱　17—导柱　18—导套

弯曲凸模座采用Cr12MoV制作，热处理硬度为53~55HRC，如图2-50a所示。滚针是本模具中重要的工作零件，它不仅直接担负着弯曲工作，而且是在模具上直接决定制件的尺寸及制件表面的质量，因此材料采用Cr8Mo1VSi，热处理硬度为60~63HRC，如图2-50b所示。

**成效：**弯曲凸模的结构经过改进后，使生产出的弯曲件表面质量良好。滚针在弯曲工作时属于滚动状态，从而减少了弯曲时的摩擦，这样弯曲凸、凹模的间隙可取小些，也不会对弯曲件的表面质量有任何影响，同时也方便调整弯曲的角度，大大提高了模具的使用寿命。

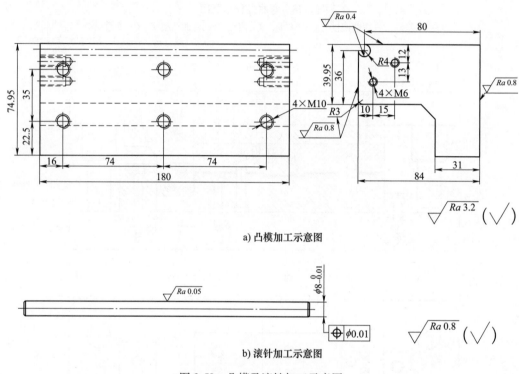

a) 凸模加工示意图

b) 滚针加工示意图

图2-50 凸模及滚针加工示意图

## 2.1.60 铰链卷圆件级进模设计禁忌

图2-51所示为铰链卷圆件，材料为SUS430不锈钢，板厚为1.2mm，在充分分析铰链卷圆件特点的基础上，决定采用对称一出二排列的级进模来冲压较为合理。为了弯曲、卷圆等成型不发生干涉并简化模具的结构，该制件在排样时设计了5个空工位，共分为11个工位来冲压成型，排样图如图2-52所示。

**原因：**模具制造完成后，在试模时发现有下述两个问题。

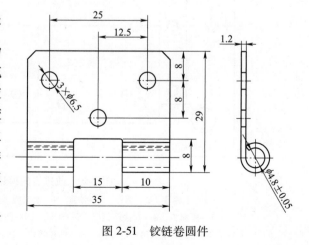

图2-51 铰链卷圆件

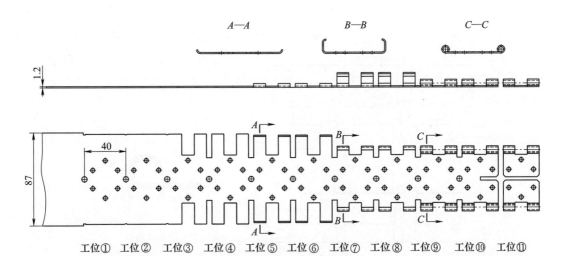

图 2-52　铰链卷圆件排样图

工位①—冲切两边侧刃，冲 7 个圆孔　工位②—空工位　工位③—冲切长方槽　工位④—空工位

工位⑤—头部弧形预弯曲（见 A—A 剖视图）　工位⑥—空工位　工位⑦—90°弯曲（见 B—B 剖视图）

工位⑧—空工位　工位⑨—卷圆（见 C—C 剖视图）　工位⑩—空工位　工位⑪—切断

1）如图 2-53 所示，旧工艺工位⑦：90°弯曲工序的工序件在弯曲结束后，采用顶杆卸料的结构，使包在卸料板镶件（弯曲凸模）上的工序件通过顶杆在弹簧的弹力作用下，被强行卸料，有时由于工序件包在卸料板镶件（弯曲凸模）上比较紧，使工序件难以顺利地卸料或硬卸料后导致工序件变形等因素，导致带料送不过去或送料出错。

2）如图 2-54 所示，旧工艺工位⑨：卷圆工序的工序件底角处严重变形，近似于直角弯曲件（见图 2-54），尺寸不符合图样。其原因是卷圆凹模的工作面为平直的，工作时，工序件头部弧形预弯曲部位在卷圆凸模的成型工作部位受力，导致工序件的材料往底角处流动，导致最后卷出的工序件形状严重变形。

**措施：**1）工位⑦——90°弯曲工序。将旧工艺固定在卸料板上的卸料板镶件（弯曲凸模）（见图 2-53），改为新工艺，即采用滑块结构卸料（见图 2-55）。结构是将滑块（弯曲凸模）安装在卸料板上，在滑块（弯曲凸模）上设置顶杆及弹簧，使工序件在弯曲结束后、上模开启时，在弹簧的弹力

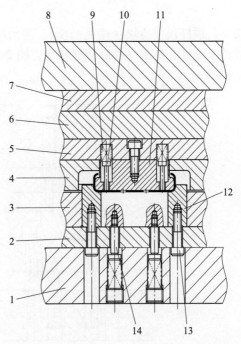

图 2-53　旧工艺工位⑦：90°弯曲工序局部结构图

1—下模座　2—下垫板　3—凹模固定板　4—卸料板
5—卸料垫板　6—凸模固定板　7—上垫板　8—上模座
9—弹簧　10—顶杆　11—卸料板镶件（弯曲凸模）
12—弯曲凹模　13—螺钉　14—卸料螺钉

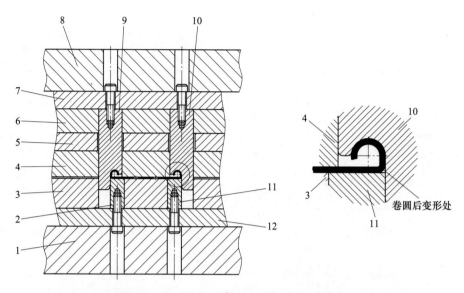

图 2-54　旧工艺工位⑨：卷圆工序局部结构图

1—下模座　2、11—卷圆凹模　3—凹模固定板　4—卸料板　5—卸料垫板
6—凸模固定板　7—上垫板　8—上模座　9、10—卷圆凸模　12—下垫板

作用下，顶杆顶住滑块（弯曲凸模），使滑块（弯曲凸模）随着斜度的轨迹往中心滑动，从而脱离工序件，将工序件顺利地卸下，图 2-55b 所示为模具开启状态。

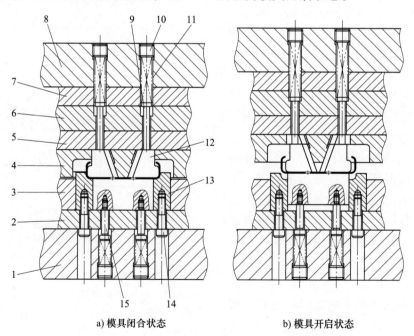

a) 模具闭合状态　　　　　　　　　　　　b) 模具开启状态

图 2-55　新工艺工位⑦——90°弯曲工序局部结构图

1—下模座　2—下垫板　3—凹模固定板　4—卸料板　5—卸料垫板　6—凸模固定板　7—上垫板　8—上模座
9—顶杆　10—螺塞　11—弹簧　12—滑块（弯曲凸模）　13—弯曲凹模　14—螺钉　15—卸料螺钉

2）工位⑨——卷圆工序。将旧工艺卷圆凹模工作面由平直的（见图 2-54）改为新工艺卷圆凹模的工作面，即加工出"尖角"来支撑卷圆件的外形（见图 2-56 中 A 放大图），此"尖角"处的圆弧与卷圆件外形的圆弧匹配，这样能很好地控制卷圆件内孔径的椭圆度。

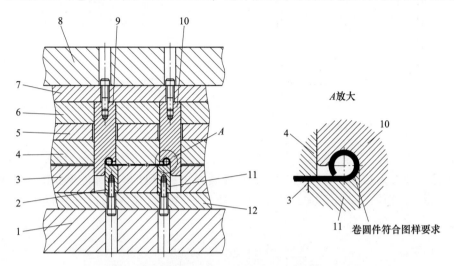

图 2-56　新工艺工位⑨——卷圆工序局部结构图

1—下模座　2、11—卷圆凹模　3—凹模固定板　4—卸料板　5—卸料垫板
6—凸模固定板　7—上垫板　8—上模座　9、10—卷圆凸模　12—下垫板

工作过程：上模下行，卸料板在弹簧力的作用下首先压住工序件，上模继续下行，卷圆凸模的导向部分先进入卷圆凹模进行卷圆工作。

**成效：**1）将旧工艺弯曲凸模固定在卸料板上，改为新工艺弯曲凸模采用滑块在卸料板内上下滑动卸料的结构，使工位⑦的工序件弯曲后能顺利地卸料，让卸下的工序件符合设计要求。此工序模具的结构改造一次性获得成功。

2）将旧工艺的卷圆凹模工作面由平直的改为带圆弧的"尖角"来支撑卷圆件外形，使加工出的卷圆件尺寸符合图样要求，稳定性好。

## 2.1.61　带压边反向拉深模设计禁忌

图 2-57 所示为某典型的拉深件，材料为 08 钢，厚度为 1.0mm，经分析，采用带压边装置的拉深模较为合理。

**原因：**该模具经过试冲后，出现了两个问题，其一，底部变薄严重，有时还出现开裂现象；其二，口部有皱褶。生产出的制件废品率高，外观质量差，不良制件如图 2-58 所示。

拉深凹模小于坯件的结构示意如图 2-59 所示，A 处的拉深凹模口部避位太多，其凹模压边部分小于坯件。在这样的情况下，当开始拉深时，坯件的外缘由于未受到压边力的压紧，使其外缘开始起皱，上模继续下行，起皱部分的坯件外缘受到较大的阻力，使拉深后制件底部出现严重的变薄或断裂现象，而起皱的部分进入拉深凹模，使拉深后的制件口部周边出现皱褶。

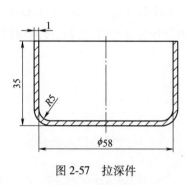

图 2-57　拉深件

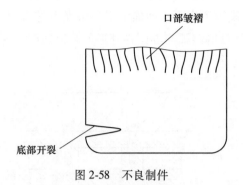

图 2-58　不良制件

　　**措施：** 经过分析，这副模具的总体结构设计是合理的，但细节部分要加以改善才可解决上述问题，即加大拉深凹模压边部分的直径（减少拉深凹模口部的避位），使其必须等于或大于坯件的直径，如图 2-60 所示，从 *A* 处可以看出，拉深凹模外径避位后与坯件外径相等。

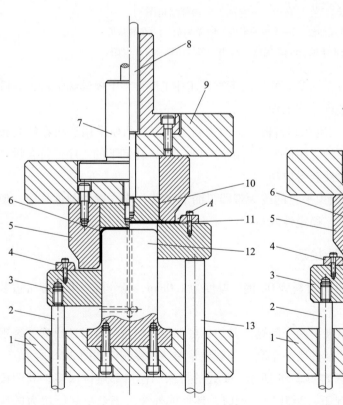

图 2-59　拉深凹模小于坯件的结构示意图

1—下模座　2—卸料螺钉　3—压边圈　4—定位板
5—拉深凹模　6—制件　7—模柄　8—推杆　9—上模座
10—顶件器　11—坯件　12—凸模　13—顶杆

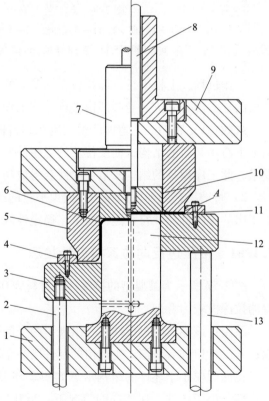

图 2-60　拉深凹模等于坯件的结构示意图

1—下模座　2—卸料螺钉　3—压边圈　4—定位板
5—拉深凹模　6—制件　7—模柄　8—推杆　9—上模座
10—顶件器　11—坯件　12—凸模　13—顶杆

工作时，将坯件放置在压边圈上，用定位板对坯件进行定位，上模下行，拉深凹模下平面与压边圈的上平面紧压坯件，上模继续下行，凸模逐渐将坯件拉入拉深凹模的筒壁内。拉深结束后，在上模上行的同时，压边圈将箍在凸模上的制件顶出，迫使制件留在凹模内，在压力机打杆的作用下，推杆接触到压力机的打杆时，迫使推杆及顶件器往下施加压力将制件从拉深凹模内顶出。

**成效：**加大拉深凹模压边部分的直径后，经过试冲，拉深效果明显好转，且一次性获得成功。更改前出现的底部变薄、开裂及口部皱褶等问题全部得到了解决，生产出的制件质量好，合格率高，压边力也比更改前方便调整，目前更改后的模具已经投入批量生产中。

### 2.1.62　圆筒形级进拉深模修边余量计算禁忌

图 2-61 所示为无凸缘圆筒形拉深件，该制件年产量较大。为满足大批量生产，经分析，采用一出一排列的级进拉深模排样工艺。

**原因：**在试冲该制件时发现，拉深后修边余量过小，试冲后得到制件实际的修边余量单边为 1.88mm 左右，按无凸缘圆筒形拉深件计算修边余量试冲后的实际示意如图 2-62 所示。在这种情况下经过修边后导致制件的口部出现皱褶、有缺口或开裂等现象，会影响制件的质量。经分析，其原因是该制件的修边余量按照无凸缘筒形件计算（当制件的高度为 38mm、$h/d = 0.78$ 时，查表

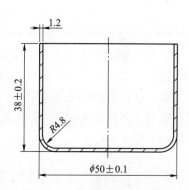

图 2-61　无凸缘圆筒形拉深件

2-1 得修边余量为 2mm，如图 2-63 所示）的。经计算后得到毛坯直径为 98mm，这种计算方式是错误的。

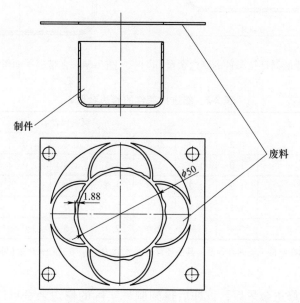

图 2-62　按无凸缘圆筒形拉深件计算修边余量试冲后的实际示意图

表 2-1　无凸缘圆筒形拉深件的修边余量 δ　　　　　（单位：mm）

| 制件高度 h | 制件相对高度 h/d | | | | 简图 |
|---|---|---|---|---|---|
| | 0.5~0.8 | 0.8~1.6 | 1.6~2.5 | 2.5~4 | |
| ≤10 | 1.0 | 1.2 | 1.5 | 2.0 | |
| 10~20 | 1.2 | 1.6 | 2 | 2.5 | |
| 20~50 | 2 | 2.5 | 3.3 | 4 | |
| 50~100 | 3 | 3.8 | 5 | 6 | |
| 100~150 | 4 | 5 | 6.5 | 8 | |
| 150~200 | 5 | 6.3 | 8 | 10 | |
| 200~250 | 6 | 7.5 | 9 | 11 | |
| >250 | 7 | 8.5 | 10 | 12 | |

**措施：** 在带料上采用级进拉深工艺生产的无凸缘圆筒形拉深件，其修边余量也应在带料的平面上考虑，而不应沿制件高度方向考虑，如图 2-64 所示。那么该制件的修边余量要重新计算，经计算制件毛坯直径 $D_1$ 为 96mm，当制件的料厚为 1.2mm、毛坯直径大于 60mm 时，查表 2-2 得到级进拉深件的修边余量为 3.5mm，那么毛坯直径 $D = D_1 + \delta = 96mm + 3.5mm = 99.5mm$。

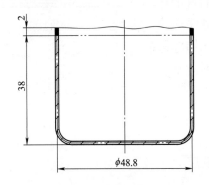

图 2-63　无凸缘圆筒形拉深件的修边余量

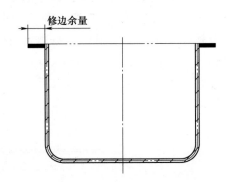

图 2-64　在带料平面考虑的修边余量

表 2-2　级进拉深件的修边余量 δ　　　　　（单位：mm）

| 毛坯计算直径 D | 材料厚度 t | | | | | | | | |
|---|---|---|---|---|---|---|---|---|---|
| | 0.2 | 0.3 | 0.5 | 0.6 | 0.8 | 1.0 | 1.2 | 1.5 | 2.0 |
| ≤10 | 1.0 | 1.0 | 1.2 | 1.5 | 1.8 | 2.0 | — | — | — |
| 10~30 | 1.2 | 1.2 | 1.5 | 1.8 | 2.0 | 2.2 | 2.5 | 3.0 | — |
| 30~60 | 1.2 | 1.5 | 1.8 | 2.0 | 2.2 | 2.5 | 2.8 | 3.0 | 3.5 |
| >60 | — | — | 2.0 | 2.2 | 2.5 | 3.0 | 3.5 | 4.0 | 4.5 |

注：表中的修边余量加在制件毛坯的外形上，其毛坯计算公式为 $D = D_1 + \delta$，式中 $D$ 为包括修边余量的毛坯直径，$D_1$ 为制件毛坯直径。

**成效：** 重新调整修边余量后，试冲后得到制件实际的修边余量单边为 3.2mm 左右，满足了制件的修边要求，在带料平面上计算修边余量试冲后的实际示意图 2-65 所示。经过几年的实际生产验证，生产出的制件质量合格，稳定好，口部皱褶、开裂的问题全部得到了解决。

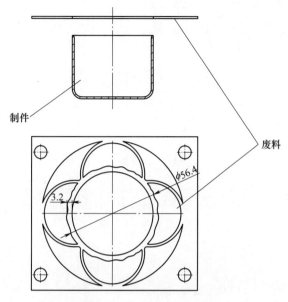

图 2-65　在带料平面上计算修边余量试冲后的实际示意图

## 2.1.63　忌浮动导料销与卸料板上相对应避让沉孔深度不匹配

**原因**：带料经过冲压后上、下弯曲不平，出现送料困难。经检查，图 2-66 所示的浮动导料销（6）的相对应位置带料边缘上出现向下弯曲变形，有时还出现部分呈圆弧状接近要断裂的现象；浮动导料销（17）的相对应位置带料上出现向上弯曲变形。这两种情况导致带料边缘向下和向上变形卡在模具内无法正常往下一个工序送料，其原因是浮动导料销头部相关尺寸与卸料板上对应的避让沉孔深度尺寸没有配对。

**措施**：浮动导料销头部相关尺寸与卸料板上相对应的避让沉孔深度要相适应才可以。

浮动导料销（见图 2-66 中 6）相对应的位置带料上的边缘向下弯曲变形或切断，经检查，那是卸料板避让沉孔过浅导致的，具体示意如图 2-67a 所示，解决方法是加深卸料板避让孔尺寸；而浮动导料销（见图 2-66 中 17）的相对应位置带料上的边缘出现向上弯曲变形，是卸料板避让沉孔过深导致的，具体示意如图 2-67b 所示，解决方法是将卸料板避让孔尺寸修补或割一个镶件填补，重新配对后，正确的浮动导料销与卸料板避让孔高度尺寸如图 2-67c 所示。

**成效**：将浮动导料销头部相关尺寸与卸料板上对应的避让沉孔深度作相应的配对后，使拉深后的带料平直，不变形，送料较为顺利。

## 2.1.64　忌倒角处周边深浅不均

**原因**：圆筒形制件高度及口部 30°周边倒角（见图 2-68）深度大小不一（倒角有深有浅），使生产出的制件不良率较高。原因是原工艺在模具上先拉深，接下来将口部 30°倒角进行整形，但整形时也会出现 30°倒角处周边深浅不均匀，制件落料时，理论上应在整形最

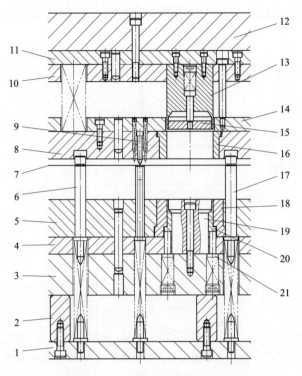

图 2-66　内、外圈复合切口工艺示意图

1—下托板　2—下垫脚　3—下模座　4—下模垫板　5—下模固定板　6、17—浮动导料销

7—带料　8—卸料板　9—导正销　10—凸模固定板　11—凸模固定板垫板　12—上模座　13—凸、凹模

14—卸料板垫板　15—内卸料块　16—卸料板镶件　18—凹模（下模镶件）　19—下凸模　20—顶料圈　21—顶杆

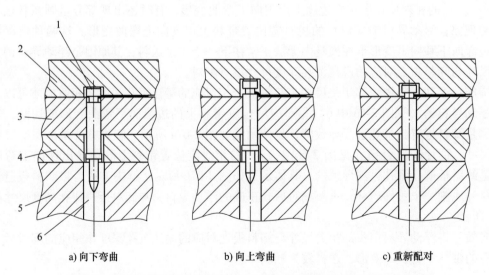

a) 向下弯曲　　　　　　　　b) 向上弯曲　　　　　　　　c) 重新配对

图 2-67　浮动导料销的头部相关尺寸与卸料板避让沉孔深度之间的关系

1—浮动导料销　2—卸料板　3—下模固定板　4—下模垫板　5—下模座　6—弹簧

薄弱的位置进行切断，但实际切断的位置又存在一定的误差，使生产出的制件不良率较高，可达到 5% 左右。

**措施：**为解决制件高度及口部 30° 处倒角大小不一的难题，经分析，该结构应采用拉深、挤边的复合工艺。

1）图 2-69 所示为拉深、挤边复合结构，首先拉深凸模进入带料工序件中，随着拉深凸模下行对工序件进行拉深，在拉深工序结束时，拉深挤边凸模的台阶与拉深、挤边凹模共同对拉深件进行挤边。挤边的变形过程不同于冲裁，挤边过程可分解为以下下述阶段。

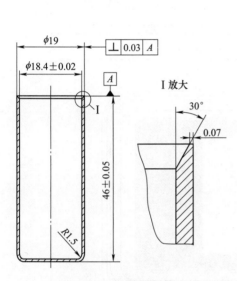

图 2-68　圆筒形制件

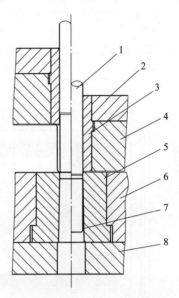

图 2-69　拉深、挤边复合结构

1—拉深、挤边凸模　2—卸料板垫板　3—卸料板镶件　4—卸料板
5—拉深、挤边凹模　6—下模固定板　7—制件　8—下模垫板

① 弹性变形阶段：拉深凸模上的台阶接触前一工位送过来的工序件后开始压缩材料。材料发生弹性压缩，随着凸模的继续下压，材料的内应力达到弹性极限。

② 塑性变形阶段：凸模继续压入，材料的内应力达到屈服极限时，开始进入塑性变形阶段，凸模挤入材料的深度逐渐增大。即弹性变形程度逐渐增大，变形区材料硬化加剧。

③ 挤边阶段：凸模继续下行，"无间隙"地通过凹模把拉深件切断。拉深件挤压面和切断面的表面粗糙度值较低。

2）拉深、挤边的复合工艺具有以下特点：

① 挤边过程是凸模利用尖锐的环状台阶从水平方向挤压拉深件，使侧壁与余边逐渐分离。

② 由于拉深和挤边总是相伴而行，挤边刃口只是拉深凸模（或凹模）的部分，即省去了专用工序的切边模。

拉深与挤边后制件边缘内口部的形状如图 2-68 所示，其中 30° 角的大小与挤边工位的凸模参数相关联，经过调试后达到制件使用性能的要求。

**成效：**该模具结构采用拉深、挤边的复合工艺，经过多次对拉深、挤边凸模高度及口部 30° 倒角参数的调整，最终获得成功，大大提高了生产率且降低了制件的不良率（不良率可控制在 0.5% 以内），生产出的制件高度及口部倒角一致性好，质量稳定。

## 2.1.65 顶部带网孔盒形拉深模设计禁忌

图 2-70 所示为顶部带网孔盒形拉深件，材料为 08Al 钢，料厚为 1.0mm。从图 2-70 中可看出，该制件顶部全是网孔，其网孔直径为 1.2mm ± 0.05mm，网孔与网孔最小边缘为 0.4mm。完成该制件需经过冲网孔、拉深、修边及翻边等工艺，其中拉深工序是难点。

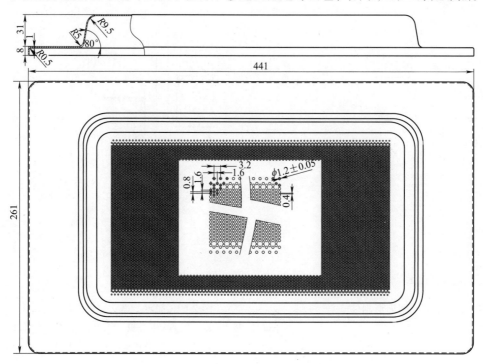

图 2-70 顶部带网孔盒形拉深件

**原因：**该拉深工序在 3150kN 的液压机上进行生产，修改前的盒形拉深件模具结构如图 2-71 所示。在试冲的过程中，主要出现盒形件凸缘处起皱或顶部网孔区域开裂问题。当加大压料板的压边力时，可以解决起皱问题，但拉深件顶部网孔易开裂（见图 2-72），其原因是坯件周边压力增大后，导致坯料从网孔区域向外流动；反之，减少压料板的压边力，坯料是从外向内流动，顶部开裂问题可以得到解决，但在盒形件凸缘处易出现皱褶。

**措施：**经初步分析发现，既要解决拉深顶部网孔区域开裂的问题，又要使盒形件的凸缘处无皱褶，则必须加大凹模顶板上的弹簧力，拉深件的顶部既起顶料作用，又起到压料作用，顶部的压料力必须大于边缘的压边力（经过调试得出的经验值：盒形件顶部的压料力要大于盒形件凸缘处的压边力 1.1 倍以上）才可以。只有在这种情况下拉深时，才能迫使坯料从外缘往内流动。

经分析，在原来的模具结构上将矩形弹簧改为氮气弹簧，并为给氮气弹簧安装留有足够的位置，在原来模具上增加垫柱、上垫脚、上托板等，修改后的盒形拉深件模具结构如图 2-73 所示。

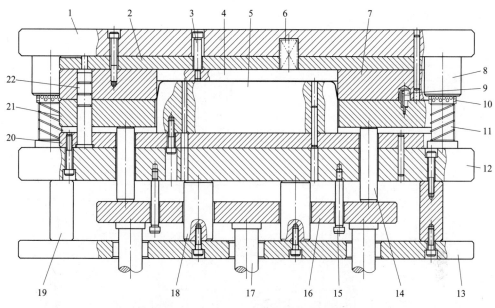

图 2-71　盒形拉深件模具结构图（修改前）

1—上模座　2—凹模垫板　3、15—卸料螺钉　4—凹模顶板　5—拉深凸模　6—矩形弹簧　7—拉深凹模
8—导套　9—挡料销　10—保持圈　11—导柱　12—下模座　13—下托板　14—顶柱　16—顶板
17—顶杆　18—下垫柱　19—下垫脚　20—凸模固定板　21—压料板　22—小导柱

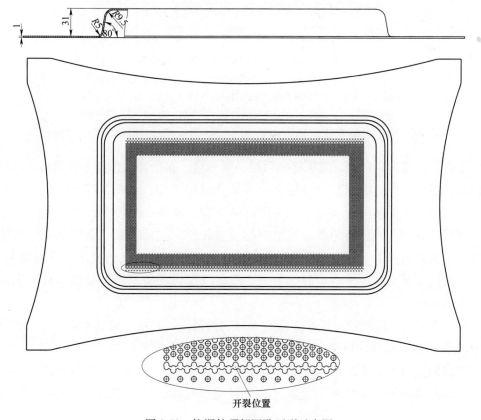

开裂位置

图 2-72　拉深件顶部网孔开裂示意图

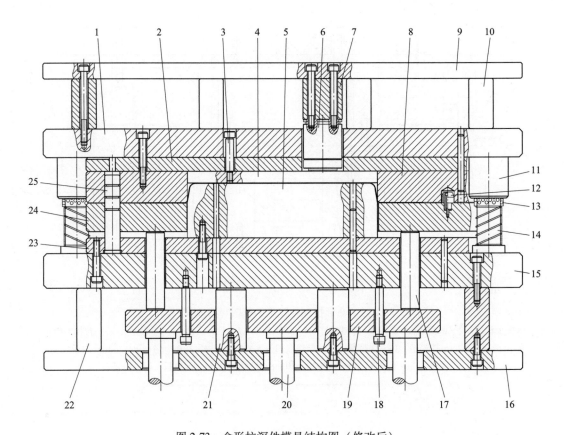

图 2-73　盒形拉深件模具结构图（修改后）

1—上模座　2—凹模垫板　3、18—卸料螺钉　4—凹模顶板　5—拉深凸模
6—氮气弹簧　7—垫柱　8—拉深凹模　9—上托板　10—上垫脚　11—导套　12—挡料销
13—保持圈　14—导柱　15—下模座　16—下托板　17—顶柱　19—顶板
20—顶杆　21—下垫柱　22—下垫脚　23—凸模固定板　24—压料板　25—小导柱

　　冲压动作：模具开启时，液压机的顶缸必须开启，在顶杆的作用下将顶板、顶柱及压料板顶起，将方形坯料放置在压料板上，采用挡料销定位。上模下行，凹模在压料板及凹模顶板的压力下将坯料内外压紧。上模继续下行，坯料在凸模和凹模顶板的紧压下逐渐拉入凹模，直到凹模顶板的顶部接触到凹模垫板时，拉深结束。上模回程，凹模顶板在氮气弹簧的弹力作用下将拉深件从凹模顶出，迫使拉深件留在凸模上。模具继续回程，接着液压机的下顶缸顶起，将顶杆、顶板、顶柱及压料板向上顶出复位，从而把凸模上的拉深件顶出即可。

　　成效：将原模具结构的矩形弹簧修改为氮气弹簧后，经过三次试冲及调整顶部和边缘的压力（经验值：盒形件顶部的弹簧力大于盒形件凸缘处的压边力 1.1 倍以上才可以，即氮气弹簧的力要大于顶杆的压力 1.1 倍以上），最终获得成功。这样既解决了拉深件顶部网孔区域开裂问题，又解决了盒形件的凸缘起皱问题，目前修改后的模具已经投入批量生产中。

## 2.2　冲压模具工艺流程及加工制造禁忌

### 2.2.1　忌制件折弯圆角半径过大或过小

**原因：**工件弯曲时，除了塑性变形外，同时伴随有弹性变形，会出现回弹现象。因此，弯曲件的折弯圆角半径不宜过大，否则无法保证折弯角度稳定。且折弯圆角半径也不宜过小，否则容易导致外层纤维产生拉裂。

**措施：**适当减小凸模折弯圆角半径，但原则上最小折弯圆角半径不应小于 1 倍的板材厚度 $t$，对于低碳钢，最小折弯圆角半径约为 $1t$；黄铜和铝的最小折弯圆角半径约为 $0.6t$；对于中碳钢，最小折弯圆角半径约为 $1.5t$。

**成效：**合理的折弯圆角半径，可以有效控制弹性变形对折弯角度的精度影响。在试模的基础上，以 $1.5t \sim 2.5t$ 的折弯圆角半径进行加工比较合理。

### 2.2.2　忌制件折弯直边过小

**原因：**如果折弯直边过小，就会导致不易形成足够的弯矩，从而很难得到形状符合设计要求的弯曲制件。

**措施：**为了保证工件的弯曲质量，折弯产品的直边高度 $h$ 不宜过小，必须大于或等于最小折弯直边高度，最小折弯直边高度 $= R + 2t$，$R$ 为弯曲圆角半径，$t$ 为弯曲件板厚。如果设计需要，应加大折弯直边高度，折弯后再加工到需要尺寸，或者在弯曲成型区加工出压槽后再折弯，折弯示意如图 2-74 所示。如果设计需要，应加大折弯直边高度，折弯后再加工到需要的尺寸，或者在弯曲成型区加工出浅槽后再折弯，此时可使 $h < 2t$。

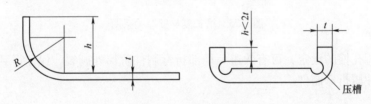

图 2-74　折弯示意图

**成效：**合理设定折弯直边高度，可有效控制折弯角度，保证制件尺寸控制准确。

### 2.2.3　忌制件折弯孔边距过小

**原因：**折弯有孔的毛坯时，孔边距不宜过小。如果孔边过于靠近折弯边，则弯曲时孔的形状会发生变化。

**措施：**从孔边到弯曲边的距离 $L$ 应符合当 $t < 2\text{mm}$ 时，$L \geqslant R + t$；当 $t \geqslant 2\text{mm}$ 时，$L \geqslant R + 2t$。其中，$R$ 为弯曲圆角半径，$t$ 为弯曲件板厚。

**成效：**合理设定折弯制件的孔边距，可使折弯角度准确、孔的形位精度符合要求。

### 2.2.4　忌制件折弯形状和尺寸的对称性相差过大

**原因：**为防止变形，弯曲件的高度相差不宜太大。弯曲件的形状和尺寸应尽可能对称，否则在小端处会产生变形和歪扭。

**措施：**如果产品设计必须存在高度差，则必须保证 $h_{XB}>R+2t$，$h_{XB}$ 为小边高度，$R$ 为弯曲圆角半径，$t$ 为弯曲件板厚；也可在弯取中间部位设定工艺定位孔，防止弯曲时材料向一侧转移。

**成效：**在进行弯曲件工艺设计时，应尽量保证形状和尺寸对称，如必须满足不对称要求，可充分利用工艺定位孔，这对弯曲制件的形位精度意义重大。

### 2.2.5　忌忽视制件局部弯曲边缘设置卸荷孔槽

**原因：**在局部弯曲某一段边缘时，在折弯制件阶梯交接处，因应力集中而经常产生撕裂。

**措施：**不应忽视先加工卸荷孔槽，卸荷孔槽的宽度应不小于 $1.5t$（$t$ 为弯曲件板厚），且大于或等于 1.5mm，槽长度与壁厚关系如图 2-75 所示，$m$ 为位移量，$k$ 为槽宽，$L$ 为槽深或槽长，$r$ 为开槽半径，$n$ 为开槽深度。

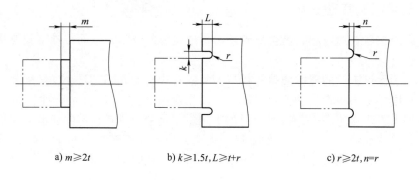

a) $m\geqslant2t$　　　　b) $k\geqslant1.5t,L\geqslant t+r$　　　　c) $r\geqslant2t,n=r$

图 2-75　槽长度与壁厚关系图

**成效：**卸荷孔槽的设定，可有效避免局部折弯制件阶梯处撕裂，保证得到尺寸和形位精度符合要求的冲压折弯制件。

### 2.2.6　忌忽视制件窄边弯曲工艺切口

**原因：**窄边弯曲时，变形区的截面形状会发生畸变，即内表面的宽度变宽，外表面的宽度变窄。当板宽 $b<3t$（$t$ 为板厚）时，尤为明显。

**措施：**如果弯曲件的宽度精度要求较高，不允许有鼓起现象，则不应忽视在弯曲线上预先做出工艺切口。

**成效：**对于窄边窄条类折弯制件，在增设工艺切口后，折弯过程中产生的内表面"增肉"和外表面"减肉"的现象，得到有效改善，制件尺寸尤其是宽度尺寸控制精准。

### 2.2.7　忌忽视制件弯曲工序中的回弹

**原因：**弯曲时塑性变形与弹性变形同时存在，当外载荷去除后，弹性变形即消失，产生回弹。回弹值与材料性能、相对弯曲半径（$R/t$）、弯曲角等因素有关。材料的屈服强度越高、弹性模量越小、相对弯曲半径越小、弯曲角越大，则回弹越大。

**措施：** 为了保证工件的精度，弯曲时不能忽视回弹。可通过修模、利用不同部位回弹方向不同、局部增加三角肋等方法减小回弹，也可采用摆动块的凹模结构减小回弹。

利用拉弯法、加压矫正法、模具补偿法及过弯曲法等手段，均可达到理想的弯曲回弹控制。

在材料选用和结构上，在满足弯曲件使用要求的前提下，尽可能选用弹性模量大、屈服极限小、力学性能稳定的材料。同时，在弯曲件设计上，可采用改进某些结构，增强弯曲件的刚度，以达到减小弯曲回弹的目的。

增设弯曲后的热处理工艺、增设矫正工序、采用拉弯工艺都可有效减小和克服弯曲回弹。

利用弯曲件不同部位的回弹方向相反的原理，采取相互补偿的方式设定弯曲工艺，是控制弯曲回弹的有效手段之一。采用聚氨酯弯曲模实施弯曲工艺，也是控制弯曲回弹的好方法。

复杂弯曲制件的回弹控制，还可通过改变弯曲成型过程的边界条件来进行。如，弯曲毛坯的形状、压边力、模具凸凹模的圆角半径及摩擦状态等因素。

**成效：** 实践中，根据弯曲板材的种类、厚度、压力机类型、制件形状等特点，综合选用上述方法，可以得到尺寸和形位精度符合要求的弯曲制件。

## 2.2.8　忌用普通弯曲方法弯曲半径很大的制件

**原因：** 对于弯曲半径很大的制件，不能用普通的弯曲方法。否则会因其较大的弹性变形而无法获得所需的形状和尺寸。

**措施：** 可用拉弯的方法，在板料弯曲前先加一个轴向拉力，并使毛坯断面内的应力稍大于材料的屈服强度，然后在拉力作用的同时进行弯曲。

按其工艺特点，拉弯可分为顶弯、压弯、滚弯和拉弯。对于精度要求较高、长度和曲率半径要求较大、横向尺寸要求较小的弯曲件，可在专用的拉弯机上进行拉弯。拉弯时，板材全部厚度上都受拉应力的作用，因而只产生伸长变形，卸载后弹复引起的变形小，容易保证精度。

**成效：** 采用拉弯工艺，设定合理的加工工艺参数，对拉弯过程中的拉伸力、变形量进行有效控制，预防了弯曲回弹的同时，阻止了拉裂、截面尺寸剧变等缺陷发生。大型飞机机身和复兴号车厢构架构件均采用了拉弯工艺。

## 2.2.9　忌忽视弯曲模结构中的制件毛坯偏移

**原因：** 在弯曲工艺中，偏移是影响工件精度的一个重要因素，因此在开始弯曲前，应将毛坯的一部分可靠地固定在模具的某一部分上，以防止弯曲时偏移。

**措施：** 应尽量利用零件上的孔来定位，如果零件上没有可利用的孔，则可考虑工艺孔定位。除定位孔可以阻止坯料偏移外，以下几个方法，均可在预防和阻止坯料偏移方面起到很大作用。

1）弯曲模尽量采用对称的凹模，使两侧边缘圆角半径相等，V 形弯曲件应尽量避免左右角度不相等。

2）对于不对称弯曲件，在工艺审查中应提出改进设计的要求，如改变弯曲线位置、改成对称型工件等。

3）模具制造精度要足够高，特别是凸模与凹模的间隙调整务必均匀。

4）采用弹顶装置的弯曲模，可有效避免坯料在弯曲时的偏移。

**成效**：众多的应用案例和实践证明，采用上述几种方法和措施，能有效地解决弯曲件弯曲时发生的坯料偏移问题。因其操作简单、易于实践，已经显著提高了冲压效率和经济效益。

### 2.2.10 忌弯曲模结构使材料在合模后产生严重的局部变薄和划伤

**原因**：弯曲模在合模过程中仅在零件确定的弯曲线位置上进行弯曲，否则零件会产生严重的局部变薄和划伤。

**措施**：除了在零件确定的弯曲线位置上进行弯曲，为避免产生局部变薄和拉伤，通常要将弯曲凹模的圆角设置得稍微大一些；同时，弯曲凸模与弯曲凹模的间隙设定不可过小，通常不小于 1 倍的料厚。

**成效**：确保在零件确定的弯曲线上进行弯曲的同时，合理设定凸凹模间隙和弯曲凹模圆角，有效控制了零件局部变薄和拉伤现象的发生，得到符合设计要求的弯曲零件。

### 2.2.11 忌弯曲件采用弹性模量小的材料

**原因**：弯曲回弹的大小与材料的弹性模量成正比。弹性模量小的材料变形后的弹性恢复量大，不宜用于弯曲工序。相同屈服强度的材料中，弹性模量大的材料变形后的弹性恢复量小。已退火的低碳钢较软锰黄铜更适宜作为弯曲件材料。

**措施**：采用弹性模量较大的材料，作为弯曲件的材料。

**成效**：弹性模量较大的材料，其弯曲变形后的塑性变形相对彻底，弹性恢复量比较小，容易得到满足设计要求的弯曲件。

### 2.2.12 忌弯曲件采用屈服强度高的材料

**原因**：弯曲回弹的大小与材料的屈服极限成正比。屈服强度高的材料，变形后弹性恢复量较大，即弹性模量相同的材料，屈服强度高的材料，弹性恢复量较大，不宜用于弯曲工序。因此，冷作硬化钢不宜用于弯曲工序。

**措施**：选用屈服极限相对较小的材料，作为弯曲件的材料。

**成效**：屈服极限较小的材料，其弯曲变形后的弹性恢复较小，塑性变形相对比较彻底，相比屈服极限较大的材料，更易获得满足设计要求的弯曲件。

### 2.2.13 忌对于弯曲半径及弧度角均很大的弯曲件，采用普通弯曲方法

**原因**：用普通弯曲方法加工弯曲半径和弧度都很大的弯曲件时，模具要做的很大，成型力要更大，否则难以满足成型弯曲件的尺寸要求，但这样模具成本高昂，对压力机的要求更高。从经济方面考虑，必须采用非常规弯曲工艺。

**措施**：对弯曲半径及弧度角均很大的弯曲件宜用滚弯（卷板），而不能用普通弯曲方法。滚弯是将板坯置于 2~4 个辊子中通过，随着辊子的回转，使板坯弯曲成形。此外，由于辊子的位置可相对于板坯适当变化，所以也可以制成四边形、椭圆形，以及其他非圆断面

的筒形件。

**成效**：滚弯过程为带有一定拉伸力的连续的弹塑性弯曲，回弹较小，因而成型准确，弯曲质量高；无需模具成型，可以卷制不同曲率半径、不同规格的工件，使用方便、工效高；配备辅助装置，可以卷制锥形件，并可以实现管材、型材的弯曲，适用范围广；卷弯时，板料为点接触或者线接触，所需力量往往比压弯成型力小，而且卷板机造价相对于传统的压力机要低得多，整体运作成本低廉。

## 2.2.14　忌长带料的弯曲采用普通弯曲方法

**原因**：采用普通弯曲方法对长带料进行弯曲，同样需要制作较大的模具，且对冲压设备要求较高，同时弯曲成形后的制件形状和尺寸不稳定。各种不利因素表明，采用普通方法不利于长带料的弯曲成形。

**措施**：长带料绕纵轴线的弯曲宜用滚压成形而不宜用普通弯曲方法。滚压成形是将带料置于前后直排的数组成形辊子中通过。随着辊子的回转，带料向前送进的同时，又顺次进行轴向弯曲成形。

**成效**：滚压成形相比于普通弯曲方法，能制造出断面形状复杂的制件。形辊的制造较简单、成本低、寿命也较长。

## 2.2.15　忌变截面的零件采用一般滚压成型方法

**原因**：一般滚压成型方法的成型滚轮仅能对板坯做纵向相对运动进而使板坯滚压成型，而由于零件为变截面，传统的普通弯曲方法和一般滚压方法就没法做到变截面成型。

**措施**：变截面槽形零件在中小批量生产时，为了减少投资，可采用滚压成型。此时成型辊除了对板坯做纵向相对运动，还需做横向仿形运动，目的是为了得到符合变截面尺寸要求的零件。

**成效**：采用纵向和横向成型结合的滚压方式，有效地克服了普通弯曲和一般滚压弯曲对变截面成型的不利之处，同时也显著降低了模具制造成本和对冲压设备选择的高标准，从而高效、高质量生产出变截面弯曲零件。

## 2.2.16　忌管材与型材的弯曲采用普通弯曲方法

**原因**：虽然从成型的性质看，管材与型材的弯曲和板料的弯曲是相同的，但是工艺方法及难点有较大的不同。管材和型材的弯曲一定要防止弯曲变形区内毛坯断面形状畸变，而传统的普通弯曲方法对于管材和型材，难以保证变形区内毛坯断面形状不发生畸变。

**措施**：在生产中，管材与型材的弯曲方法有拉弯、滚弯、推弯和绕弯等。要注意的是，拉弯的凸模、滚弯的辊子、推弯及绕弯的固定模，其工作表面应做成与毛坯断面形状相吻合的凹槽，防止断面的转动和形状的畸变，必要时管内还要加相应的芯棒。

**成效**：对于精度要求较高，长度和曲率半径要求较大、横向尺寸要求较小的弯曲件，可在拉弯机上进行拉弯。拉弯时，板材全部厚度上都受拉应力的作用，因而只产生伸长变形，卸载后弹复引起的变形小，容易保证精度。

滚弯是用 3 个或 4 个驱动辊轮对材料进行弯曲。可以通过变化辊轮之间的间距来改变管材的弯曲程度。如果在出口端设置一组辊轮，相对弯曲面作垂直弯曲，则可实现螺旋线特征的空间弯曲，但这种方法仅适用于曲率半径较大管件的成形。

推弯是不锈钢弯管弯曲加工中较为常见的方法，主要用于弯制弯头。冷推不锈钢弯管是在普通液压机或曲柄压力机上借助弯管装置对管坯进行推弯的工艺方法，即利用金属的塑性，在常温状态下将直管坯压入带有弯曲型腔的模具中，从而形成弯头。推弯装置主要由凸模、导套、芯棒和凹模组成。弯曲模型由对中的两块拼成，以方便其型腔加工。弯管时把管坯放在导套中定位后，压柱下行，对管坯端口施加轴向推力，强迫管坯进入弯曲型腔，从而产生弯曲变形。由此可见，管坯在弯曲过程中，除受弯曲力矩作用外，还受到轴向推力和与轴向推力方向相反的摩擦力作用，在这样的受力条件下弯管，可使弯曲中性层向弯曲外侧偏移，有利于减少弯曲外侧的壁厚减少量，从而保证弯头的成型质量。

绕弯成型是在弯曲力矩作用下使管材绕弯曲模转动逐渐弯曲成型。由于该技术具有成型精度高、效率高、弯曲质量好、易于实现自动化等优点而被广泛地应用于航空航天、无线电通信等领域的管材加工中。

### 2.2.17　忌冲裁凸模与凹模的间隙过大或过小

**原因：** 凸、凹模之间的间隙过小时，凸模刃口附近材料的裂纹会向外错开一段距离，这样上、下两裂纹中间的部分材料随着冲裁的进行被二次剪切，进而影响了断面质量。

凸、凹模之间的间隙过大时，凸模刃口附近材料的裂纹会向里错开一段距离，材料受到很大拉伸应力，且材料边缘的毛刺、塌角及斜度较大，也会影响冲裁件的断面质量。

**措施：** 凸、凹模的双边间隙 $Z=mt$，对于低碳钢、黄铜，$m=0.08\sim0.10$；对于中碳钢，$m=0.12\sim0.14$；对于纯铝、锌、铜等，$m=0.04$。

**成效：** 合理选择和设定冲裁模凸、凹模之间的间隙，不仅能有效保障冲裁件的断面质量，还能充分确保冲裁件的几何尺寸满足设计和使用要求。

### 2.2.18　忌冲孔工艺以凹模为基准设定间隙

**原因：** 以凹模为基准取间隙，则凸模尺寸减小，导致最终的冲孔件的孔径尺寸减小，使冲孔件尺寸不符合设计要求。

**措施：** 以凸模为基准设定冲孔间隙，增大凹模尺寸。

**成效：** 在冲孔工艺中，以凸模为基准设定间隙，使冲孔件尺寸符合设计要求。

### 2.2.19　忌用平凸模冲裁毛毡、皮革、橡胶、纸张和棉布等非金属

**原因：** 毛毡、皮革、橡胶、纸张和棉布等非金属的质地很软，冲裁间隙很小，采用一般的平凸模冲裁时，凸模和凹模的刃口极易破损，经济损失较大，不利于连续生产。

**措施：** 宜采用刃口锐角为 $10°\sim30°$ 的斜刃凸模。尖刃冲压模由模柄、落料凹模、顶出器及联结紧固件组成，而下模只有一件木制垫板，放置或固定在工作台上。斜刃凸模（或凹模）的刃口锐角为 $10°\sim30°$。用于落料时，斜角向外倾斜；用于冲孔时，斜角向内倾斜。为了防止刃回变钝和崩裂，在被冲压的材料下垫硬质木料、硬纸板或聚氨酯橡胶等。因斜刃凸模易损坏，故应考虑其装拆、制造和维修的方便。

**成效：** 采用斜刃凸模，对毛毡、皮革、橡胶、纸张和棉布等非金属材料进行冲裁，可以得到理想的非金属冲裁制件，设定较小的、合理的冲裁间隙，非金属边缘的断面质量可完美

无瑕。

## 2.2.20　忌精密冲裁的压边力太小

**原因：** 压边力过小，会导致精冲件的剪切面中部出现较长而且很深的撕裂状态，严重影响精冲件的尺寸和外观。

**措施：** 精密冲裁中，为避免出现长而深的撕裂状态的剪切面，必须适当调整压边力，如增大 V 形压边圈的压边力，或者调整压边圈的齿形、改善压边圈结构、改变齿形尺寸等，以保证在模具的冲切区域形成良好的三向压应力场。

**成效：** 良好的压边圈结构和足够的压边力，有利于获得高品质的精密冲裁制件。

## 2.2.21　忌精密冲裁间隙的选择过大或过小

**原因：** 凸、凹模之间的间隙过大，会导致在剪切面上靠近精密冲裁件的塌角一侧比较光洁，而靠近毛刺的一侧则出现脆性断裂。制件质量也就相当于普通冲裁件，而非精密冲裁件。

凸、凹模之间的间隙过大时，虽然剪切面粗糙度很好，但是在凸模一侧的毛刺较厚，而且剪切面呈锥形，达不到精密冲裁件的要求。

**措施：** 精密冲裁模具凸、凹模之间的间隙，一般取料厚的 1%~2%。

**成效：** 合理地设定精密冲裁模具的凸、凹模间隙，会得到质量完美的精密冲裁件，满足设计和使用要求，并能保证精密冲裁的连续生产。

## 2.2.22　忌小孔径冲孔时采用直杆冲头

**原因：** 不言而喻，小孔径冲孔或者落料，保证冲头的寿命是严峻的挑战，尤其对于直杆小孔径冲头，断裂是其主要弊端。

**措施：** 宜采用阶梯或保护套型冲头，其主要目的是提高小孔径冲头的刚度。

**成效：** 采用阶梯和保护套型冲头，可有效提高冲头刚度，延长冲头寿命，保障连续冲压生产，提高经济效益。

## 2.2.23　忌拉深件凸缘与壁间外圆角半径过小

**原因：** 拉深件凸缘与壁间外圆角半径过小，极易导致拉深过程中拉裂缺陷的出现。

**措施：** 圆角半径不应小于 2 倍板厚，一般取 $(4 \sim 8)t$。

**成效：** 在满足拉深件设计要求的前提下，合理设定拉深件凸缘与壁间外圆角半径的大小，可规避拉裂缺陷的出现，获得良好质量的拉深件。

## 2.2.24　忌拉深系数过大或过小

**原因：** 拉深件的总拉深系数等于各次拉深系数的乘积。如果总拉深系数 $m$ 取得过小，则会使拉深件起皱、断裂或严重变薄。如果 $m$ 取的过大，则会导致变形程度过小，需要进行多次拉深才能完成最终拉伸制品，会增加模具和冲压生产成本。

**措施：** 首次拉深系数 $k = 0.48 \sim 0.63$，以后各次拉深系数 $k = 0.73 \sim 0.88$。

**成效：** 合理地选择拉深系数和拉伸次数，不仅有利于保证拉深件的品质，还能提高冲压生产率，可谓一举两得。

### 2.2.25　忌矩形盒型件拉深，四个角部的间隙设定过大或过小

**原因**：矩形盒型件的四个角部在拉伸过程中，材料聚集现象最突出。如果角部的间隙设定过小，则聚集的材料没有释放空间，容易产生角部拉裂；如果角部间隙设定过大，则聚集的材料没有受到拉深壁间矩形盒型件凸缘根部四个角的空间圆角的挤压，会导致皱褶缺陷明显。

**措施**：四个角部的间隙设定要比直边间的间隙设定大 $0.1t$。

**成效**：仅比直边间隙值大 $0.1t$，便可完美地释放角部的材料聚集，也使得角部不产生挤压，制件角部外观满足设计、使用要求。

### 2.2.26　忌拉深凹模圆角半径过小或过大

**原因**：凹模的圆角半径对拉深工作有一定的影响，当圆角半径过大时，会使压边圈下面被压的毛坯面积减小，使悬空段增大，易起皱；当圆角半径太小时，坯料拉入凹模的阻力大，拉深力增大，致使拉深件产生划痕或裂纹。

**措施**：拉深凹模圆角半径设定标准见表2-3。

**表 2-3　拉深凹模圆角半径设定标准**

| 工序 | 零件 | 圆角半径 | 备　　注 |
|---|---|---|---|
| 首次拉深 | 凸模 | $R_T = (3 \sim 5)t$ | $R_{T1}$，$R_{A1}$——分别为首次拉深凸、凹模圆角半径，单位为 mm<br><br>$R_{Tn}$，$R_{An}$——分别为第 $n$ 次拉深凸、凹模圆角半径，单位为 mm<br><br>$R_{Tn-1}$，$R_{An-1}$——分别为第 $n-1$ 次拉深凸、凹模圆角半径，单位为 mm<br><br>$t$——材料厚度，单位为 mm<br>设计模具时，圆角半径应取较小的允许值，在试模调整时再适当增大 |
|  | 凹模 | $R_{A1} = (0.6 \sim 0.9)R_{T1}$ |  |
| 中间各次拉深 | $R_T$ 与 $R_A$ 应均匀递减，使逐步接近制件圆角半径 |  |  |
|  | 凸模 | $R_{Tn} = (0.7 \sim 0.8)R_{Tn-1}$ 但 $\geq 2t$ |  |
|  | 凹模 | $R_{Tn} = (0.7 \sim 0.8)R_{An-1}$ 但 $\geq t$ |  |
| 最后拉深 | 凸模 | $R_T$ =制件底部圆角半径 $>2t$ |  |
|  | 凹模 | $R_A$ =制件凹缘圆角半径 $>t$ |  |
|  | 如果制件与凹模接触部位的圆角半径 $R_{An}<t$，与凸模接触部位的圆角半径 $R_{Tn}<2t$，则应考虑在不改变拉深直径的情况下，通过整形使制件的圆角半径符合产品要求。每次整形工序，允许减小圆角半径 $\leq 50\%$ |  |  |

**成效**：合理设定首次拉深和后续各次拉深凹模的圆角半径，能有效克服拉深的各种缺陷，满足拉深产品质量要求，并提高模具寿命，提升冲压生产率。

### 2.2.27　忌拉深凸模的圆角半径设计过小

**原因**：凸模的圆角半径对拉深工作有一定的影响，当圆角半径太大时，压边面积减少，悬空部分增加，容易产生底部的内皱；当圆角半径太小时，角部弯曲变形大，危险断面容易拉断。

**措施**：首次拉深时，凸模圆角半径可取等于或略小于凹模洞口的圆角半径，即凸模圆角半径为凹模圆角半径的 $60\% \sim 100\%$，以后各次拉深凸模圆角半径取工件直径减小值的一半，末次拉深时，凸模的圆角半径值取决于工件尺寸的要求。如工件要求的圆角半径很小，则增

加整形工序来减小圆角。

**成效：**合理设定首次拉伸和后续各次拉深凸模的圆角半径，能有效克服拉深的各种缺陷，满足拉深产品质量要求，并提高模具寿命，提升冲压生产率。

### 2.2.28　忌拉深油的涂抹不分正反面

**原因：**若拉深油涂抹于凸模一侧，则在压边圈与拉深凹模拉深过程中，坯料流动时得不到润滑，起不到降低摩擦系数的作用，导致拉深缺陷，尤其是拉裂现象不可避免；同时，油污染给拉深作业带来诸多不便。

**措施：**拉深油务必涂抹于压边圈压边和凹模圆角处，不可涂抹于凸模一侧。拉深加工除了使用凸凹模外，还有一块防皱压板，在冲压时，防皱压板以一定的力压在板材上，防止法兰处产生皱褶，当凹模压下时，板材就会被拉入凹模孔，此时板材与凹模面接触处只承载冲压力，凸模圆角处板材被向下拉，板材的法兰处在防皱压板与凹模上平面间滑动并向凹模孔中流动。在拉深过程中，防皱压板以一定的力压在坯料上，坯料要在防皱压板和凹模上表面之间滑动，此时为油膜润滑状态。当凸模将坯料拉入凹孔时，坯料与凹模圆角接触会把油膜封裹在坯料表面微观不平处，形成小麻点，同时新的材料面与圆角面接触，产生极压润滑状态。当坯料流过圆角处后，包裹的油液继续润滑凹模内表面，又形成了油膜润滑状态，而坯料不断地包裹在凸模上。

**成效：**正确使用拉深油，在其他条件满足拉深工艺的前提下，将直接影响拉深力、模具寿命和制品质量等，甚至会成为拉深工艺成败的关键。

### 2.2.29　忌冲压模具拉深工艺成型负角

**原因：**拉深模具运动方向为机床的垂直上下运动方向，若出现凸模接触不到的"死区"，即成型负角区，则凸模与凹模不能完全贴合，制件无法成型到位，得不到理想的合格产品。

**措施：**拉深模具工艺首先要保证能将拉深件的全部空间形状（包括棱线、筋条和鼓包等）一次拉深出来。尽量使拉深深度差最小，以减小材料流动和变形分布的不均匀。凸模与毛坯的接触面积应尽量大且接触点应多而分散，避免因点接触或线接触造成局部材料胀形变化大而发生开裂或相对滑动产生滑移线。

**效果：**通过拉深模具工艺冲压方向的合理选定，有效地保证了制件一次成型到位并得到合格的拉深制件。

### 2.2.30　忌冲压模具工艺拔模面角度过大或过小

**原因：**当冲压模具工艺拔模面角度过大时，会造成材料利用率的降低，浪费开发直材成本。当工艺拔模面角度过小时，制件易回弹，尤其是开口拉深时，修边刃口为立切，修边毛刺大，废料刀刃口局部强度不足。

**措施：**根据经验，冲压模具工艺拔模面角度一般为 5°~15°，在保证产品品质的前提下，以拔模角角度尽量小、提高材料利用率为原则。典型制件拔模面角度见表 2-4。

表 2-4　典型制件拔模面角度

| 序号 | 产品 | 拔模面角度/(°) | 序号 | 产品 | 拔模面角度/(°) |
|---|---|---|---|---|---|
| 1 | 侧围外板 | 10~15 | 7 | 行李箱内板 | 15 |
| 2 | 翼子板 | 15 | 8 | 发动机罩外板 | 25~30 |
| 3 | 前门外板 | 15~25 | 9 | 发动机罩内板 | 10 |
| 4 | 后门外板 | 15 | 10 | 顶盖外板 | 10~15 |
| 5 | 前门内板 | 10~15 | 11 | 后背门外板 | 10~15 |
| 6 | 后门内板 | 8~15 | 12 | 后背门内板 | 15 |

开口和半开口拉深部位常规拔模面角度为 0°，以防止起皱引起模具拉毛。废料刀放置面角度按立切最小修边角度允许值来设定，废料刀放置面宽度为 20mm，以保证废料刀镶块强度。

**成效**：通过对冲压不同制件模具工艺拔模面角度的规范，在保证制件品质的前提下，节约了制件不同拔模面角度的分析验证时间，提升了冲压件材料利用率，节省了整车开发直材成本。

### 2.2.31　忌冲压模具工艺先冲孔再翻边

**原因**：冲压模具翻边工艺为在压芯提供压料力的前提下，前序产品沿特定棱线圆弧角，在翻边镶块作用力下，得到设定翻边角度产品的工艺。为了得到合格产品，一般翻边间隙设定为料厚的 80%~90%。冲孔工艺一般冲孔间隙取料厚的 0.05%~0.07%，为高精度冲压工作内容。若先进行冲孔，再在冲孔的部位进行翻边，此时会因翻边工作内容导致前序冲孔的孔径发生拉拽变形及位置稳定性不一致的问题。

**措施**：若产品翻边部位存在冲孔工作内容，则在安排冲压工艺时，需要先安排翻边工序后再进行冲孔工艺，先翻边后冲孔工艺如图 2-76a 所示；或者对产品进行改造，翻边面上的冲孔改造成开口式修边样式，先修边后翻边，开口修边样式如图 2-76b 所示。

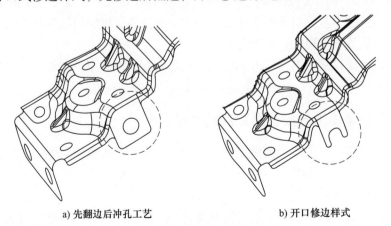

a) 先翻边后冲孔工艺　　　　　　　　　b) 开口修边样式

图 2-76　避免先冲孔再翻边措施

**成效：** 通过对冲压工艺流程的调整，先翻边后冲孔，或者先修边后翻边，有效地解决了先冲孔后翻边导致的孔精度超差及孔位失稳的问题。

## 2.2.32　忌加工效率低

**原因：** 由于加工过程中刀具越大切削量越大、进给速度越快，加工效率就越高，所以模具设计过程中优先选择大直径刀具加工，如无法满足大直径刀具要求可根据刀具信息逐次选择合适刀具，镶块挡墙是常见的模具结构型式，常用的加工结构刀具有 $\phi$63mm 粗插刀、$\phi$63mm 精插刀和 $\phi$33mm 钻铣刀，若镶块挡墙面安全量为 35mm 以下，则必须用 $\phi$33mm 钻铣刀，加工效率低；若镶块挡墙安全量能满足 ≥45mm 的要求，则可以选用 $\phi$63mm 插刀，加工效率高，如图 2-77 所示。

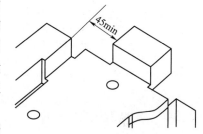

图 2-77　镶块挡墙安全量

**措施：** 在镶块挡墙模具结构设计时，优选镶块挡墙面加工安全量 ≥45mm，此时可以采用 $\phi$63mm 插刀进行加工，加工效率高。

**成效：** 通过镶块挡墙面设计安全量 ≥45mm，满足加工选用规范，加工效率高。

## 2.2.33　忌超加工极限

**原因：** 任何加工工艺都有一定的局限性，任何刀具都有一定的长度及有效的加工深度。机头有一定的厚度，在加工深工作区或狭窄工作区时，加工受限，常见的是子母斜楔驱动块结构。

**措施：** 一般情况下，子母斜楔驱动块结构为减少加工和装配，驱动块与上模座采用一体式结构；加工导滑板安装螺钉孔时，应确保加工空间，不能确保加工空间时，驱动块应采用分块结构，驱动块分块结构及一体式结构如图 2-78 所示。在斜楔立柱附近加工平面时，注意铣刀加工极限；在斜楔立柱附近加工型面时，注意球铣刀加工极限，加工极限判定如图 2-79 所示。

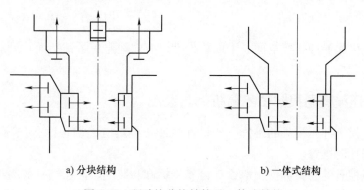

a) 分块结构　　　　　　　　b) 一体式结构

图 2-78　驱动块分块结构及一体式结构

**成效：** 通过在模具设计阶段综合考虑后期加工极限，提前避免因加工受限导致的模具重铸及项目开发周期延长的问题，可减少重复加工、二次加工等不必要的工时浪费。

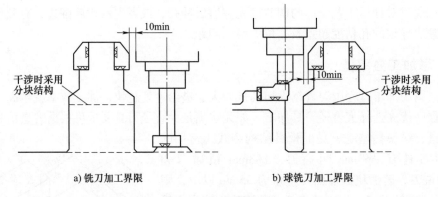

a) 铣刀加工界限      b) 球铣刀加工界限

图 2-79　加工极限判定

### 2.2.34　忌加工偏载

**原因**：模具在加工过程中刀具受偏载，极易出现刀具崩刃、跳刀、加工精度不准等问题，尤其是钻头钻斜面孔时，钻偏、钻不到底，均会导致漏料孔加工不到位，如图 2-80 所示。

**措施**：为防止钻头将要钻漏时，斜面出现钻单边的情况，将漏料孔底部斜面设计成垂直面，可使数控加工到位，在方便漏料的同时，也保证正面钻孔加工到位，侧冲背空优化示意如图 2-81 所示。

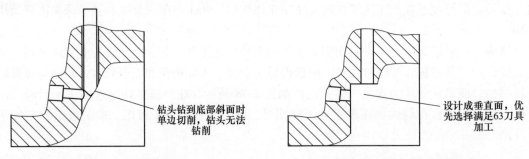

图 2-80　钻头钻斜面          图 2-81　侧冲背空优化示意

**成效**：通过优化侧冲孔背空面、平面化处理，有效地避免了钻斜面孔到底时无法钻漏及钻头折断。

### 2.2.35　忌冲压模具易损部位不易拆卸与装配

**原因**：为了便于冲压模具的维修，所设计的冲压模具应确切地区分出哪些是易损零件，以便于备料和损坏时维修。

**措施**：冲压模具的易损部位，应设计得易于拆卸和装配。冲压模具的易损部位力求设计得形状简单、容易加工，同一副模的螺钉、销钉及其他标准件要力求选用规格一致。冲压模具的较大零件，为了便于维修，要设计有起吊孔。对于刃口易损的凸、凹模，最好采用窝座固定和定位，而不采用销钉定位。

**成效**：冲压模具维修时，拆卸与装配方便。

## 2.2.36　忌冲压模具结构工艺性较差

**原因：**冲压模具的结构工艺性是指在保证模具各个零件及部件在一定使用性能前提下，使其结构、形状、表面质量及制造等方面能以最少的工序、最少的工时来完成冲压模具加工。

模具结构工艺性好坏，不仅关系到模具制造周期、制造成本和使用寿命，甚至还关系到能否在现有条件下把模具制造出来，因此，在设计冲压模具时，必须充分注意到冲压模具的结构工艺性。

**措施：**选择冲压模具结构时，应力求简单、加工容易。对于复杂形状零件，应尽量采用镶拼形式，以便于加工。

在设计模具时，对结构及工作零件应考虑热处理要求，尽量减少或避免由于热处理引起零件的开裂和变形。在设计冲压模具零件时，应尽量减少模具零件有尖角和窄槽，断面不能有急剧的变化，各孔的位置分布要均匀、对称，选用钢材要合适。

选定的冲压模具各零件，应尽可能利用本单位的设备能力，并尽可能减少工时。选定的冲压模具结构，在所制零件精度允许情况下，应尽可能合理地选择制造精度和表面粗糙度等级，不要太高或太低。

**成效：**结构工艺性好的冲压模具结构便于装配和维修。

## 2.2.37　忌设计冲压模具，没有减轻工人的劳动强度

**原因：**为了保证冲压模具使用方便，设计时应注意冲压模具的定位装置和定位零件，一定要设计得稳定可靠，并保证要有足够的定位精度，如挡料销应尽可能设计得高一点，这样即使材料翘曲，也能方便定位。

**措施：**1）冲压模具的卸料及顶出装置，一定要灵活，并要有足够的卸料力。卸料板、顶出器的弹簧要有足够的预压量和足够的压缩行程，弹簧与卸料橡胶要布置均匀。

2）冲压模具应力求使坯料的传递路线方便，并缩短取料时间。

3）设计冲压模具时，应尽量采用自动送料及自动退料机构。

4）冲压模具设计要根据操作人员的心理及操作习惯，保证有活动空间和设有安全防护措施。

**成效：**模具操作方便，减轻工人的劳动强度。

## 2.2.38　忌级进模装配先装上模然后再装下模

**原因：**级进模又称连续模，是多工序冷冲模，其特点是在送料方向上具有两个或两个以上工位，可以在不同工位上进行连续冲压完成几道冲压工序。它不仅有多道冲裁工序，往往还有弯曲、拉深、成型等多种工序。由于这类模具的加工与装配要求较高、难度较大，模具的步距和定位稍有误差，就很难保证制品内、外形状相对位置一致，所以在加工制造及装配时应特别认真、仔细。

**措施：**装配顺序的合理选择。级进模的凹模是装配基准件，故应先装配下模，再以下模为基准，装配上模。

级进模的结构多数采用镶拼形式，由若干块拼块或镶块组成，为了便于调整准确步距和

保证间隙均匀，装配时先将对拼块凹模的步距调整准确，并进行各组凸、凹模的预配，检查间隙均匀程度，修正合格后再把凹模压入固定板。然后把固定板装入下模，再以凹模定位装配凸模，再把凸模装入上模，待用切纸法试冲达到要求后，用销钉定位固定，再装入其他辅助零件。

**成效**：1）各组凸、凹模预配，假如级进模的凹模是整体而不是由镶块组成，则凹模型孔步距是靠加工凹模保证的。若凹模是以拼块方式组合而成，则在装配时应特别仔细，以保证拼块镶拼后步距的精度。此时，装配钳工应在装配前仔细检查并修正凹模拼块宽度（拼块一般以各型孔中心分段拼合，即拼块宽度等于步距）和型孔中心距，使相邻两块宽度之和符合图样要求。在拼合拼块时，应按基准面排齐、磨平。再将凸模逐个插入相对应的凹模型孔内，检查凸模与凹模的配合情况，目测其配合间隙的均匀程度，若有不妥应进行修正。

2）组装凹模。先按凹模拼块拼装后的实际尺寸和要求的过盈量，修正凹模固定板固定孔的尺寸，然后把凹模拼块压入，并用三坐标测量机、坐标磨床或坐标镗床对位置精度和步距精度做最终检查，并用凸模复查、修正间隙。

压入凹模镶块时，其先后次序应在装配工艺上有所选择，其原则是装配容易定位的应先压入，较难定位或要求依赖其他镶拼件才能保证型孔或步距精度的镶件，以及必须通过一定工艺方法加工后定位的镶件应后压入。当各凹模镶件对精度有不同要求时，应先压入精度要求高的镶拼件，再压入容易保证精度的镶件。例如在冲孔、切槽、弯曲及切断的级进模中，应先压入冲孔、切槽、切断镶块，而后压入弯曲凹模镶块，凹模组装后，应磨上、下平面。

3）凸模与卸料板导向孔预配。把卸料板装到已装入凹模拼块的固定板上，对准各型孔后再用夹钳夹紧，然后把凸模逐个插入相应的卸料板导向孔进入凹模刃口，用宽座角尺检查凸模垂直度误差，若误差太大，应修正卸料板导向孔。

4）组装凸模，按前述凸模组装的工艺过程，将各凸模压入凸模固定板。

5）装配下模。首先按下模板中心线找正凹模固定板位置，通过凹模固定板螺孔配钻下模座上的螺钉过孔，再将凹模固定板、垫板装在下模座上，用螺钉紧固后，钻铰销钉孔，打入销钉定位。

### 2.2.39 忌分段冲切废料采用平接连接排样

图 2-82 所示为某家用电器卡片，材料为镀锡板（马可铁），板厚为 0.6mm，年产量大。经分析，采用一出一排列的多工位级进模来冲压较为合理。

**原因**：由于该制件工位数多，经试冲后，开始生产出的制件符合图样要求，但经过多批次生产后，在制件上出现尖锐的弧形毛刺，平接排样（修改前）如图 2-83 所示，此毛刺容易划伤

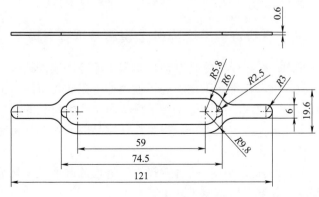

图 2-82　某家用电器卡片

人手。经检查，此问题是采用平接的连接方式导致的，即在制件的直边上先切去一段的凸模（工位⑧）与另一工位再切去余下一段的凸模（工位⑫）间，在排样时细节没有处理好。经过两次冲切废料后，发现如果凸模与凸模间连接不好，就会出现毛刺、错牙、错位、不平直及尖角等缺陷。由于凸模设计时为尖角，当工位⑧与工位⑫的凸模尖角处经过长时间的冲裁出现磨损后形成了圆角，冲裁后的制件直边上就出现了如图 2-83 所示的弧形毛刺。

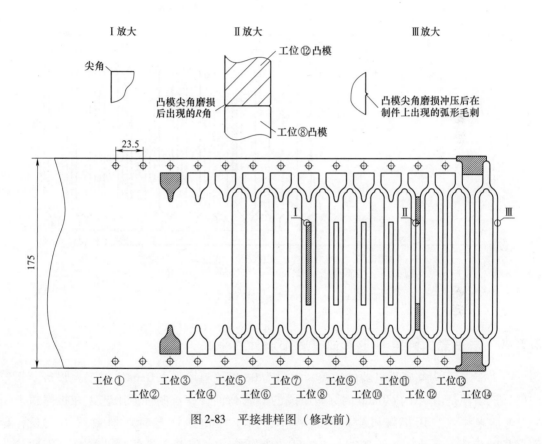

图 2-83　平接排样图（修改前）

**措施：**根据上述分析，此毛刺要在制件排样时解决，将原工艺采用平接连接方式修改为新工艺的搭接或水滴状连接方式，水滴状连接方式排样（修改后）如图 2-84 所示。该制件修改为水滴状连接方式，在工位⑧直边上先冲切出带水滴状的废料，然后在工位⑫再切去余下的一段，Ⅱ处的凸模作适当的延长，但不能超出Ⅰ处水滴状的部位。冲压完成后在制件直边部分留下一个微小的缺口，这也是此连接方式的缺点，该微小的缺口深度一般在 0.5mm以内；其优点为分段冲切的交接缝部位的凸、凹模转角处可采用圆弧连接，从而增加凸模的使用寿命。

**成效：**在排样图中分段冲切废料时，将原工艺平接连接方式修改为新工艺的水滴状连接方式。其凸模及相关的零件均做相应的修改后，经过试冲一次获得成功，生产出的制件毛刺较小、质量稳定。经过几个月连续大批量的生产验证得出，该方案是可行的，冲压出的制件不易出现毛刺，即使有微小的错位也不易看出。

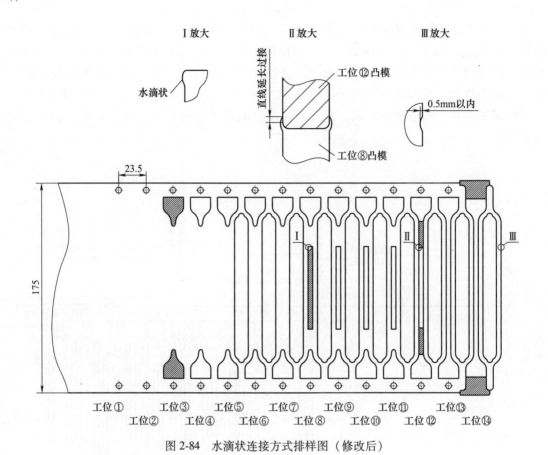

图 2-84　水滴状连接方式排样图（修改后）

## 2.2.40　忌后盖大圆角 U 形弯曲模底部设计为平底

图 2-85 所示为某家用电器的后盖，材料为 08 钢，料厚为 1.0mm，属于大圆角 U 形弯曲件。该制件是由两个 R30mm 的圆角组成的 U 形弯曲件，该制件原工艺为在折弯机上用 V 形弯曲来生产，用折弯机生产的过程中，由于操作人员有时坯料放置不到位，导致（120±0.2）mm 及（268±0.2）mm 的尺寸难以控制。随着产量的日益增长，把原工艺改为新工艺的采用 U 形弯曲来生产。但采用 U 形弯曲时，如何控制 R30mm 圆角的回弹是该模具的难点。

**原因：**该 U 形弯曲模采用 R 角压薄工艺来控制弯曲的回弹，压薄量取 $0.1t$，如图 2-86 所示。试冲后实际回弹较大（实测弯曲角度为 94°左右，角度超出公差要求，稳定性差），而且回弹角不稳定。其原因是该结构适合于小 R 角 U 形弯曲件，但对于大 R 角的 U 形弯曲件，效果不是很明显，调整起来难度比较大。

**措施：**该制件经过计算得出弯曲凸模圆角半径为 27.4mm，弯曲单面回弹角度为 8.5°，绘制出如图 2-87 所示的两种不同方案的弯曲结构工艺示意图。

**方案一：**图 2-87a 所示为采用负角弯曲工艺来补偿弯曲回弹，模具可采用翻板式或滑块等结构型式来制作，该模具结构复杂，制造成本高。

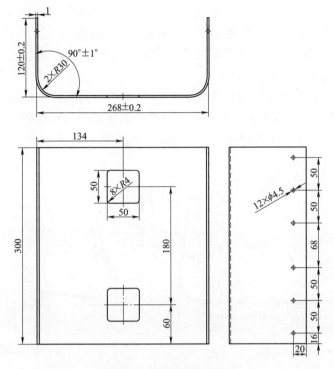

图 2-85　某家用电器的后盖

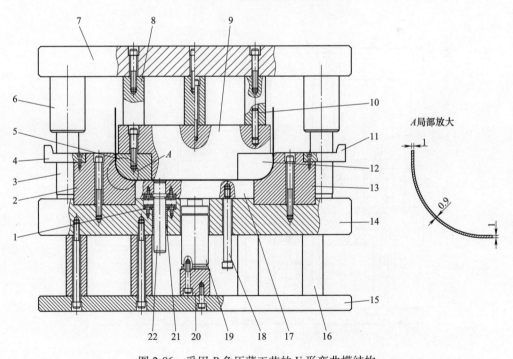

图 2-86　采用 R 角压薄工艺的 U 形弯曲模结构

1—压板　2、13—弯曲凹模　3—导柱　4、11—挡料块　5、12—弯曲凸模镶件　6—导套
7—上模座　8—上垫脚　9—凸模　10—圆柱销　14—下模座　15—下托板　16—下垫脚
17—压料板　18—卸料螺钉　19—氮气弹簧　20—垫块　21—小导套　22—小导柱

方案二：图 2-87b 所示为采用底部为圆弧状，即三个圆弧相切连接的方式来补偿弯曲回弹，分别为两个 R27.5mm 及一个 R367mm 的圆弧相切连接而成，从图中可以看出，对该 U 形弯曲的尺寸做相应的改变，待弯曲成型弹复后的宽度等于 U 形制件的宽度。该模具结构简单，调整方便，制造价格经济。

经分析，方案二的弯曲工艺可以在如图 2-86 所示的模具结构上略做改动即可实现，即将原工艺 U 形弯曲件底部为平底改为新工艺 U 形弯曲件底部为圆弧状，使弯曲后底部圆弧状弹复后来改变 U 形弯曲件的回弹，采用底部为圆弧状的 U 形弯曲件模具结构如图 2-88 所示。

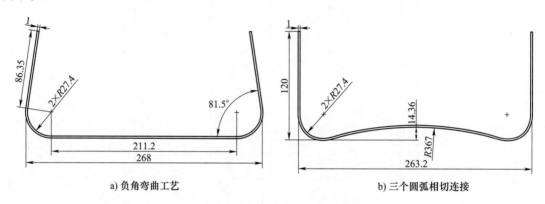

a) 负角弯曲工艺      b) 三个圆弧相切连接

图 2-87　不同方案的弯曲结构工艺示意图

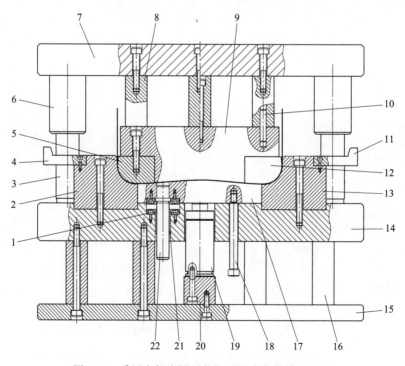

图 2-88　采用底部为圆弧状的 U 形弯曲件模具结构

1—压板　2、13—弯曲凹模　3—导柱　4、11—挡料块　5、12—弯曲凸模镶件　6—导套　7—上模座
8—上垫脚　9—凸模　10—圆柱销　14—下模座　15—下托板　16—下垫脚　17—压料板　18—卸料螺钉
19—氮气弹簧　20—垫块　21—小导套　22—小导柱

工作时，首先将坯件放入弯曲凹模上，由挡料块对坯料进行定位，上模下行，压料板在氮气弹簧的压力下，首先成型出 $R367mm$ 的部位（见图 2-87b），随着上模继续下行，再进行 U 形弯曲。弯曲结束后，模具回程，已弯曲成 $R367mm$ 的部位弹复回为平面，其他部位经弹复后，符合如图 2-85 的尺寸公差要求。

**成效：** 该结构将制件底部的平面部分修正为一个大圆弧与两边的弯曲圆角相切连接方式来改变回弹补偿量，使弯曲后底部圆弧状弹复后来改变 U 形弯曲件的回弹。试冲效果显著，弯曲角度符合图样公差要求，稳定性好，模具结构简单，维修方便，至今已应用于生产多年。

## 2.3　冲压模具材料及热处理禁忌

### 2.3.1　忌冲压模具零件各部分壁厚悬殊

**原因：** 冲压模具零件各部分壁厚悬殊，除自身强度会受到严重影响之外，其自身的热处理也会有极大的困难，直接导致热处理硬度不均、壁厚悬殊衔接部分应力集中等热处理缺陷的发生。

**措施：** 冲压模具的核心功能元件，如导柱，应尽量做成直杆，且在直径较大时，采用中空结构，保证淬透性；在采用阶梯型式时，保持冲头安装部位与刃口部分的过渡衔接段差不要太大；凹模落料刃口与落料口的段差尽量小等。

**成效：** 模具设计时，模具的核心功能元件，在避免过度的壁厚悬殊和段差后，能够使热处理后的零件各部位硬度均匀、应力释放充分，可以显著提高功能元件的寿命，从而提高模具整体寿命。

### 2.3.2　忌要求高硬度的零件（整体淬火处理）尺寸过大

**原因：** 根据热处理工艺要求，当模具零件要求整体淬火，并且硬度要求较高时，若零件尺寸过大，则会受淬透性影响，无法实现整体硬度的一致性，通常零件外部硬度高，而内部硬度偏低或者没有硬度，直接导致零件功能显著降低。

**措施：** 在满足冲压工艺要求的前提下，尽量避免高硬度零件非工作部分尺寸过大；无法避免对过大尺寸零件要求整体淬火处理时，应考虑将零件做成中空结构，有利于提高其淬透性等。

**成效：** 对大尺寸的整个零件的工作部位实施整体淬火，而对非工作部位实施调质处理或退火，既保证了工作部位的硬度要求，也协调了整个零件的功能性和寿命，如对大型凸模的安装部位实施调质处理，对工作部位实施整体淬火；对于大型冲压模具，尤其是汽车覆盖件冲压模具，其导向元件多为大型导柱，在采用中空结构后，保证了导柱整体的硬度均匀，可显著提高汽车模具的寿命。

### 2.3.3　忌模具零件尖角和突然的尺寸改变

**原因：** 若冲压模具零件存在尖角和突然的尺寸改变，则会在热处理过程中产生严重的应力集中，轻则零件变形，重则零件开裂，导致零件无法使用并直接报废。

**措施**：模具设计时，应避免设计尖角；若有尺寸突然转变部位，则应追加过渡补偿，以避免巨大的段差出现；若模具零件要求必须有尖角时，则在热处理前的粗加工或者半加工状态，必须做到无尖角，热处理后，再追加工；当突然的尺寸改变不可避免时，热处理前需要做材料填充补偿，热处理后，追加必要的时效，再做最终的段差加工。

**成效**：在产品设计和模具设计时，规避零件尖角和突然的尺寸改变，将有利于实施连续冲压生产；不可避免的模具零件尖角和尺寸的突然改变，在热处理后再进行精加工，以此保障零件的寿命。

### 2.3.4　忌模具零件采用不对称的结构

**原因**：模具零件不对称导致的后果是模具的变形，它是热应力、组织应力综合作用的结果。如薄壁薄边的模具，由于模壁薄，淬火时内外温差小，因而热应力小，但容易淬透，组织应力较大，所以变形趋向于型腔胀大。

**措施**：为了减小模具的变形，热处理部门应与模具设计部门共同研究，改善模具设计，如尽可能避免截面大小相差悬殊的模具结构、力求模具形状对称、对复杂模具用拼合结构等。当不能改变模具形状时，为了减小变形，还可以采取一些其他的措施，这些措施总的原则是改善冷却条件，使各部分得以均匀冷却，此外，也可以辅助以各种强制措施，以限制零件的淬火变形。如增加工艺孔，就是使各部分均匀冷却的一个措施，即在模具某些部分开孔，使模具各个部分得以均匀地冷却以减小变形。也可将淬火后容易胀大的模具外围用石棉包裹，以增大内孔与外层的冷却差异，使型腔收缩。在模具上留筋或加筋是减少变形的又一种强制措施，它特别适用于型腔胀大的凹模及槽口易胀大或缩小的模具。

**成效**：模具设计和应用，其最终想要达到的目的就是高效、连续、长寿命，良好的模具零件和结构设计，有利于热处理工艺的执行，实现较高的经济效益。

### 2.3.5　忌开口形模具零件的淬火处理

**原因**：开口形模具零件在淬火处理上非常棘手，极易造成零件的开裂和报废，即使在开口处拐角做圆角处理，零件在热处理后的尺寸和形状变形也异常严重。

**措施**：冲压零件设计和模具零件结构设计时，应尽量规避这种开口形结构的出现；确实无法避免时，应在热处理前，进行开口的填充，或者加大的圆角过渡或者追加筋连接结构，热处理后，加上必要的时效处理，再进行精加工；或者将开口结构的模具零件分解成几块镶拼结构，以保障热处理后的零件力学性能和功能稳定。

**成效**：良好的模具零件结构设计，对提升模具零件和模具整体寿命、提高生产率，起着至关重要的作用。

### 2.3.6　忌淬火模具零件的结构太复杂

**原因**：淬火模具零件的结构太复杂，除了会造成机械加工方面的成本过高和效率过低，在热处理方面也会带来很多问题，如热处理硬度不均、零件易变形甚至开裂，进而造成较大经济损失；同时，在模具使用过程中的局部损坏，也会造成模具维护成本过高。

**措施**：在不影响冲压制品几何尺寸的前提下，将复杂零件结构简单化，将复杂零件设计为镶拼结构，可解决热处理硬度不均和变形等问题；若不允许零件结构简单化和镶拼结构，则在热处理过程中需施加必要的工装夹具保护，以克服形变和开裂等缺陷，时效处理也是不可或缺的。

**成效**：从早期冲压零件的设计和模具零件及模具的结构设计开始，便充分考虑到热处理环节的形变和开裂等不利因素，施以必要的工装夹具保护和时效处理，会显著提升复杂结构模具零件的耐用性。

### 2.3.7　忌模具零件刚度过小

**原因**：刚度过低的材料，在热处理后的变形通常较大，不利于模具零件的应用。

**措施**：对于冲压模具，从上下模板到导柱导套、冲头凹模等，一般情况下，材料最低从中碳钢启用，模座模板选用刚度在 45 钢以上的材料（汽车冲压模具的模座一般采用刚度在 HT300 以上的材料）；导柱导套采用刚度在 GCr15 以上的材料；冲头凹模采用刚度在 Cr12MoV 以上的材料等。

**成效**：在充分做好技术经济分析和综合考虑经济效益的前提下，采用刚度高的材料，对提高模具整体寿命和模具维护保养，起着关键作用。

### 2.3.8　忌忽视局部淬火以减少变形

**原因**：由于有些零件尺寸变化相对较大，若实施整体淬火，则会引起变形加大，无法达到设计和使用要求。

**措施**：图 2-89 所示的螺母类零件，在整体淬火时极易变形。实际上只要它的四个槽部具有高硬度即可满足使用要求，因而，采用槽口高频淬火，以减小变形。螺纹的精加工则可在高频淬火后进行，以进一步减小淬火变形。

**成效**：局部淬火既达到了零件的使用要求，又能节约热处理成本。在控制热处理变形方面，局部淬火有着积极的功效。

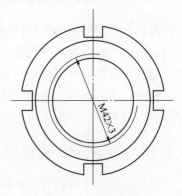

### 2.3.9　忌模具零件的孔边距过小

**原因**：不论是冲裁用孔，还是销钉孔、螺钉孔等，孔边距过小，会造成热处理后的零件变形，甚至开裂；即使

图 2-89　螺母类零件

零件暂时不变形、不开裂，但在冲压过程中，由于零件的刚度不足，寿命会显著缩短。

**措施**：模具设计中，应尽可能规避孔边距过小的问题；若实在无法避免孔边距过小，则应当设置补救孔边距过小隐患的措施，如设置成对称件（一模两件），使两个较小的孔边距合成一个较大的孔间距，既提高了效率，又增强了零件强度等。一般情况下，应保证孔中心到边缘的距离不小于 1.5 倍的孔径。

**成效**：在考虑模具零件强度的前提下，一模两件的方法，能显著提高冲压生产率。

### 2.3.10　忌忽视零件的表面处理

**原因**：在模具设计中，除了模具材料的选择和热处理外，零件的表面处理（如 TD、TiCN，其中 TD 时间需要 3~4 天）也非常重要，特别是对于拉深件，如果不添加 TD 等表面处理工艺，模具表面会很容易就拉伤起毛。

**措施：** 增加零件的表面涂层，尤其是对拉深模具的凸模和凹模，除实现零件表面改性之外，还使零件耐磨性显著提高。不同类型的模具均可通过 PVD 和 CVD 来达到延长模具寿命的目的，常用的 PVD 和 CVD 有 TiN、TiCN、CrN、TiAlN 等。近年来，广泛应用于汽车拉深模具的 TD 效果显著，显然，复合涂层的效果被模具和冲压界高度认可。

**成效：** 冲压模具，尤其是拉深（伸、延）模具，在凸模、凹模或者型腔面施加了有效的 PVD、CVD 或者复合涂层后，其寿命会显著提高。

## 2.3.11　忌非真空热处理

**原因：** 为保持工件（如模具）真空加热的优良特性，冷却剂和冷却工艺的选择及制定非常重要，模具淬火过程主要采用油冷和气冷。

**措施：** 冲压模具真空热处理中主要采用的是真空油冷淬火、真空气冷淬火和真空回火。对于热处理后不再进行机械加工的模具工作面，淬火后尽可能采用真空回火，特别是对真空淬火的工件（模具），效果显著。

**成效：** 采用真空热处理，除获得必要的强度、硬度等指标外，还可以提高冲压模具零件与表面质量相关的力学性能，如疲劳性能、表面光亮度等。

## 2.3.12　忌材料选择只顾成本而不计品质

**原因：** 不同的冲压模具材料具有不同的强度、韧性和耐磨性，在一定的条件下，使用高级材料就能使寿命提高好几倍。

**措施：** 为提高冲压模具的寿命必须要选择正规大厂生产的材料。

**成效：** 不选便宜不选贵，选对材料事半功倍。优良的性价比很重要，但贵的材料有时对效率和效益提升会产生非常卓越的作用。

## 2.3.13　忌忽视锻造的作用

**原因：** 在淬火时，若模具材料在加热时过热，不但会使此工件脆性过大，而且在冷却时容易引起变形和开裂，使寿命降低。因此在制造冲压模具时，必须合理地掌握和充分使用锻造和热处理工艺。

**措施：** 在选择优质冲压模具材料的同时，对于同材质和不同性质的材料进行合理的锻造和热处理是提高冲压模具寿命的主要途径之一。锻造的目的主要在于提高材料组织致密度，消除材料中的各类缺陷。通过锻造能消除金属在冶炼过程中产生的铸态疏松等缺陷，优化微观组织结构，同时由于保存了完整的金属流线，锻件的力学性能一般优于同样材料的铸件。冲压模具中负载高、工作条件严峻的重要零件，除了形状较简单的模座、模板外，冲头、凹模、型腔等，多采用锻件。

**成效：** 锻造能使材料本身的组织性能提高，还能去除多种材料缺陷，为后续的热处理工艺扫除了大部分障碍，充分提高了模具材料在热处理后的力学性能，显著提高了整体模具的寿命。

## 2.3.14　忌模具材料选取和冲压件生产批量脱节

**原因**：冲压件的生产批量有大有小，如优质车型的销量可观，其汽车冲压件的量是巨大的，如果总在维护采用价格低廉的材料做成的模具，势必严重影响冲压生产率，进而影响汽车销售；较小批次的或者单件生产的冲压件，如果选择价格高昂材料，冲压件单件成本将会很高。

**措施**：当冲压件的生产批量很大时，模具的工作零件凸模和凹模的材料应选取质量高、耐磨性好的模具钢。对于模具的其他工艺结构部分和辅助结构部分的零件材料，也要提高质量。在批量不大时，对材料性能的要求，以降低成本为主，采用简易模具对冲压件成本控制非常有效。

**成效**：因地制宜地将模具材料选取与冲压件生产批量充分结合考量，做到有的放矢，既能有效控制生产成本，又能有效把控生产进度、提升经济效益。

## 2.3.15　忌模具材料选取与被冲压材料的性能、模具零件的使用条件不匹配

**原因**：模具材料与被冲压材料的性能不匹配，产生最糟糕的结果就是模具零件的严重磨损，甚至是模具出现不可逆损坏，严重影响模具寿命和冲压生产率。

**措施**：当被冲压加工的材料较硬或变形抗力较大时，冲模的凸、凹模应选取耐磨性好、强度高的材料。拉深不锈钢时，可采用铝青铜凹模，因为它具有较好的抗黏着性。而导柱导套则要求耐磨和有较好的韧性，故多采用低碳钢表面渗碳淬火。又如，碳素工具钢的主要不足是淬透性差，在冲模零件断面尺寸较大时，淬火后其中心硬度仍然较低，但是，在行程次数很大的压床上工作时，它的耐冲击性好反而成为其优势。对于固定板、卸料板类零件，不但要有足够的强度，而且要在工作过程中变形小。另外，还可以采用冷处理和深冷处理、真空处理和表面强化的方法提高模具零件的性能。对于凸、凹模工作条件较差的冷挤压模，选取有足够硬度、强度、韧性及耐磨性等综合力学性能较好的模具钢，同时具有一定的红硬性和热疲劳强度等。

**成效**：因地制宜、量体裁衣地匹配模具材料和被冲压材料，不仅能显著提高模具寿命，还能改善冲压件质量，同时提高冲压效率，使经济效益得到提升。

## 2.3.16　忌忽视开发专用模具钢

**原因**：针对轻量化的市场要求，高强板在汽车制造中越来越多地被使用，传统的冷作模具钢已经无法满足高强板冲压要求。模具材料的耐磨性、耐热性、强度和抗冲击性等均受到严峻挑战。

**措施**：开发专用模具钢迫在眉睫。针对热成型模具，基于热作模具钢 4Cr5MoSiV1 而开发的新材料 DIEVAL 被广大热成型冲压厂家采用；针对高强板冷冲压，基于高速工具钢 W6Mo5Cr4V2 而开发的 CADIE/V4E 也被广大冲压用户信赖。

**成效**：专物专用，体现在模具应用领域，既让专用特殊模具钢充分发挥出其优良的耐磨、耐疲劳、耐热及抗冲击性能，又相比传统模具钢，性能有显著提升。

### 2.3.17　忌模具材料选取就高原则

**原因**：模具材料只选贵、不选对，直接导致的问题就是浪费和经济损失。

**措施**：考虑我国模具的生产和使用情况，选择模具材料要根据模具零件的使用条件来决定，做到在满足主要条件的前提下，选用价格低廉的材料，以降低成本。

**成效**：开源节流，是提升利润和经济效益的手段之一。

### 2.3.18　忌淬火时零件过热与过烧

**原因**：零件所选材料混淆、加热温度过高、在较高的温度下保温时间过长等，易导致淬火时零件过热与过烧。

**措施**：零件淬火前一定要对其进行火花鉴别，以防材料不对；严格控制加热温度，遵守热处理工艺规程；控制合理的保温时间。若零件已出现过热或过烧现象，在正火、退火后，应将零件重新按工艺规程进行热处理，以期挽救；如果材料混淆，需重新制作零件，重新按照规范进行热处理。

**成效**：规范材料出库管理、严格执行热处理规范，从而规避淬火零件产生过热和过烧现象。

### 2.3.19　忌淬火模具零件表面出现斑点、腐蚀

**原因**：在箱式炉中加热时，表面保护不良；盐浴脱氧不良；零件在空冷时，预冷时间过长；盐浴使用温度过高或其中混有氯离子；淬火后零件未及时清洗等。

**措施**：零件应合理装入炉内，并加以保护，保护剂在使用前应烘干；盐浴需及时、充分地脱氧；对于高合金钢尽量不采用空冷淬火；控制盐浴温度不超过 500℃，并保持清洁；淬火后及时对零件进行清洗。

**成效**：增强零件表面保护意识，严格执行热处理规范，特别是盐浴热处理规范，实现淬火零件表面质量零缺陷。

### 2.3.20　忌模具淬火零件表面出现软点

**原因**：原材料纤维组织不均匀，如碳化物偏析、聚集、分布不均；加热时，零件表面有氧化皮、锈斑等，从而造成局部表面脱碳；淬火介质老化或含有过多杂质，使冷却速度不均；尺寸较大的零件进入淬火介质后，未做平稳的上下、左右移动。以上均可能导致处理后零件表面局部出现硬度偏低现象，即软点。

**措施**：原材料需经合理的锻造和退火；淬火前应认真检查，并去除氧化皮、锈斑等；定期清理、更换冷却介质，始终保持冷却介质的清洁；工件进入淬火介质后，要按规程正确进行操作。

**成效**：严格执行锻造工艺和热处理规范，实现淬火零件内部和表面硬度均匀。

### 2.3.21　忌模具零件淬火裂纹

**原因**：选材不当或材料本身有裂纹缺陷；锻造时产生裂纹；存在机械加工应力；未经预热、加热过快、加热温度过高或保温时间过长；淬火介质选用不当或冷却速度过快；水、油

双液淬火时，零件在水中停留时间太长；分级淬火时，零件自分级冷却液中取出后，过快放入水中清洗；应力过于集中；多次淬火而中间未经充分退火；淬火后未及时回火；表面增碳或脱碳。

**措施：** 合理选材，并加强管理、认真检验；合理控制锻造温度和锻造工艺，锻后进行退火处理；五金冲压模具加工成型前，先去应力后再修正五金冲压模具尺寸，最终再经淬火处理；尽可能采用预热、预冷，高合金钢最好经两次预热；严格控制淬火温度和保温时间；正确选择淬火介质，减缓冷却速度，最好采用分级冷却工艺；严格执行正确的冷却工艺；分级淬火时，零件自分级冷却液中取出后，应待冷却至室温后再放入水中清洗；淬火前对应力集中处进行铁皮包扎、铁丝捆绑、泥土堵塞等保护措施；重新淬火的零件应采取中间退火工艺；淬火后及时回火；淬火加热时，应注意采取合理的保护措施，如采用盐浴脱氧、箱式炉通入保护气等。

**成效：** 规范材料出库管理，严格执行锻造工艺流程，认真对待热处理工艺并严格执行，以规避零件在淬火时产生裂纹缺陷。

### 2.3.22　忌模具零件淬火硬度不足

**原因：** 零件淬透性低而截面积又较大；淬火加热时表面脱碳；淬火温度过高或过低，而保温时间又不足；分级淬火时，在分级冷却介质中停留时间过长或过短；水、油双液淬火时，零件在水中停留时间太短；碱浴时水分过多。

**措施：** 正确选用钢材；注意加热保护；严格执行淬火工艺规范；严格执行正确的冷却工艺；严格控制碱浴水分在 2%~4%。

**成效：** 根据零件的功能作用选择适用材料，避免大截面工艺设计，严格执行热处理工艺规范，尤其是碱浴热处理工艺规范，确保零件内部与表面硬度同时满足工艺要求。

### 2.3.23　忌模具零件回火后表面有腐蚀

**原因：** 回火后零件没有及时清洗干净。

**措施：** 回火后的冲压模具零件应及时清洗干净，使用超声波清洗或者脱脂清洗。

**成效：** 重视零件回火后清洗的时效性和有效性，规避回火后的零件表面腐蚀现象发生。

### 2.3.24　忌模具零件退火后硬度过高

**原因：** 退火过程中加热温度不足、保温时间不足、冷却速度过快。

**措施：** 严格按正确的退火工艺进行操作；对于已经退火后硬度过高的零件，应按正确的退火工艺重新退火。

**成效：** 严格执行零件的退火工艺规范，确保零件退火后满足硬度设计要求。

### 2.3.25　忌模具零件回火脆性较大

**原因：** 零件在回火工艺执行阶段，回火温度偏低或回火时间不足。

**措施：** 选定合适的回火温度，并保证充分的回火时间，尽量避免在回火脆性温度区间进行回火。

**成效**：执行合理的回火工艺，包括回火温度和回火时间的有效控制，可以有效避免零件回火脆性较大现象的发生。

### 2.3.26　忌模具零件回火不充分

**原因**：零件回火不充分，包括温度、时间、次数未达到要求。

**措施**：淬火后应充分回火，对于高合金钢尽量采用二次回火，必要时可以进行三次回火。

**成效**：只有执行充分回火，才能有效控制热处理应力导致的零件表面龟裂和裂纹。

### 2.3.27　忌模具零件退火组织中存在网状碳化物

**原因**：零件的锻造工艺不合理，或者工艺过程执行不彻底；球化退火工艺不正确或工艺过程执行不充分。

**措施**：采用正确的锻造工艺并合理锻造；按正确的球化退火工艺重新退火。

**成效**：除材料本身的裂纹缺陷外，严格执行正确的锻造工艺和球化退火工艺，可以有效规避零件退火组织中网状碳化物的出现。

### 2.3.28　忌拉深模材质选择不合理

**原因**：拉深模的不同材质对应不同的材质性能及模具寿命。不同的生产纲领就需求不同的模具寿命，不同的加工值要求模具采用不同的材质。因此，为了最大效能地利用模具，就需要根据生产纲领及加工值来选用不同的模具材质。

**措施**：拉深模包括三大功能部件：凸模、凹模、压边圈。材质选用需要根据生产纲领，一般分为小批量、中批量、大批量。加工值＝料厚×抗拉强度×材料流入量。拉深类型见表2-5，材质如图2-90所示。

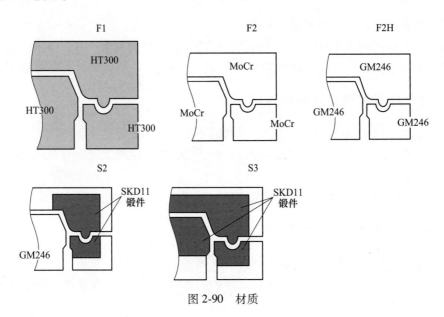

图2-90　材质

表 2-5　拉深类型

| 加工值 | 大批量 | 中批量 | 小批量 |
|---|---|---|---|
| 20000 以下 | F2H | F2 | F1 |
| 20000~40000 | S2 | S2 | F2H |
| 40000 以上 | S3 | | |

　　外板拉深模一般不采用 MoCr 材质，因为此材质焊接性差，模具表面质量低。四门内板拉深模，由于拉深深度大，为避免拉毛现象，凹模需整体使用 7CrSiMnMoV 材质，凸模与压边圈采用 GM246 材质。

　　**成效**：通过规范拉深模材质选用的限定条件及特殊制件选用规定，有效地减少了因材质选用不当而导致的模具报废及使用寿命问题。

## 2.3.29　忌修边模材质选择不合理

　　**原因**：修边模是在将制件进行分离的工序中使用的模具，该工序经常出现制件毛刺、修边锯齿、镶块拉毛等问题，一个重要原因为修边镶块材质选择不合理。

　　**措施**：修边模常见的型式有一体式结构和镶块式结构。修边模加工值=料厚×抗拉强度。修边模类型见表 2-6，材质见表 2-7。

表 2-6　修边模类型

| 加工区 | 加工值 | 大批量 | 中批量 | 小批量 |
|---|---|---|---|---|
| 修边模<br>普通落料模 | 336 以下 | S1、F1 | | F1H |
| | 336~950 | S1、S2 | | F1 |
| | 950~1330 | S2 | | |
| | 1330 以上 | S2H | | |
| 开卷落料模 | 950 以下 | S1、S2 | | |
| | 950~1330 | S2、S2H | | |
| 精剪落料模 | 1330 以下 | S2 | | |
| | 1330 以上 | S2H | | |

表 2-7　材质表

| 分类 | 材　质 | | |
|---|---|---|---|
| 镶块、模座<br>一体型 F | F1<br>TGC600<br>表面淬火 | F1H<br>HT300<br>堆焊刃口 | |

（续）

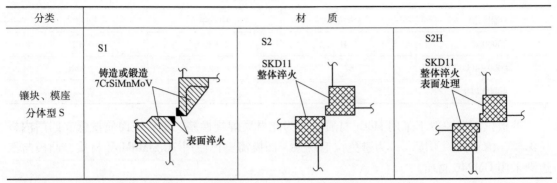

高速开卷落料模（摆剪模、弧剪模）需要上调一个材质等级。下模废料刀可考虑采用锻件镶块来加大废料滑料空间。

**成效：** 通过规范修边模材质选用的限定条件，有效地减少了因材质选用不当而导致的模具报废及使用寿命问题。

### 2.3.30 忌翻整模材质选择不合理

**原因：** 翻整模是在将制件进行翻边或整形或翻整的工序中使用的模具，该工序经常出现制件拉毛、翻边锌皮脱落、翻边镶块拉毛等问题，一个重要原因为翻整镶块材质选择不合理。

**措施：** 翻整模常见的型式有一体式结构和镶块式结构。模具加工值＝料厚×抗拉强度。翻整模类型见表 2-8，材质见表 2-9。

表 2-8　翻整模类型

| 加工区 | 加工值 | 大批量 | 中批量 | 小批量 |
|---|---|---|---|---|
| 非垂直翻整模 | 374 及以下 | S1、S1H、F2 | | F1、F2 |
| | 374~800 | S1、S2 | | |
| | 800 及以上 | S2、S2H | | |
| 垂直翻整模 | 374 及以下 | S1、S1H、F2 | | |
| | 374~800 | S2 | | |
| | 800 及以上 | S2、S2H | | |

表 2-9　材质表

| 分类 | 材　　质 | |
|---|---|---|
| | F1 | F2 |
| 镶块、模座<br>一体型 F | MoCr<br>表面淬火 | TGC600<br>表面淬火 |

94

（续）

| 分类 | 材　质 | |
|---|---|---|
| 镶块、模座<br>分体型 S | 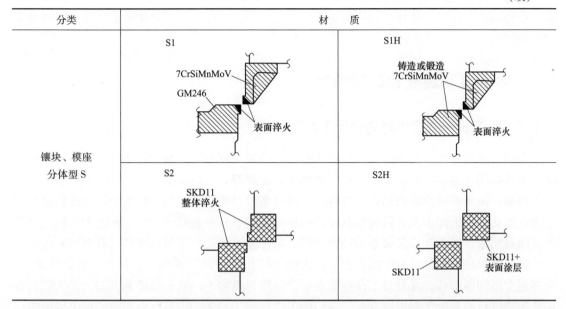 | |

同一套模具尽量采用同一种整体热处理的锻件材质，避免因热处理变形量的不同而造成不必要的模具调试的工作量。外板翻边模，因凸模做直角翻边，为避免热处理出现裂纹等缺陷，采用整体铸造 7CrSiMnMoV 材质。

**成效：** 通过规范翻整模材质选用的限定条件，有效地减少了因材质选用不当而导致的模具报废及使用寿命问题。

## 2.3.31　忌模具热处理不合理

**原因：** 模具热处理是提升模具性能的常用方法，不同的模具材质及模具功能需求，要求采用不同的热处理方法。常见的热处理问题有变形、内应力、硬度不足等。

**措施：** 根据不同模具材质及不同热处理方式，达到规范的硬度要求。材质硬度参考值见表 2-10。要求拉深、翻整模具所有成型凸圆角（包含产品棱线特征），修边镶块刃口，每 100～150mm 进行取点检测，长度小于 300mm 的镶块，以镶块两端向内 10mm 取检测点，在中部取点检测。刃口上端面 3mm 内，刃口工作面竖面 5mm 内进行取点检测，结果需要满足硬度要求。

表 2-10　材质硬度参考值

| 材质 | 热处理方式 | 硬度要求　HRC |
|---|---|---|
| QT600、QT700 | 表面淬火 | 50～55 |
| GM246、GGG70L | 表面淬火 | 52 以上 |
| MoCr | 表面淬火 | 50 以上 |
| 7CrSiMnMoV | 表面淬火 | 53～57 |
| SKD11、Cr12MoV | 整体淬火 | 58～62 |
| 45 钢 | 调质 | 28～32 |
| | 整体淬火 | 43～47 |

**成效**：通过对拉深及后序模具不同材质及热处理的要求，提升材质性能及模具使用寿命。应特别注意的是，外板拉深模需要采用激光淬火，后序整形可采用感应淬火，刃口可采用火焰淬火。

## 2.4 冲压模具装配和试模的禁忌

### 2.4.1 忌拆卸一个零件时必须拆下其他零件

**原因**：显而易见，当要拆卸一个零件时，若必须先要拆卸掉其他的零件，则不仅工作繁琐、浪费时间，也会影响后面的重复安装精度，耗时费力，效率低下。

**措施**：由于冲压模具的结构各有特点，模具零件对质量、结构、精度等各方面要求存在差异，因此如果拆卸不当，将使模具零件损坏，造成不必要的经济损失，甚至无法修复。为保证维修质量，在拆卸前务必进行周密计划，对可能遇到的问题做出评估，做到有的放矢。

模具零部件拆卸的一般原则与要求：①坚持"按需拆卸"原则，在保证质量的前提下，应尽量少拆卸零部件，尤其是工作性能良好的部件与机构，一般不要轻易拆卸，因为任何拆卸和随之进行的装配，都可能有损于他们的工作状态，如果必须进行拆卸时，也应尽量缩小拆卸的范围，对于非拆卸不可的，则一定要拆，切不可因图省事，致使检修质量得不到保证。②选择合理的拆卸步骤，拆卸顺序一般为整体→总成→部件→零件；或为附件→主机、外部→内部。③正确使用拆卸工具和设备。④保护加工面，不应敲打或碰撞加工面，安放时应用木板或其他物件垫好，避免损坏其加工面；不宜用砂布打磨精密加工面，若有毛刺可用细油石研磨，清扫干净后应涂以防锈油，用毛毯或其他物体遮盖，以防损伤；对于精密结合面或螺栓孔，通常用汽油、无水乙醇或甲苯仔细清洁。⑤其他拆卸注意事项有拆前做好校对工作或做好标记，以便于回装时恢复原位；拆下的螺钉、螺栓等应存放在布包或木箱内，并做记载；拆开的管口法兰应打上木塞或用布包裹，防止掉进异物；分类存放零件的原则是同一总成或同一部件的零件尽量放在一起，根据零件大小和数额分别存放，不能互换的零件分组存放，精密零部件单独拆卸与存放，易丢失的零件应放在专门容器内，螺栓应装上螺母存放；放置时对加工面的保护，凡是放置于水磨石地面的部件，均应垫上木板、草垫、橡胶垫及塑料布等，以避免对部件的磕碰和损坏及对地面的污染；拆卸时先拔销钉后卸螺栓，同时，应随时对部件进行检查，发现异常现象和设备缺陷应做详细记录，以便于及时处理和备品、备件或者重新加工。

**成效**：模具设计时，应避免零件间的装配关系相互纠缠，其中主要零件可以单独拆装，这样就可以避免安装中的反复拆装。因此，综合考虑模具的维护和保养，把优良的人机工程应用到模具零件的拆卸上，能给模具制造和冲压生产带来显著的经济效益。

### 2.4.2 忌一个零件在同一方向上同时装入两个配合面

**原因**：一个零件在同一方向上同时装入两个配合面，是机械中的过定位现象。如果精度真正达到极限值，则过定位的安装和拆卸也是极其困难的。

**措施**：在同一方向上，当有两个装配面时，在保证一个装配面精准配合的前提下，另一装配面必须留出余量，避免过定位。

**成效**：过定位在模具制造和装配方面，是品质过剩问题，不仅零件制造成本过高，还严重影响模具装配和维修保养的效率。避免过定位，会给模具制造和冲压生产带来可观的经济效益。

### 2.4.3　忌忽视为拆装零件留有必要的操作空间

**原因**：不给售后维修保养留有操作空间的模具只能重新制作。随之而来的是成本的增加和工期的延长，给模具制造和冲压生产都带来了不必要的麻烦。

**措施**：在对模具进行结构设计时，要留出螺栓的安装与拆卸空间，以保证螺栓能够顺利装入和拆卸，如螺栓连接应为螺母留有必要的扳手空间，弹性套柱销等应在不移动其他模具零件的条件下实现自由拆卸。

**成效**：为拆卸模具零件留有必要的操作空间，可以提升模具维修效率和质量，模具设计人员充分掌握模具维修的人机工程，对冲压生产的连续性有着关键作用。

### 2.4.4　忌忽视错误安装而不能正常工作

**原因**：不言而喻，模具零部件安装错误，不论方向错误，还是零部件缺失，都可能造成模具不能正常工作，甚至造成事故，后果不堪设想。

**措施**：错误的安装对于模具装配人员来说是必须避免的，而设计者在设计过程中就应充分考虑模具装配人员错误安装的可能性，避免造成不必要甚至是重大损失，并且所采取的措施应简单易行。冲压模具的上下模在分别装配或者维护保养、保全后，再次总装合模时，为避免左右或前后装反，导致模具刃口遭到破坏，设计时应将模具的导向组件设置成非对称布局，通常将整套模具的一套导向组件设置成沿 $X$ 轴和 $Y$ 轴方向分别偏置 $5\sim10$mm。

**成效**：模具装配人员在对模具进行合模时，无需考虑上下模的方向，即使方向错误，导柱导套也不会装入，装配人员自然会调转方向重新合模，做到万无一失。

### 2.4.5　忌忽视采用特殊结构来避免错误安装

**原因**：模具零部件安装错误，轻则导致模具无法正常使用，重则引起模具和人身事故，以至于造成不可挽回的重大经济损失。

**措施**：有些零件在结构上仅有细微差别，装配时极易装错，因此必须在结构设计中突出显示差异。如双头螺柱的两端通常是相同公称直径的螺纹，安装时出现方向错误不可避免，这样应该将两头的螺纹设计成不同螺距，就不会出现错误安装。再如整套模具的导柱组件，仅设置其中的一套与其他导柱组件直径不同，合模时便绝对不会引起方向错误。

**成效**：在模具零件结构上设置合理的细微差异，就不会引起装配方面的错误，既能提高功效，又能规避装配错误风险。

### 2.4.6　忌忽视采用对称结构简化装配工艺

**原因**：采用对称结构简化装配工艺，可以有效缩短模具装配时间，尤其是针对自动化装配，意义显著。

**措施**：在机械模具中最常见的螺钉螺母的装配，将螺母两端面设计成相同型式，装配人员就无需考虑方向，进而实现快速装配，这种"模糊装配"或者称为"傻瓜装配"的理念可实现更高效率的自动化。

**成效**：充分利用对称结构，在简化装配工艺的同时，不仅省时省力，也便于实现模具装配自动化。

### 2.4.7 忌忽视为难以看到的相配零件设置关联零件的引导部分

**原因**：冲压零件的差异性决定了冲压模具的差异化。很多时候，模具设计中不可避免地出现紧固连接件隔空操作的局面，视觉无法直接跟踪，导致安装困难。

**措施**：分别将紧固连接件和待连接的零部件设置成引导倒角，如螺钉根部倒呈锥形，待连接零件螺纹孔也加工成倒角，这样在装配连接中，螺钉隔空也会精准装入螺钉孔，实现模具相关零部件的快速连接与紧固。

**成效**：当隔空操作需要连接和紧固的零部件时，有效设置引导部分，可以实现快速装配，有利于实现模具装配的自动化。

### 2.4.8 忌忽视为了便于实现快捷和自动化安装而采用卡扣或内部锁定结构

**原因**：对于使用机械手安装的模具零部件，采用止口定位和螺钉紧固的方式不利于安装。卡扣结构和内部锁定机构主要是为了简化装配程序，缩短模具装配时间，同时便于自动化的实现。

**措施**：采用卡扣结构和内部锁定机构，可以显著简化安装程序，也简化了模具零部件的结构，减少不必要的机械加工工时，如图 2-91 所示，采用卡扣或者内部锁定机构，一经压入便可立即实现紧固连接。

**成效**：采用卡扣或者内部锁定机构，可以有效简化模具结构，缩短零部件加工工时，又有利于实现自动化装配。

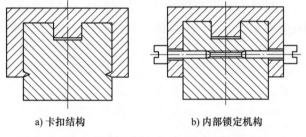

a) 卡扣结构　　b) 内部锁定机构

图 2-91　卡扣结构和内部锁定机构

### 2.4.9 忌忽视紧固件头部应具有平滑直边

**原因**：若紧固件头部不平滑、有凸台，则通常不利于装配工具或者机械手的吸附和拾取。

**措施**：一般情况下，使用机械手装配的紧固件的头部，采用标准的内六角、外六角和圆柱头螺钉，不论是夹钳还是磁石，均可确保接触面积大，拾取可靠。

**成效**：增大接触面积，也就增大了磁石的吸附力，夹钳的拾取准确可靠。

### 2.4.10 忌忽视对模具设计、制造和装配的模块化

**原因**：模具设计、制造和装配的模块化，是模具标准化的重要指标，不仅有助于实现快速设计和装配，也有利于模具的维修保养，显著降低成本。

**措施**：将一套模具分成若干单元或者部件，平行操作，实现对各个单元的制造和装配，然后总装模具，这可以有效缩短装配时间。模具维修保养时，也可迅速更换损坏的零部件，

实现快速修模，提高修模质量。

**成效**：重视模具设计、制造和装配的模块化，实现快速装配和修模，对模具制造企业和冲压生产企业，都是最佳的开源节流手段。

### 2.4.11　忌忽视尽量减少现场装配工作量

**原因**：大型特种专业模具，如大型汽车覆盖件热成型冲压模具，需要拆分成几部分运到冲压工厂，必要时会进行现场装配。因为冲压工厂与模具制造工厂的条件不同，在冲压现场进行装配比较困难，所以应尽量减少冲压现场的装配作业工作量。

**措施**：需要拆分运输到冲压工厂的大型特种模具，被拆分的每个部分都要完成必要的组装，到达冲压现场后，仅是将分别装配好的部分完成整合，而无需进行大量装配作业。

**成效**：尽量把装配作业全部在模具制造工厂完成。这样，模具在试模后，直接在冲压工厂量产，既能节约时间，又能降低成本，达到省时增效的效果。

### 2.4.12　忌忽视模具标准件的选用

**原因**：模具标准化程度越高，模具成本就会越低；标准件具有互换性，对于模具的维修保养具有积极的意义。

**措施**：模具设计标准化、广泛使用标准件，可以降低模具维护成本，标准件的更换更加便捷。设计人员要熟悉欧标、美标、日标和国标等模具标准件目录，如 PUNCH、MISUMI、SANKYO、DME、DAYTON、FIBRO 等全球流行标准。

**成效**：模具标准化程度，尤其是模具标准件的应用程度，直接反映模具制造厂的模具设计和制造水平。

### 2.4.13　忌忽视零件在损坏后应易于拆下并回收材料

**原因**：对于不同的零件、不用的材料，正常或者异常损坏后应便于拆卸，并分类回收。如果不可拆卸，或者拆卸困难，会致使整套模具无法维修保养，或者直接报废，造成严重的资产浪费。

**措施**：模具设计阶段，应充分考虑因正常磨损或者异常等原因而造成的模具零件损坏、断裂、疲劳后的零件失效，最严重的是整套模具报废。所有的模具零件，尤其是贵重金属（铜合金、钛合金等）制作的零件，在结构上要考虑便于拆卸，便于之后再做分类、回收再利用。

**成效**：节约光荣，浪费可耻。全球原材料和能源短缺是不争事实，有效回收并利用拆解下来的零件，在节约成本的同时，也为开源节流做出了贡献。

### 2.4.14　忌粗暴试模

**原因**：粗暴野蛮试模的后果就是模具损坏，甚至出现人身事故，得不偿失。

**措施**：第一次试模时，一定要慢慢将上模合下，有拉深工序时，一定要用保险丝试料位厚度，料位间隙达到材料厚度后再试模，刃口一定要先对好。拉深筋请使用活动镶件，以便于调节拉深筋的高度。

**成效**：以静制动、慢工出细活的原则，在冲压模具试模工作中应特别遵守，有利于顺利完成试模、交付合格样件，以尽早投入冲压生产。

### 2.4.15　忌刃口材料选用不当

**原因**：不同的被冲压材料的屈服极限、强度等级等存在很大差别，作为冲裁工序的模具刃口，应该有针对性地选择模具材料。

**措施**：对于抗拉强度不超过400MPa的普通钢板、有色金属等，传统的冷作模具钢和高速工具钢基本上游刃有余了；而对于抗拉强度超过400MPa的高强度钢板甚至达到2GPa的超高强度钢板，刃口材料要采用Cr8Mo2SiV（Cr12MoV）或V4等硬质合金材料。

**成效**：根据不同的被冲压材料合理地选择模具刃口材料，对模具零件以及模具整体寿命的提升起着至关重要的作用。

### 2.4.16　忌废料盒斜度设置不合理

**原因**：冲压废料从模具中分离出来，尤其是从汽车冲压模具和硅钢片、翅片冲压模具中分离，是冲压生产的重要环节。如果废料盒斜度过小，随着冲压生产的进行，废料会出现卡滞现象，造成废料堆积，严重时将会影响冲压制品品质，甚至造成模具损毁。

**措施**：废料盒的斜度不少于30°，对于斜度小的废料盒，可以采用安装气动震动器的方式来解决。

**成效**：合理的废料盒斜度有利于废料的有效分离，并且做到及时清理，保证冲压生产的连续进行。

### 2.4.17　忌忽视拉深材料变薄率

**原因**：如果实际拉深的变薄率过大，将导致拉深制件的强度不能满足设计要求，以至于冲压制品报废；没有考虑变薄率的模具设计也将面临失败，它使模具无法调整，需要重开模具，造成不可挽回的经济损失。

**措施**：在设计料带时，要同时进行CAE分析，主要考虑材料的变薄率，一般要在25%以下。在拉深不锈钢材料时，可以在预拉深后再进行退火，用高频退火机，此时变薄率可以达到40%。在设计料带时，一定要和客户多加沟通，最好要客户提供之前的模具照片或结构图来参考。空步也是非常重要的，在模具长度允许的情况下，适当留出空步对于试模后的改模帮助是很大的。

**成效**：模具设计初期，充分考虑拉深材料的变薄率，并利用CAE分析，增设控制变薄率的有效手段，保证试模顺利。

### 2.4.18　忌忽视模具的闭合高度

**原因**：模具的闭合高度超差原则上不影响冲压制件的生产，但在试模阶段，由于高度偏差的存在，可能引起冲裁工序刃口切入深度上的偏差，也可能引起成型工序的凸模与凹模的贴合率偏差，给模具调整带来不必要的麻烦。

**措施**：冲压模具装配好后先测量其整体高度是否符合设计要求，如果有高度偏差，应仔细查询原因，并及时调整到闭合高度公差允许范围内。

**成效**：严禁不检测模具闭合高度就进入试模和冲压生产阶段。发现偏差，及时查明原因，并及时修正闭合高度偏差，可保证试模和冲压生产的顺利进行，模具寿命也会得到有效保障。

## 2.4.19　忌忽视导向组件的配合间隙

**原因：**过大或过小的间隙，以及过大或过小的过盈，都将导致模具早期磨损或刚度不足，使模具不能正常使用。

**措施：**导柱和导套的配合间隙应符合设计要求，各部位均匀一致。对于滑动导柱组件，推荐的间隙值——直径在 50mm 以下时为 0.01~0.03mm；直径在 50~60mm 之间时为 0.03~0.05mm；直径在 60mm 以上时为 0.04~0.06mm。对于滚动导向组件，推荐的过盈量：直径在 25mm 以下时为 0.01~0.02mm；直径在 25~50mm 之间时为 0.02~0.03mm；直径在 50mm 以上时为 0.03~0.04mm。推荐选用模具标准件，不建议模具厂自行设计制造。

**成效：**合理的导向组件的配合间隙，配合模板（座）制造和装配的精准几何公差，将有效提升模具自身的精度、延长模具寿命。

## 2.4.20　忌忽视导向组件与上下模的位置公差

**原因：**不重视导柱导套与上下模板（座）的垂直度以及该套组件间的位置公差，将会导致模具导向精度不足，模具会出现早期磨损，甚至报废。

**措施：**导柱和导套装入上下模板（座）后，其轴线须与模板（座）端面垂直，同时保证上下模板自身的平面度、平行度以及上下模板（座）间端面平行度。

**成效：**优良的垂直度、平行度和精准的位置公差，可以有效保证导柱导套自身的寿命，同时，模架以至于模具整体的寿命也得到了提升。

## 2.4.21　忌忽视模架的滑动性

**原因：**模架装配后，不重视模架的滑动性，将会导致整体模具的导向性能不稳定，严重时将导致导柱导套的早期磨损，模具导向精度严重受损，模具寿命显著缩短。

**措施：**模架装配好后，观察上模座沿导柱上下滑动是否顺畅，重点确认导柱导套与模板（座）的垂直度和导柱导套的位置偏差。一旦出现偏差，立即纠正。在正式试模前保证导柱导套优良的滑动性能，以保障试模和冲压生产的顺利进行。

**成效：**重视模架的滑动性，及时修正导柱导套的几何公差，保持模架优良的滑动性能，对提升模具的寿命有事半功倍的效果。

## 2.4.22　忌模具镶块挡墙、挡键及定位键不合理

**原因：**周圈挡墙不利于装配人员调整，镶块不方便拆装，且易造成公差累计，导致精度超差。若镶块定位键过多，一来造成标准件采购的浪费，二来造成加工浪费。

**措施：**根据实际案例可分为以下几种情况——①单边镶块总长度和宽度都小于 1.2m 时，在对角镶块分别加 2 个挡键，不增加定位键。②单边镶块总长度和宽度都大于 1.2m 时，四角镶块分别采用 2 个挡键，每边再增加 1 个定位键。③镶块长度大于 1.2m 时，两端镶块分别采用 2 个挡键，长度方向在中间部位增加一个定位键。镶块宽度方向小于 1.2m 时，两端镶块在长度方向分别采用 1 个挡键，宽度方向采用挡墙，长度方向在中间部位增加

一个定位键。镶块挡墙、挡键、定位键样式，如图 2-92 所示。

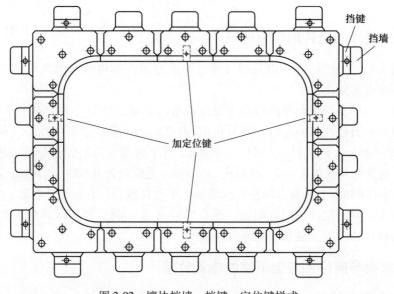

图 2-92　镶块挡墙、挡键、定位键样式

**成效：**通过规范镶块挡墙、挡键及定位键的使用，实现了在最少使用标准件下的最大精准度，且满足操作人员快速便捷地拆装镶块。

## 2.5　冲压模具维修保养禁忌

### 2.5.1　忌忽视模具维修工作台的合理高度

**原因：**良好的人机工程，可保证维修保养人员在舒适的姿态下，充分发挥体能和智慧，快速、顺利地完成维修保养工作任务。

**措施：**在维修保养时，钢板模具一般放置于工作台上，工作台高度在 600mm 为宜，在模具拆卸和装配时、便于维修保养人员向上、下和四周用力。

汽车模具通常体积、重量较大，一般直接置于维修保养区域地面，维修保养人员通常蹲着作业，为此要保障模具周边有足够的操作空间。

**成效：**舒适的人体姿势、合理的工作台高度，便于发挥人的能动性，工作时间也更持久，使维修保养任务完成顺利。

### 2.5.2　忌忽视凸模故障及维护

**原因：**凸模是模具中维护次数较多的零件，因为凸模的长度太长，凸、凹模间隙不均匀，卸料板在冲压过程中不平稳，凸模固定板、卸料板及凸模间隙过大，以及凹模废料排除不畅通等原因会使五金冲压模具容易折断。

**措施：**凸模长度控制在 100mm 以下为宜，刃口长度控制在 30mm 以下；凸模与凹模的间隙调整务必做到均匀；凹模和卸料板要在凸模固定板上固定 4 根小导柱，卸料螺钉采用等高套筒；对非封闭冲裁，凹模端要设置反侧力装置；凹模有效刃口以下部位全部挖空或采用真空吸附的方法；另外，凸模刃口要定期研磨。作为有效延长凸模寿命的方法，必要的 PVD 工艺和复合涂层也是必须的。

**成效**：只有注重保养、及时更换或调整模具工况，才可以延长模具寿命，保证冲压生产持续进行，从而使经济效益不断提升。

### 2.5.3　忌忽视凹模故障及维护

**原因**：不重视凹模的故障及维护，可能导致凹模自身的破损，不能正常进行冲压生产，甚至导致模具报废，经济损失很大。

**措施**：凹模的损坏在冲压模具中，尤其是在级进模中是普遍现象。通常情况下，凹模有效刃口以下要挖空，避免废料或冲件堆积挤爆凹模；另外，应将凹模设计成镶拼结构，一旦出现破损等缺陷，无需全部更换凹模，仅更换凹模镶件，降低维修成本。维护时，重新确认凸模与凹模的间隙，确保其合理与均匀。

**成效**：只有注重保养、及时更换损坏的凹模镶件，或调整模具工况，才可以延长模具寿命，保证冲压生产持续进行，从而使经济效益不断提升。

### 2.5.4　忌忽视凸模和凹模间隙的维护

**原因**：因为凸、凹模磨损，特别是凹模的磨损，增大了模具的间隙，如果继续冲压生产的话，冲压件的尺寸和几何公差等就不能满足设计和使用要求。

**措施**：要定期检查细小凸模与卸料板的配合间隙，保证其小于凸模与凹模间隙并及时添加润滑剂。

**成效**：时刻关注凸模与凹模的间隙，定期维护保养凸模与凹模，以及卸料板与凸模的间隙，与延长模具寿命和确保连续冲压生产关系重大。

### 2.5.5　忌忽视导正销的维护

**原因**：导正销在凹模上的位置和数量并不是固定不变的，根据环境温度和材质的不同，特别是柔性线路板及软金属等会产生不等量的收缩，都会导致冲压模具孔位偏离。

**措施**：控制冲压生产作业环境温度，对于软质及伸长率较大的材料，应适当增加导正销的数量，并合理布局。

**成效**：合理调整导正销的数量和布局，可保证冲压制件的品质。

### 2.5.6　忌忽视冲孔废料上浮

**原因**：由于柔性材料的静电作用，冲孔废料经常吸附在一起，难以从模具漏孔排除，有些废料会吸附在凸模上，严重影响后期的冲制。

**措施**：将凸模进入凹模的深度增加至 1mm 左右，以保证废料从下模排除；冲头可选用带字母冲的冲头；凹模镶件可设计成防废料上浮的凹模，以此保障废料或者冲压制件顺利从下模落下。

**成效**：合理的设计和防废料上浮措施的实施，加上随时关注冲压生产的制品状态，能有效控制废料上浮现象，保证冲压生产的连续进行。

### 2.5.7 忌忽视模具的整体保养

**原因**：模具闲置时，受温度和湿度影响，模具零部件会发生腐蚀，影响再次冲压生产的冲压制件品质和模具寿命。

**措施**：模具在不使用时应及时在工作部位涂上防锈油，再次使用模具时，应先将油清洁干净，并用吸油纸试冲，直到油被吸附干净，否则，将影响模具的冲压质量。

**成效**：充分利用防锈油做好模具的整体防锈与保养，保护好模具工作零件，尤其是刃口零件，可延长模具寿命，节约维护成本。

### 2.5.8 忌忽视模具配件关系的维修保养

**原因**：模具零部件之间有着必要的联系，通常其中的一个或者几个出现问题，需要维修保养和更换时，其关联的零部件也可能受损，因此必须同时全部检查确认。

**措施**：保养时需检查各配件关系及有无损坏，对损坏的部位进行修复，并对具体的情况采取措施，如定位元件损坏带来的气管切断或损坏，必须同时进行更换；在冲头弯曲、折断后进行更换的同时，也要关注卸料板与冲头的配合间隙是否正确，并修复卸料板；冲头损坏的同时，一般凹模镶件也有不同程度损伤，也要进行必要的修复和更换，并重新调整间隙。

**成效**：能做到一次拆模排除所有的问题和隐患，该修就修，该换就换。实现快速修模，确保连续的冲压生产。

### 2.5.9 忌忽视拉深模凸模、凹模维修保养

**原因**：拉深模具主要出现的问题是拉毛及型面的压坑，这在汽车覆盖件冲压模具中尤为突出，所以拉深凸模和凹模的维修保养意义重大。

**措施**：对拉深模的凸、凹模保养时，主要对模具的圆角拉毛部位进行抛光。如果出现压坑，则要对模具进行补焊，再进行修整。

**成效**：拉深模具开始出现失效，主要是凸模和凹模出现拉伤、凹坑等缺陷，将其控制在失效的萌芽阶段，可以有效延长模具寿命，显著降低维修保养成本。

### 2.5.10 忌忽视导向零件的维修保养

**原因**：模具在工作中，导向零件（导柱、导套及导板等）会出现拉痕等，产生的主要原因有润滑油的污染及导向间隙偏差等。

**措施**：导柱、导套产生的拉痕，可采取用油石推顺后抛光的办法进行消除。剧烈磨损的导柱、导套，需要更换并调整垂直度与位置精度，以确保导向间隙的准确可靠。汽车模具广泛使用的导板，在出现拉伤、拉痕时，要重新磨平拉痕面，并加垫片以补偿磨削量，从而保证准确的导向间隙。

**成效**：导向组件的及时维修保养，有利于延长模具使用寿命，确保冲压产品始终满足设计和使用要求。

### 2.5.11 忌忽视弹性零件的特征

**原因**：不同颜色、自由高度和外径的弹簧，其性能是不一样的。不当的替换会造成模具

的异常和损坏。弹簧等弹性零件在使用过程中容易出现断裂和变形现象，其中弹簧是最易损坏的零件之一。

**措施：** 采取的办法就是更换，但是，更换过程中一定要注意弹簧的规格和型号，弹簧的规格、型号通过颜色、外径和长度确定，只有在此三项都相同的情况下才可以更换。氮气弹簧漏气情况可通过管路系统的压力表示值读出，检查确认漏气原因并进行修复处理，再重新充气。

**成效：** 经常性地关注弹性元件（弹簧和氮气弹簧）的压力变化，保证冲压模具的压力源可靠稳定，进而保障冲压生产的高效运行。

### 2.5.12　忌修边刃口倒梢

**原因：** 刃口倒梢分为正梢和负梢，正梢为刃口端部间隙合理，刃口刃入后间隙变大，此时刃口强度低，产品下表面易产生毛刺；负梢为刃口端部间隙大，刃口刃入后间隙变小，此时产品易出现大毛刺、拉长，甚至切不断等问题。倒梢出现有以下几方面原因：其一，镶块焊接变形，未进行镶块安装底面平行度的确认；其二，镶块刃口未进行垂直度校准及修整；其三，修边镶块刻口方法错误。

**措施：** 针对倒梢问题做以下规范：修边镶块补焊完待镶块冷却后，先对镶块安装面进行平行度的研合，保证螺钉、销钉配合面 100% 均匀着色，其他配合处 80% 均匀着色；然后对修边基准块垂直度进行校准及修整；最后对修边镶块进行刻口时，需要垂直交叉研磨，保证整个刃口面从上至下着色均匀。

**成效：** 通过对修边刻口流程的规范，有效地解决了因倒梢导致的产品批量毛刺问题。

## 2.6　冲压模具制造其他禁忌

### 2.6.1　忌冲压受力点与支持点距离太远

**原因：** 为保持模具的强度和刚度足够，受力点与支撑点的距离不易设计太远，否则会严重降低模具的强度和刚度。

**措施：** 模具设计时，尽量规避受力点与支撑点距离过远；如果无法规避，模具结构中应设置抵消有害力矩的措施，如在受力点附近增加反向力矩，以此平衡有害力矩。

**成效：** 增设反向力矩的方法，可以避免因受力点离支撑点过远而引起的模具强度和刚度降低现象，保证模具冲压的正常工况。

### 2.6.2　忌模具采用悬臂结构时悬臂长度过大

**原因：** 悬臂结构在冲压模具中并不鲜见，但悬臂长度过长引起的模具刚度减弱现象值得重视，以保证冲压生产正常进行。

**措施：** 套筒类产品的冲压结构，在采用悬臂结构时，在冲压受力点的反方向设置移动式支撑，起到平衡悬臂支点力矩的作用。该支撑可采用凸轮机构做成可移动式，便于套筒类制件的上料和下料。移动式支撑点在非合模状态下，与悬臂在下死点接触处的间隙设定为0.05mm，以使悬臂挠度尽可能小。

**成效**：在悬臂结构的受力点附近增设移动式支撑点，可有效平衡悬臂的重力和冲压力矩，尤其适用于套筒类零件的冲压工艺。

### 2.6.3　忌模具中存在不平衡力

**原因**：如果冲压模具中存在不平衡力，势必造成弯矩和翻转力矩的存在，对模具的强度和刚度提出严峻挑战。因此，去除不平衡力势在必行。

**措施**：冲压模具中经常见到非封闭冲裁的情况，作为刃口的冲头和凹模由于非全周冲裁，冲头的刃口会产生侧向力，进而影响冲头的刚度。此时，需在凹模一侧增设反侧力结构，间隙设定为小于冲裁间隙，冲头刚度可得到有效保障。

**成效**：反侧力结构是冲压模具中去除不平衡力的有效手段，也保证了模具工作零件的刚度和强度，使模具寿命得到保障。

### 2.6.4　忌冲压模具中的铸件存在铸造应力

**原因**：从铸造应力方面分析，铸件在受拉应力时，将有整体尺寸伸长的倾向；而承受压应力时，整体尺寸会缩小，总之引起的问题就是铸件变形。汽车拉深模具的凸模和凹模基体多为球墨铸铁，如果铸造应力存在，拉深件尺寸就得不到有效控制；同时，应力释放后对凸凹模的间隙会产生巨大影响。

**措施**：减小和消除铸造应力的措施如下：

1) 合理地设计铸件的结构。铸件的形状越复杂，各部分壁厚相差越大，冷却时温度越不均匀，铸造应力就越大。因此，在设计铸件时应尽量使铸件形状简单、对称、壁厚均匀。

2) 采用同时凝固的工艺。所谓同时凝固是指采取一些工艺措施，使铸件各部分温差很小，几乎可同时进行凝固。因各部分温差小，不易产生热应力和热裂，所以铸件变形小。可设法改善铸型、型芯的退让性，及合理设置浇冒口等。

3) 时效处理是消除铸造应力的有效措施。时效分自然时效、热时效和共振时效等。所谓自然时效，是将铸件置于露天场地半年以上，让其内应力消除。热时效（人工时效）又称去应力退火，是将铸件加热到 550~650℃，保温 2~4h，随炉冷却至 150~200℃，然后出炉。共振时效是将铸件在其共振频率下振动以消除铸件中的残余应力。

**成效**：从模具铸造零件的结构设计合理、铸造工艺流程控制，到彻底的时效处理，若各个环节都能做到完美无缺，则使得铸造应力释放尽可能达到彻底，是保障大型铸件尺寸稳定、功效长久的必要手段。

### 2.6.5　忌模具中的细杆零件承受弯曲应力

**原因**：冲压模具中的细杆，主要指外导柱、卸料导柱、等高螺栓等，当受到弯曲应力影响时，模具导向精度会受到严重影响，同时，整体模具的刚度也大打折扣。

**措施**：模具设计时，模具压力中心尽量与模具几何中心保持一致；导柱的选用，在CAE分析的基础上选择大一个规格的直径，以此提高模具抵抗侧向弯曲应力的能力；在导柱材料的选择上，应考虑使用强度和刚度较大的材料。

**成效**：综合运用压力中心精准计算、选用刚度和强度指标较高的材料和较粗直径的导柱等手段，对提高模具细杆零件抵抗弯曲应力，会起到显著效果。

### 2.6.6　忌冲压模具中的受冲击载荷零件刚度过大

**原因：**所谓冲击载荷，就是载荷以快速或突然的方式作用在零件上。这种载荷在汽车冲压模具上，尤其是汽车覆盖件冲孔修边模具上表现突出。如果被冲击零件的刚度过大，冲击作用会导致冲击零件裂纹、破碎，以至于零件失效。

**措施：**汽车覆盖件冲孔修边模具的侧冲机构，就是斜楔机构，其主体部件的驱动块和滑块，通常采用刚度适中的灰口铸铁和球墨铸铁作为材料，这样在驱动块与滑块的冲击作用中，刚度适中不至于引起破裂，可靠保证力的方向转变和传递。

**成效：**选用刚度适中的材料，以此应对冲压模具中的冲击载荷，能有效降低冲击载荷对冲击零件的破坏作用，保证冲压模具正常工作。

### 2.6.7　忌因模具中的大零件局部磨损而导致整个零件报废

**原因：**模具中的大零件、功能零部件或者机构，通常相对附加值较高，易磨损部位仅为零部件或者构件整体的相对小单元时，如果做成整体形式，当磨损达到失效状态时，则整个零部件或者机构就得报废，造成的损失不仅仅体现在重新制作费用上，还有影响生产工期。

**措施：**将整个零件或者机构中的易磨损部位，做成镶拼结构，当达到磨损极限时，仅靠更换镶拼机构，就可达到恢复整个大零件或者机构的使用功能的目的。常见的汽车冲压模具的滑块、斜楔机构的导滑部位，均采用可更换式。

**成效：**采用镶拼结构，有利于整体大零件在达到磨损极限时的及时更换和功能恢复，且成本低廉，工期最快，经济效益显著。

### 2.6.8　忌忽视模具零件磨损后的调整

**原因：**冲压模具的零件，包括冲头、导柱、导板等，在磨损达到一定程度后，冲压制品的尺寸和几何公差以及剪切外观等将不能满足设计和使用要求，此时必须停机进行模具维护保养。

**措施：**冲头的磨损主要表现在刃口崩刃、拉毛等，轻者要对崩刃部位重新进行刃磨、抛光等，重者报废更换；导柱的磨损通常是拉毛和犁沟，轻者刃磨后再镀层，重者报废更换；导板的磨损形式通常是拉毛，轻者重新研磨，重者报废更换。不论是维修还是更换，均需在冲压生产前，进行充分的间隙调整、几何公差确认和着色率研配，以达到最佳滑配效果。

**成效：**只有充分关注冲压模具零件磨损后的调整，充分实施间隙和几何公差的精度确认，才能保证冲压模具在最佳的导滑状态下持续工作。

### 2.6.9　忌忽视冲压模具采用防尘装置防止磨粒磨损

**原因：**冲压模具，尤其是汽车冲压模具，大量使用滑块、斜楔机构和反向机构，这些机构是改变力的传递方向的功能部件或者装置，摩擦副出现磨损的状态不可避免，为有效防止磨损加剧，采用防尘装置避免磨粒磨损，是非常重要的。

**措施：**在滑块与滑块座的摩擦副周边设置防尘罩，该防尘罩应不妨碍驱动块的驱动滑块，可避免冲压过程中的铁屑因进入摩擦副间而导致的摩擦副严重磨损；同时，冲压生产中随时关注导滑面状态，及时将磨损控制在萌芽阶段；一个生产节拍后的维护保养也是不可或缺、必须严格执行的。

**成效：**有效可靠的防尘保护，能显著提升模具中摩擦副的滑动性能，在延长模具寿命的同时，可达到高效冲压生产和降本增效的目的。

### 2.6.10 忌冲压模具无上下模防反

**原因：**冲压模具是靠上下模造型为差一个料厚的两个型面相配合来完成工作的。若上模水平旋转 180° 与正常状态的下模压合工作，则会发生重大安全事故，此为冲压模具制造的大忌。

**措施：**上下模防反可通过导向部位位置或尺寸进行防反，按优先顺序有以下三种方式：

**方式一：**导柱和导向腿左右的位置为不对称形式，右侧导柱或右侧导向腿两导板分别向模具前侧和后侧偏移 10mm。导向腿与导柱并用的结构只需要导向腿两导板偏移即可，导柱不用偏移，上下模导向导板防反如图 2-93 所示。

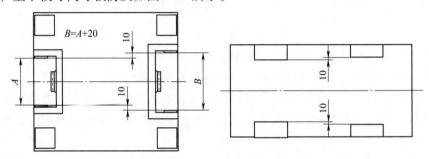

图 2-93　上下模导向导板防反

**方式二：**导向位置，单个导柱或插入式导板位置不对称布置，上下模导向导板不对称防反如图 2-94 所示。

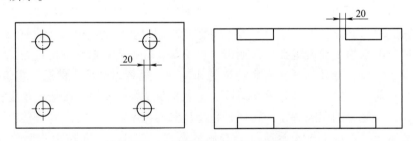

图 2-94　上下模导向导板不对称防反

**方式三：**导向位置，通过单个导柱直径或插入式导板宽度不同设置防反；只使用两个插入式导板导向时，选取不同宽度的导板，上下模导向导板尺寸防反如图 2-95 所示。

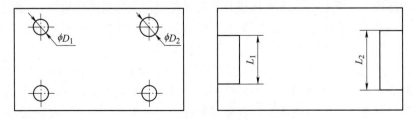

图 2-95　上下模导向导板尺寸防反

**成效：** 通过对模具上下模的防反进行规范，有效地避免了因上下模合模错装而导致的模具重大安全事故的发生。

### 2.6.11　忌压芯力源布置不合理

**原因：** 除拉深外的冲压模具均需要在先压料的前提下，再进行相应的修、冲、翻、整等工作。压芯力源的布置决定着制件品质的好坏，尤其是外板件的翻整模具，压芯力源布置不合理，将直接导致翻边制件回弹、塌边、翘边及凹坑等品质问题。

**措施：** 压芯力源布置原则：压芯力源尽量设在成型点附近，并且尽量设在压料面上，如图 2-96 所示。压芯力源布置优先顺序原则：在确保了必要的压力基础上优先配置在翻整形部位。特别是预先会发生面品不良的部位，如门把手拐角部、加油盖拐角部、顶盖天窗拐角部等，无配置空间时也要考虑并列小的压力源。氮气缸配置位置优先顺序：面品不良部位＞整形部位＞翻边部位＞修边部位＞冲孔部位。

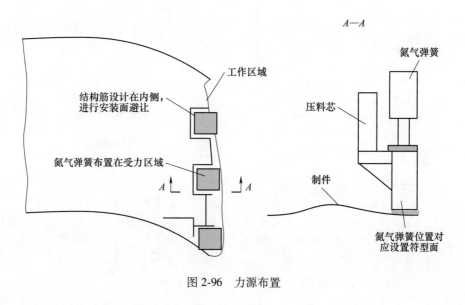

图 2-96　力源布置

**成效：** 通过对后序模具压芯力源布置的规范，有效地解决了因力源布置问题而引发的制件品质不良问题。

### 2.6.12　忌冲压模具型面背空不合理

**原因：** 冲压模具型面分全型面及背空型面，全型面模具的加工及研合均需耗费工时及费用。

**措施：** 在满足制件品质的前提下，将模具合理进行背空处理，以减少数控机床加工和钳工人员的研合量。铸造背空常见类型有修冲类背空（见图 2-97）与翻整类背空（见图 2-98）。

**成效：** 通过对修冲模具、翻整模具下模及压芯铸造背空的规范，有效地减少了数控机床的加工，减少了钳工研合模具的周期，同时保证了制件品质。

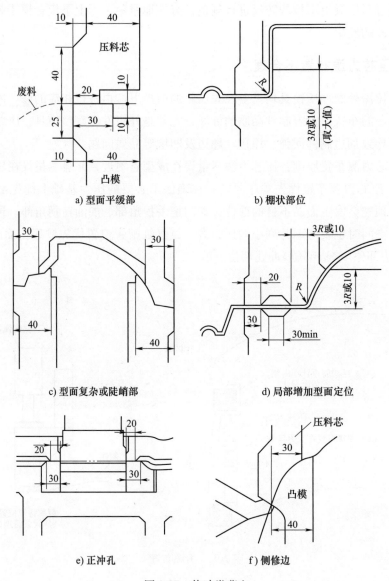

a) 型面平缓部　　　　b) 棚状部位

c) 型面复杂或陡峭部　　　　d) 局部增加型面定位

e) 正冲孔　　　　f) 侧修边

图 2-97　修冲类背空

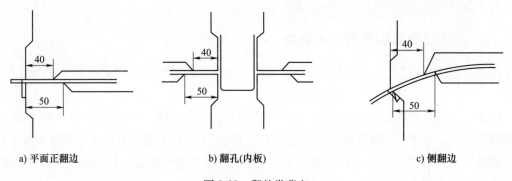

a) 平面正翻边　　　　b) 翻孔(内板)　　　　c) 侧翻边

图 2-98　翻整类背空

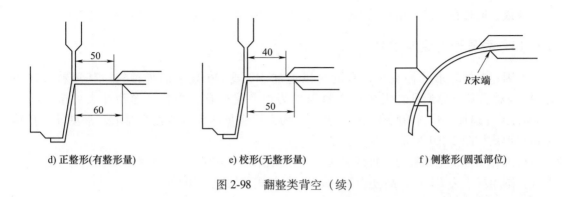

d) 正整形(有整形量)　　　　e) 校形(无整形量)　　　　f) 侧整形(圆弧部位)

图 2-98　翻整类背空（续）

## 2.6.13　忌上模镶块拆装不便

**原因：**将上模打开、翻转后单独存放时，压芯在氮气缸作用下处于上限点的自由状态，此时特殊制件内部封闭修边镶块或翻整镶块，是可能完全沉入压芯内部的，内部镶块示意如图 2-99 所示。因镶块与压芯单边间隙为 0.5mm，故在不拆压芯的前提下，若想单独拆装此内部镶块是很困难的，容易卡在压芯内部。

**措施：**针对内部镶块沉入压芯的情况，因镶块与压芯单边间隙小而不易取放的问题，可以在压芯上增加几处付型条，位置布置在镶块前后左右四个方向，宽度最小为 10mm，付型条末端要超过镶块上端面最少 10mm，如图 2-100所示。

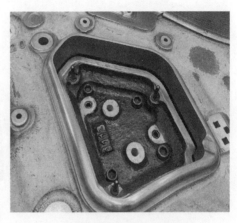

图 2-99　内部镶块示意图

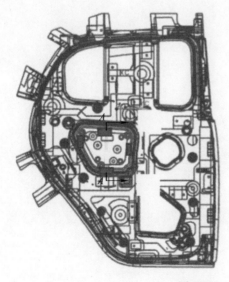

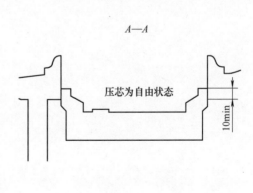

图 2-100　内部镶块及压芯

**成效：**通过在压芯上增加随形付型条，有效地解决了内部镶块拆装困难的问题。

### 2.6.14　忌异形孔废料堆积

**原因：**非标异形孔冲头窄，有的可以追加 M8 或 M6 规格的弹顶销，其顶料力仅为 29.4N，对于窄长异形孔，无法将废料顶出刃口。甚至有的窄长异形孔冲头的窄边小于 15mm，无法追加工弹顶销底孔及螺纹孔，因为无法满足冲头刃口强度要求，常见异形孔冲头顶料形式如图 2-101 所示。

**措施：**当弹顶销顶料力不足或无法安装弹顶销时，采用在异形孔冲头端面增加小凸包的形式，圆角最小为 R2mm，高度为 3~4mm，凸包式顶如图 2-102 所示。

图 2-101　常见异形孔冲头顶料形式　　　　　　图 2-102　凸包式顶

**成效：**顶料方式由弹顶销弹力顶料改为凸包式顶料，废料产生塑性变形易于下落，可解决 M6 弹顶销弹力小问题，同时节省弹顶销采购成本及螺纹底孔机械加工成本。

# 第 *3* 章

# 塑料成型模具制造禁忌

塑料成型模具是一种生产塑料制品的模具。随着橡塑行业的发展，塑料成型模具制造业在品牌建设、高端产品制造方面迎来了新的发展机遇。塑料成型模具制造的产品质量、生产率、成本与塑料成型模具结构设计、工艺流程、加工制造、材料、热处理、装配、试模及维修保养等密切相关。本章将围绕以上因素，讲解塑料成型模具制造过程中的禁忌。

## 3.1 塑料成型模具结构设计禁忌

### 3.1.1 电视机遥控器盒浇注系统设计禁忌

电视机遥控器盒如图 3-1a 所示，其上有用于安装导电橡皮板的 26 个长方形孔。模具浇口位置如图 3-1b 所示，注射后的遥控器盒产生了 26 处熔接痕，会严重影响注塑件的外观和强度，为了掩饰该熔接痕，对遥控器盒的内、外表面进行喷漆，但遥控器盒经长时间使用后，人为磨掉了喷漆，又重新露出了熔接痕。

**原因**：如图 3-1b 所示，当高温的熔体料流充模时，其接触到低温的模具便产生了温降，因模具的长方形型芯较多，且熔体在每一个长方孔型芯处又会产生分流，这就造成了熔体流程的增长，进一步导致了熔体温度的降低；而熔体分流的料流前锋形成了低温薄膜，该低温薄膜包含有大量杂质，因此其熔接性很差，低温薄膜熔体的熔接必然会造成明显的熔接痕。根据上述分析可知，在注射过程中熔体料流产生的较大温降和熔接性较差的低温薄膜是造成严重熔接痕的主要原因。因此，造成熔接痕形成的原因：一是熔体的料流温度的降低；二是分流的低温薄膜熔接性差。必须针对熔接痕形成的原因，采取相对应的有效整治措施。

**措施**：遥控器盒缺陷解决方案如图 3-1c 所示，应从提高熔体的料流温度和消除分流的前锋低温薄膜这两方面着手，有效地解决遥控器盒的熔接痕问题。

1）提高熔体的料流温度：料流在充模过程中流程长，熔体不断地降温，温度越低分流的前锋低温薄膜熔接性越差。针对此原因，设置了 17 个点浇口，使料流的流程变短，因而熔体温降减小，从而可以改善熔接不良的问题。

2）清除分流的前锋低温薄膜：分流后所形成的熔料前锋的低温薄膜不能很好地熔接，是因为前锋低温薄膜的熔体杂质含量高并形成了氧化层，这是造成 26 处明显熔接痕的主要原因。为此，可在产生熔接痕处设置冷料穴，使得分流的熔料前锋薄膜进入冷料穴，因为后续高温纯净熔料的熔接性良好，所以不会出现明显的熔接痕。

3）制定合理的注射成型工艺参数：适当延长注射时间和冷却时间，模具还应设置加热装置，目的是减缓熔体料流降温的速度。

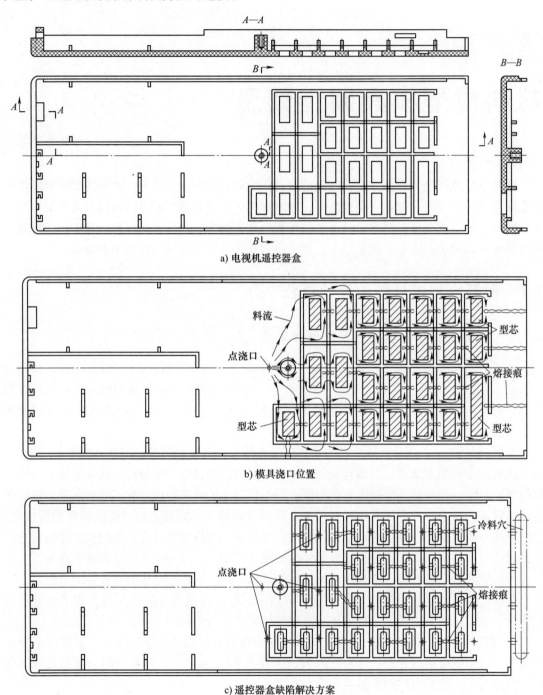

a) 电视机遥控器盒

b) 模具浇口位置

c) 遥控器盒缺陷解决方案

图 3-1　遥控器盒及注射模设计方案

**成效：**虽然上述方案增加了去除冷料穴中冷凝料和后续修饰的时间，但注塑件的熔接效果得到了大大的改善，熔接痕数量减少到了 15 处，且熔接痕并不明显，还可以省去喷漆的工序。

遥控器盒熔接痕的整治方法，对这种类型的注塑件具有普遍性的意义。注塑件的缺陷整治过程应该运用辩证方法，而不是盲目去整治。具体是根据缺陷表观，正确和科学地分析缺陷产生的原因，然后再采用适当的措施去整治。

### 3.1.2　锥台盒浇注系统设计禁忌

锥台盒如图 3-2a 所示，材料为 ABS，收缩率为 0.3%~0.8%。在处于锥台盒开口端厚壁与薄壁交界处的外表面，出现了收缩痕缺陷，如图 3-2b 所示。不管如何进行计算，都无法解决收缩痕缺陷。

先可忽略 ABS 收缩率的各向异性，将收缩率设定为 0.6%。在同一种收缩率的条件下，对厚薄壁收缩痕的深度进行计算。如图 3-2b 所示，3mm 壁厚的收缩量为 $3mm \times 0.6\%=0.018mm$，1.5mm 壁厚的收缩量为 $1.5mm \times 0.6\%=0.009mm$，收缩痕的深度差为 $t=0.018mm-0.009mm=0.009mm$，这是不可改变的事实，即使将收缩率各向异性的因素考虑进去，收缩痕也是客观存在的事实。

**原因：** 根据上面的计算结果，可以判断收缩痕是由于锥台盒壁的厚薄不一致所导致的，虽然收缩率相同，但不同壁厚的塑料收缩量不同，进而产生了收缩痕。

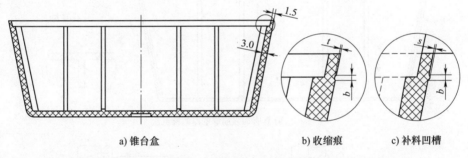

a) 锥台盒　　　　　　　　　　b) 收缩痕　　　　c) 补料凹槽

图 3-2　锥台盒与收缩痕

**措施：** 物质具有热胀冷缩的特性是自然规律。锥台盒壁的厚薄不一致是产生收缩量不一致的重要原因，这也是不以人的意志为转移的。那么注塑件在冷却的过程中存在收缩，如果能够进行注塑件塑料及时的补充，就不会出现注塑件的收缩痕，补料凹槽如图 3-2c 所示。要解决注塑件的收缩痕问题，就要从产生注塑件收缩痕的本质着手。因此，必须抓住这种可以操作的措施，既要解决注塑件壁厚不一致的问题，也要解决物料在冷却收缩时的材料补充问题。

1）整治方法一：将注塑件壁厚设计成一致，是解决注塑件收缩痕的根本方法之一，同时，为了提高注塑件的刚度，可设计有加强筋，具有加强筋等壁厚的锥台盒如图 3-3a 所示。为了使锥台盒的盖能够进行定位，设计的加强筋至锥台盒端面应保留有一定的距离 $S$。由于锥台盒的所有壁厚相同，它们的收缩量也是相同的，故不会产生收缩痕。收缩痕主要是出现在加强筋的背面，此时只要采用保压补塑的办法就能轻而易举地解决收缩痕的问题。

2）整治方法二：为了缓解收缩痕的程度，可以采用收缩率较小塑料或采用添加了填充料（玻纤）的增强塑料去成型，收缩率小了收缩量自然也会小。也可以在收缩痕的位置上

设置 $b×t$ 装饰槽，这样可掩盖收缩痕，如图 3-2b 所示。这些措施都可减缓收缩痕的程度或掩盖收缩痕，但不能根治收缩痕。

3）整治方法三：采用延长注塑成型时间、冷却时间和保压时间，增大注射压力和背压压力。使注塑件能得到充分的补塑，收缩痕也会小一些，甚至可以消除一些微小的收缩痕。另外，浇口可开深一些，使浇口熔料冷凝慢一些，从而可以充分地进行保压补塑。

4）整治方法四：在注塑件塑料颗粒中加入有颜色（如黑色、蓝色）的添加剂，细小的收缩痕不容易被看见。

5）整治方法五：可采用补偿法来消除收缩痕，就是利用补料槽或冷料穴中的物料，在注塑件冷却收缩时进行物料的补充，从而消除注塑件的收缩痕，补偿法如下所述。

①补偿法一，在注塑件收缩处将收缩痕用激光扫描生成一个三维造型后，再镜像生成三维电极造型，然后做成电极，在型腔壁上打出和收缩痕一样的补料凹槽，如图 3-2c 所示。料流填充时在收缩痕处多出了一个与收缩痕一样的物料，注塑件在收缩时会得到等收缩量的补偿，这样自然可消除收缩痕。但用电极打制补料凹槽时的深浅要控制好，只要有差异，在注塑件上不仅会留有凸台影响脱模，还会存留有小收缩痕。因此，采用补料凹槽补偿法是实在没有办法时才能使用。

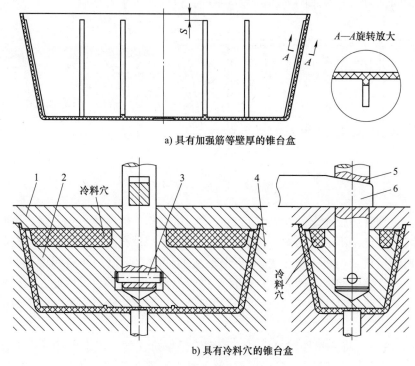

a) 具有加强筋等壁厚的锥台盒

b) 具有冷料穴的锥台盒

图 3-3　注塑件缩痕整治方案

1—上型芯　2—下型芯　3—圆柱销　4—型腔　5—连杆　6—锲紧块

②补偿法二，在注塑件壁厚不能改动的情况下设计注射模时，在厚壁与薄壁交界沿周面处设计有冷料穴，具有冷料穴的锥台盒如图 3-3b 所示。由于冷料穴存有的物料多，所以冷凝固化慢。开始时可通过浇口保压补塑缓解收缩痕，当浇口熔体冷凝硬化之后，停止补塑。

但注塑件收缩的补充物料，可由冷料穴中的物料补充，从而可以起到根治收缩痕的作用。但去除了冷料穴的冷凝料处仍会出现遗痕，可通过研磨的方法消除。

由于冷料穴设置在厚壁与薄壁交界沿周面处，冷料穴中的冷凝料需要取出才能进行下次注射成型加工，如图 3-3 所示。这样注塑件的型芯可由上型芯和下型芯组成，通过连杆和锁紧块可将上型芯和下型芯连接在一起。连杆装有圆柱销，以便于上型芯和下型芯的连接和连杆的定向。锁紧块可以通过斜导柱滑块抽芯机构（未画出）进行连接和拆卸。

**成效**：通过上述各种方法，可以掩盖、减小和消除收缩痕，选用方法应依据对收缩痕具体要求进行。

### 3.1.3　壳体浇注系统设计禁忌

壳体注塑件如图 3-4 和 3-5a 所示，壁厚为 3mm，其材料为聚乙烯。容易出现缺陷的浇口如图 3-5b 所示，壳体半球形的外壳部分是处在定模型腔处，而螺纹部分处在动模型腔处，侧浇口处在半球形外壳与螺纹连接的端面上。壳体外表面存在明显的流痕、收缩痕和过热痕缺陷，如图 3-4 所示。

**原因**：由于侧浇口处在半球形外壳与螺纹连接的端面上，在注射机的压力下，熔体在型腔空间分别由两侧并向上和向下逐层地进行填充，先进入型腔中的熔体温度迅速下降后，两股料流前锋薄膜所生成的冷凝分子团散布在流程上，冷凝分子团逐渐地长大便形成了流痕，呈现在以浇口做分界线的整个料流面上。注射后期冷却时，壳体自半球冠开始冷却，浇口处后冷却，故壳体自浇口至半球冠呈逐渐增大收缩的倾向，最终产生收缩痕缺陷。由于熔体自下而上地填充型腔，因此模具中的气体最终会被压缩，受压的气体温度升高，炽热的气体使得塑料产生过热现象，导致塑料发生降解，进而导致壳体产生过热痕的缺陷。

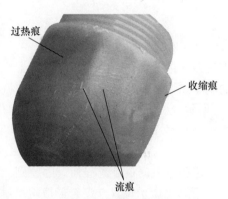

过热痕

收缩痕

流痕

图 3-4　壳体注塑件

**措施**：分型面仍设置在半球形外壳与螺纹相连接的端面上，但点浇口应设在半圆球冠的顶端，这样料流自上而下顺势平稳填充，并且有利于排气。这样完全可以避免产生流痕的现象，也可减小收缩痕。再在分型面处设置 3~4 个冷料穴，一方面是冷凝料可进入冷料穴，避免冷凝料在成型件体内会强度降低，另一方面在点浇口凝固封口后，注射压力消失、注塑件收缩时，冷料穴中的冷凝料可以回流进入型腔，以减少收缩痕。模具型腔中气体自上而下的排出也十分顺畅，避免产生过热痕的缺陷。模具由两模板改为三模板结构，并增设开模机构。且重新设置点浇口，并将其设置在半圆球冠的顶端，如图 3-5c 所示，另在分型面处设置 3~4 个冷料穴。

**成效**：通过以上措施，严重的流痕消失了，收缩痕也不明显了，过热痕也不存在了，成型的壳体更美观了。

### 3.1.4　手机框架注射模浇注系统设计禁忌

由于手机框架注射模的热流道浇口位置，造成了熔接痕在如图 3-6 所示的位置出现。因

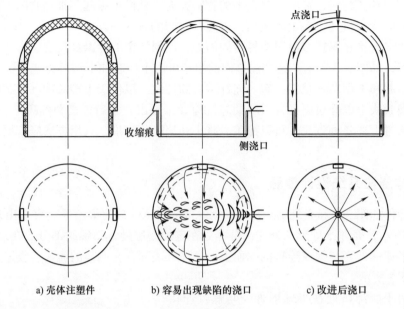

a) 壳体注塑件　　　　b) 容易出现缺陷的浇口　　　　c) 改进后浇口

图 3-5　壳体痕迹

熔接痕的位置处在两侧细长框架条上，影响着框架条的刚度和强度。通过增加两个浇口，将浇口改成如图3-7所示的位置，这时框架条又产生向外张开的变形。由于浇口位置和数量的不同，所产生的缺陷也就不同。

图 3-6　浇口与熔接痕的位置

　　**原因**：根据料流流程相等的原则，料流会在如图3-6、图3-7所示位置上汇合形成熔接痕。

　　1）二热流道产生的熔接痕：热流道位置所产生的熔接痕如图3-6所示。由于熔接痕的位置在两侧细长框架条上的面积很小，而料温下降得较快，会产生熔接不良的现象。故两处熔接痕是强度和刚度最差的位置，因此在熔接痕处最容易产生断裂的现象。要使两股料流不能在箭头所指的位置上汇合，应该改变浇口的位置。

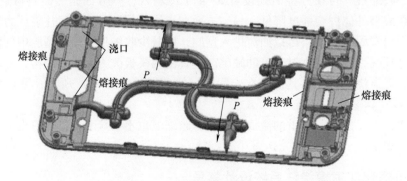

图 3-7　浇口位置与框架条变形

2）改成四热流道产生的熔接痕：四浇口位置如图 3-7 所示。为了避免因产生熔接痕在两侧细长框架条后会出现断裂的现象，在熔接痕处增加了两个浇口，又使得新增的两个浇口处出现了向外张开的变形。因两侧细长框架条很细，在其横向位置增加两个浇口后，细长框架条横向的刚度最差。在两个浇口的注射压力 $P$ 的作用下，它们的受力状况像是在一双筷子的中间施加横向力，自然会使两侧细长框架条产生向外张开的弯曲变形。

**措施：** 图 3-6 和 3-7 所示的二热流道和四热流道所产生的熔接痕都不能满足手机框架的设计要求，这是浇口的数量和位置选择错误造成的，特别是浇口不能设置在两侧细长框架条，具体改进措施如下所述。

1）改变浇口的数量和位置：取消新增的两个浇口，将右端的浇口改到左端。这样浇口设置在能使料流顺着两侧框架条轴向进行填充，两个浇口的位置如图 3-7 所示。同时，可在如图 3-7 所示熔接痕的位置上设置冷料穴，使冷凝料进入冷料穴而改善熔接不良的程度。

2）提高框架条刚度和强度：如图 3-7 所示，在两侧细长框架条镶嵌金属钢片，增加它们的刚度。但这样需要在模内设置金属钢片，放置钢片时间长了，会导致料流停留在热嘴中的时间过长，塑料易产生分解，热嘴头部的塑料也会因炭化而堵住热喷嘴。

3）将手机框架设计为包塑件：即以塑料包在金属框架上，金属钢片虽然是可以增加框架条刚度和强度，由于金属钢片的温度较低，又处在型腔的中间，因此会使料流温度降低而产生其他的缺陷。可采用一种工具或夹具来提高金属钢片安装的速度，缩短安装的时间。同时，钢片需要预热，这样塑料就不会因分解、炭化而堵住热喷嘴。另外，可以在注射前，将已炭化的塑料熔体排空后再注射成型，只是这样会浪费一些塑料。显然，采用专用工具或夹具提高安装金属钢片的速度是比较理想的一种方法。

**成效：** 按措施一改变浇口的数量和位置和采用手机框架为包塑件，能很好地解决手机框架包塑后的熔接痕和两侧细长框架条变形的问题。

### 3.1.5　椅盒注射模浇注系统设计禁忌

图 3-8 所示为椅盒注塑件，其外形尺寸为：466mm ×294mm×200mm，壁厚为 3mm，内腔存在着多条 13mm×13mm 的加强筋。由于加强筋与壁厚的尺寸相差很大，因此在壁与加强筋连接处会出现收缩痕，在加强筋处也会出现收缩痕和填充不足（缺料）的现象。为了避免这些缺陷的出现，我们要采用气辅注射成型，但由于气路复杂，所以关键在于应该如何设置气路。

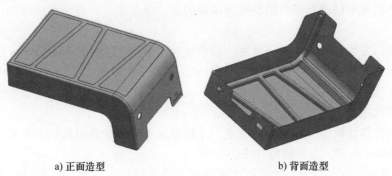

a) 正面造型　　　　　　　　　　　　b) 背面造型

图 3-8　椅盒注塑件

**原因：** 由于注塑件的尺寸较大，进胶量也很多，浇口一定得使用直接浇口，模具采用动模脱模结构，椅盒直接浇口的设置位置及造型如图 3-9a 所示。这种浇口会使椅盒的正面留有浇口冷凝料，即使切除浇口冷凝料仍然会留有切割的痕迹。

**措施：** 若不允许留有切割冷凝料的痕迹，那只能采用定模脱模的结构。由于椅盒有 200mm 的高度，只要注塑机最大开模距离许可，该结构是不错的选择。看来问题症结，是出在加强筋的尺寸过大的问题上。如果将加强筋也做成壁厚为 3mm 的空心结构，上述的难题就会迎刃而解。要将加强筋做成空心的唯一方法，就是椅盒采用气辅成型工艺。

气辅成型气路的设计方案：因为须保证在加强筋型腔中有一定压力的纯氮气，能使熔体全部贴紧型腔壁后再排出或回收，因此，气路的设计就成了关键。椅盒气辅成型气路设计的造型如图 3-9b 所示。采用双进气道和单出气道，这样可使长、短支脚上加强筋中都能注入纯氮气，同时背面上所有加强筋中也能注入纯氮气。这样熔体就会在足够的纯氮气压力作用下贴紧加强筋的型腔壁。

如果采用单进气道，则由于加强筋结构过于复杂，有可能会因气路压力的损失而造成气路不通，进而使一些加强筋无法实现中空。

**成效：** 由于是采用双进气道气辅成型，且椅盒的加强筋是中空的结构，因此，可节约塑材，在纯氮气压力作用下加强筋壁可以紧贴模具壁，便不会产生收缩痕的缺陷。

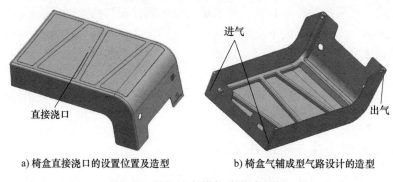

a) 椅盒直接浇口的设置位置及造型　　　　b) 椅盒气辅成型气路设计的造型

图 3-9　椅盒注射模气路设计方案

### 3.1.6　平板式计算机底板浇注系统设计禁忌

由于平板式计算机底板为平板型薄壁注塑件，是最容易产生变形缺陷的。浇口位置的设置是决定熔体料流平稳填充和失稳填充的主要因素，也是决定平板型薄壁注塑件变形的主要因素。

**原因：** 浇口设置在长边中间位置时，会产生振荡波填充形式，如图 3-10a 所示；浇口设置在短边中间位置时，会产生蛇形波填充形式，如图 3-10b 所示；浇口设计成长条形薄片时，会产生终端回形填充形式，如图 3-10c 所示。这三种浇口设计形式都会造成熔体料流的失稳填充，进而造成平板型注塑件的变形。

**措施：** 只有熔体料流平稳地进行填充，才能确保平板式计算机底板不变形，平行稳流填充形式如图 3-10d 所示，具体措施如下。

1）浇口和冷料穴的设置：为了解决熔体料流的失稳填充问题，可在料流的终端也制成与流道首端相同的冷料穴，使得熔体料流的流程相同。如此，熔体料流在模具型腔中是平稳地进行填充的，可确保平板型薄壁注塑件不变形。

2）注塑件脱模结构的设置：平板型薄壁注塑件在脱模时，易产生变形。可以采用推件板的脱模形式。在注塑件的两侧增设一些顶出耳，推杆设置在顶出耳的位置上。注塑件脱模后，再将顶出耳去除，也可使注塑件不产生脱模的痕迹。

3）注射加工参数的选择：成型加工时注射压力要小一些，注射成型和冷却时间也要延长一些，这也可以减小平板型薄壁注塑件的变形。

**成效：** 平板式计算机底板注射模除了需要采用平行稳流填充形式的浇注系统的设计，还需要采用推件板的脱模形式及底板增设顶出耳等措施，才能保证底板不变形。

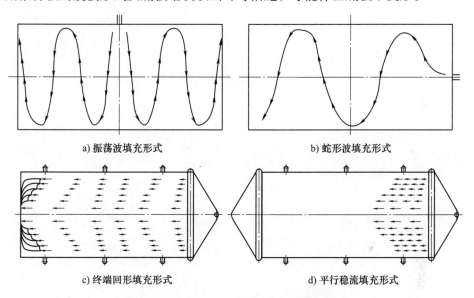

a) 振荡波填充形式　　　　　　　　　　b) 蛇形波填充形式

c) 终端回形填充形式　　　　　　　　　d) 平行稳流填充形式

图 3-10　平板型薄壁注塑件缺陷的预期分析

## 3.1.7　轴承套浇注系统设计禁忌

轴承套注塑件如图 3-11 所示，其壁厚为 0.5mm，材料为 ABS。注射模为一模 16 腔，要求确保其外形和内孔的同心度为 $\phi$0.02mm，脱模不变形，并且方孔也能加工出来。

这个注塑件看似简单，实质上是很复杂的，主要表现在注塑件的壁很薄，只有 0.5mm，加上注塑件存在着缺失的部分。众所周知，薄壁注塑件成型加工时容易产生变形。同时这个注塑件的 $\phi$15H8($^{+0.027}_{0}$) 和 $\phi$16f7($^{-0.016}_{-0.034}$) 两个尺寸的精度超高，且这两个尺寸的同心度为 $\phi$0.02mm，注塑件上还不能出现缺陷，这些问题在模具结构方案制定时都应该考虑到，并要采取适当的措施来确保注塑件的成型，并使其符合图样的要求。

**原因：** 注射模浇注系统与缺陷分析如图 3-12 所示，它所采用的侧浇口，不能设置在精度高的 $\phi$16f7 的圆柱面上，只能设置在 $\phi$18mm 的圆柱面上。这使得注塑件在模具中摆放的位置只能有两种形式：一种是大端面朝下正向摆放在模具中的形式，另一种是大端面朝上倒向摆放在模具中的形式。

1）大端面朝下正向摆放在模具中的形式，如图 3-12a 所示。注塑件的分型面处在下端面，而成型注塑件的型腔在分型面的上部。侧浇口的熔体进行自右向左、自下而上的逆流失

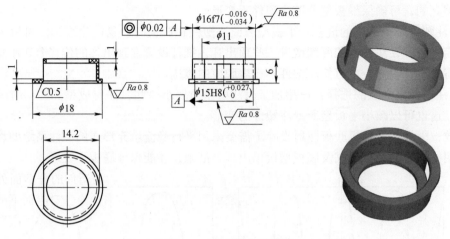

图 3-11　轴承套注塑件

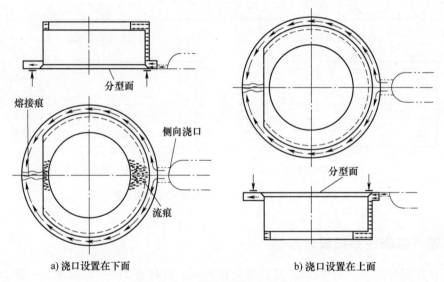

a) 浇口设置在下面　　　　　　　　　b) 浇口设置在上面

图 3-12　注射模浇注系统与缺陷分析

稳填充，并且是熔体先接触到低温的型芯后逐渐产生降温的填充形式。因为塑料熔体是非牛顿流体，这样熔体填充的形式会产生如下的缺陷。

① 熔接痕：塑料熔体是从模具型芯的两侧进行填充的，在侧浇口对称的位置上汇合。熔体前锋在填充过程降温并形成了低温薄膜，使得汇合处产生熔接不良的现象，即形成熔接痕。熔接痕又处在方孔的位置上，使轴承套很容易从方孔两端断裂。即使改用了切向侧浇口，也会在熔体汇合处产生熔接痕。

② 流痕：熔体从侧浇口进入型腔中，首先因接触到低温的型芯而生成了许多微小的冷凝分子团，冷凝分子团随着持续降温会逐渐增大，并散落在熔体的流程中，形成了流痕。

③ 变色：由于分型面在下面，熔体是自下而上进行填充的，型腔中的气体被熔体挤压到型腔上部。气体在高温条件下一方面自身体积会膨胀，另一方面在熔体压力的挤压下，气体因被压缩而产生很大的热量。当气体压力达到一定值之后，气体就会从某一局部喷出。高

温的气体使得塑料降解、炭化，在注塑件局部形成黑颜色的部分，这就是塑料炭化的结果。

④ 塑料具有收缩各向异性的性质，一般处于熔体流动方向的收缩率大于垂直流动方向的收缩率，这样会造成注塑件变成椭圆形和圆柱度的超差。

⑤ 由于轴承套缺失部分和方孔的存在，加上壁薄，在注塑件收缩和脱模时容易产生变形。

这样设置的侧浇口，就会使注塑件产生熔接痕、流痕、变色、变形和圆柱度的超差缺陷。不要说有五种缺陷，就是存在着一种缺陷轴承套也是废品。显然，这种侧浇口是不可取的。

2）大端面朝上倒向摆放在模具中的形式，如图 3-12b 所示。注塑件的分型面处在上端面，而成型注塑件的型腔在分型面的下部。侧浇口的熔料进行自右向左、自上而下的顺流平稳填充，并且熔体在填充的过程先接触低温的型芯，进而逐渐降温。这样气体可以顺利地排出型腔，使流痕和变色的缺陷不会存在，但熔接痕、变形和圆柱度的超差缺陷依然存在。且注塑件必须为定模脱模，模具结构复杂，因此，这种侧浇口也是不可取的。

综上所述，浇口形式、位置和数量要结合轴承套的尺寸和几何精度，以及可能会产生的缺陷，综合进行考虑。

**措施：** 分浇道的排列形式分析，如图 3-13 所示。对于分浇道的排列形式主要考虑是所有的型腔流程要相等，这样才会使熔体充模时的流量相同。图 3-13a 所示为流程不等的分浇道的排列形式，这样会造成填充型腔中的熔体流量不等，远端的注塑件会产生收缩痕和填充不足的缺陷。当然可以通过进行流量平衡计算，以修改浇口的尺寸，来达到流量平衡的目的。但是，有一些浇口形式，是无法通过流量平衡计算来进行尺寸修理的，故提倡采用如图 3-13b 所示的流程相等的分浇道的排列形式。16 腔对型腔位置度的精度影响较大，模具制造精度要求很高，故建议采用 8 腔。

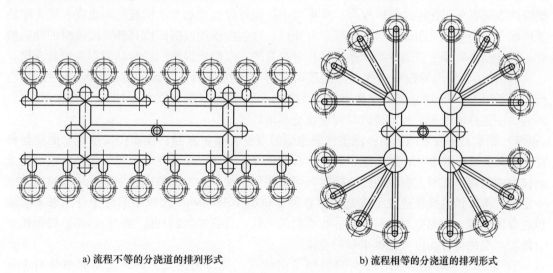

a) 流程不等的分浇道的排列形式　　　　　　　　b) 流程相等的分浇道的排列形式

图 3-13　分浇道的排列形式

**成效：** 受注射模结构与注塑件尺寸和几何精度影响，要确保轴承套的尺寸和几何精度，其模具结构必须是精密注射模的结构，轴承套注射模如图 3-14 所示。

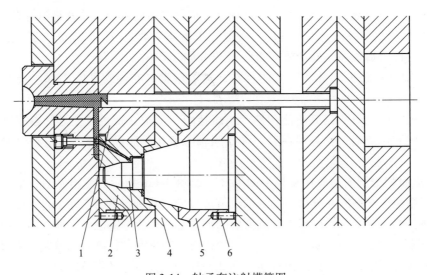

图 3-14　轴承套注射模简图
1—中模板　2—中模镶件　3—动模镶件　4—推板　5—动模板　6—圆柱销

1）确保轴承套的尺寸精度：由于轴承套的尺寸精度极高，且 ABS 收缩率为 0.3%～0.8%，范围过大，因此，为了获得精准的收缩率，采购塑料时要选定一家产品质量好的生产厂家为固定供货商，并询问 ABS 的准确收缩率。另外，可用一副旧的注射模以 ABS 原料加工 10 件注塑件，通过比较模具型腔尺寸和注塑件的尺寸以验证 ABS 的收缩率，还得注意 ABS 收缩率的各向异性。然后，以所获得的准确收缩率设计模具型腔和型芯的尺寸。

2）确保轴承套的几何精度：通用注射模模架导柱与导套之间的间隙太大，加上使用过程的磨损，不足以保证注塑件几何精度要求。为了达到注塑件同心度的要求，动模镶件与中模镶件之间要采用无隙的锥形配合，推板与中模镶件以及推板与动模板之间也要采取无隙的锥形配合，模架要采用滚珠形式的导套与导柱，这些措施用以提高模具开、闭模时的导向精度。圆柱销是确保中模镶件和动模镶件相对位置的，以防止因他们的转动而影响模具合模。

3）轴承套变形的控制：薄壁件脱模时最容易产生变形，注塑件的脱模应采用推板进行。由于成型 ABS 时型腔表壁温度要求为 50～90℃，所以模具需要采用均匀的冷却系统。同时，注塑件成型加工和定型的时间应该适当地延长。

4）轴承套圆柱度的控制：注塑件脱模后的温度仍高于室温，收缩仍在继续。而注塑件存在着缺失部分和方孔，加之注塑件两端面的壁厚不一致，使其各处因收缩量不一致而造成圆柱度的超差。此时，在注塑件脱模时，可将矫形销插入轴承套的内孔中，并放入室温的水中定形。矫形销的直径应大于成型销的直径 0.006～0.008mm，使收缩的注塑件能够紧紧地包裹着矫形销，从而克服塑料不同的收缩量的问题，达到整治圆柱度超差的目的。矫形销要有脱轴承套的构件，以方便轴承套的脱落。

5）轴承套缺陷的预测：注射模采用了潜伏式点浇口的形式，确保了塑料熔体自上而下、顺流平稳地进行填充，有利于型腔内的气体排出，从而避免了因浇注系统设计不当而造成的缺陷。轴承套在加工过程中，还可能会产生其他类型的缺陷，可以通过试模去发现并加以解决。

从模具的结构和塑料的选用，到成型工艺和加工参数的选取，再到浇注系统的选择，前文都详细地进行了利弊的分析，使注塑件的成型加工和缺陷预测都在控制之中，进而设计出一副货真价实的精密注射模。如果每个注塑件在模具设计之前都能够进行如此细致地分析，模具设计出现的问题一定会少之又少，试模合格率一定会较高。

### 3.1.8　垫片浇注系统设计禁忌

垫片如图 3-15 所示，材料为 PC。根据注射模计算机辅助工程分析软件（CAE）对垫片的成型加工过程中熔体充模的分析，四个点浇口按如图 3-15 所示位置设置时，垫片产生了六处熔接痕，同时还会产生变形。

由于垫片是薄片型注塑件，加上中间存在着三个方形孔，使其又成为窄边型的注塑件，这就使得垫片脱模后很容易产生变形。由于存在着三个型芯和四个点浇口，所以注塑件必定会产生六处熔接痕。

**原因：**垫片的缺陷预期分析：运用注射模计算机辅助工程分析软件对垫片的缺陷进行了预期分析。发现设置四个点浇口时，由于三个成型方形孔的型芯会形成六处熔体汇合处，便形成了六处熔接痕如图 3-15 所示，可以十分清楚地看见六处熔接痕所在的位置和形状。熔接痕均处在周围的窄边上，影响着熔接痕处的强度和刚度，严重影响垫片质量。

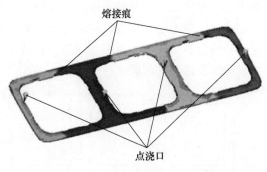

图 3-15　垫片

**措施：**

1）整治垫片熔接痕问题的注射模结构方案之一：为了减少熔接痕的数量和提高熔接痕处的强度，可以采用如图 3-16 所示的模具结构方案。将点浇口改成两个，浇口位置设置在垫片中间窄边的两侧。熔体料流汇合处为熔接痕，共有四处，减少了两处的熔接痕。并可在熔接痕处设置冷料穴，使料流前锋的冷凝料进入冷料穴，从而可提高熔接状况和改善熔接痕处的强度。

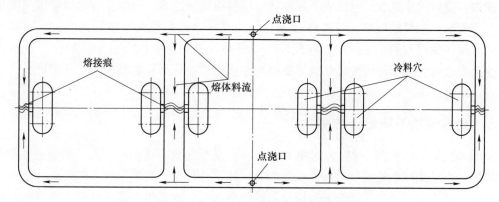

图 3-16　整治垫片熔接痕问题的注射模结构方案之一

2）整治垫片变形问题的注射模结构的分析：由于垫片是窄边薄片注塑件，产生变形是必然的。变形主要是在垫片脱模时产生的，应从成型加工参数选择和模具结构两方面着手去解决。

① 成型加工参数的选择：注射压力要适当减小一些，应延长注射成型和冷却的时间，延长保压的时间，目的是使垫片的内应力减小，使注塑件能够得到充分冷却收缩，从而减小垫片的变形。

② 模具的结构：最好采用推件板的脱模结构，若采用推杆脱模，推杆的面积要大，推杆的数量要多。模具冷却系统的设计要能使模具的冷却均匀，特别是要使模具型腔的温度保持均匀。同时，在塑料熔体汇合处开制冷料穴，使含有杂质的冷凝料可以进入冷料穴以减缓熔接不良的程度，从而提高熔接痕处的强度和刚度。

3）整治垫片熔接痕问题的注射模结构方案之二：如图 3-17 所示，在垫片注射模的型芯中开制出有骨架的型槽，通过骨架将窄边连接起来，并使骨架处于熔接痕的位置上。其作用有两个：一是可提高垫片的强度，骨架槽中的塑料充当了加强筋，可防止其变形；二是可在骨架的适当位置上设置推杆，可防止垫片脱模时的变形；三是骨架可起到冷料穴的作用，使在汇合处的含有杂质的冷凝料可以进入骨架槽中，提高熔接的程度。但设置骨架会增加塑料的用量和延长修饰的时间。

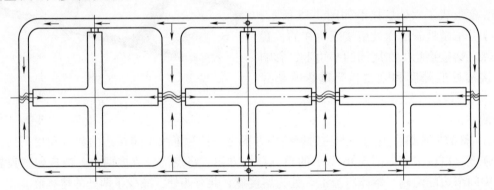

图 3-17　整治垫片熔接痕问题的注射模结构方案之二

**成效**：浇口的位置和数量设置不好会使得熔接痕数量增多，当熔接痕处的熔接强度很差时，会出现窄边断裂的现象。图 3-17 所示注射模结构方案采用的骨架的方法，更有利于熔接痕和注塑件变形的解决。同时，脱模位置不是在注塑件上，也有利于注塑件外观的美观性。这类窄边薄壁注塑件的模具结构，更有利于注塑件的成型和消除缺陷，是值得提倡和推广的模具结构方案。

### 3.1.9　垫圈浇注系统设计禁忌

垫圈如图 3-18a 所示，材料为尼龙 1010；特点是厚度只有 0.5mm，属于特薄形注塑件。

**原因**：当采用一个外圆周进料的侧浇口时，该零件加工出来的形状为椭圆形，且在厚度方向出现了波浪形。增加了两个外圆周进料的侧浇口后，加工出来的零件呈三菱弧形，厚度方向仍然是波浪形。经过反复调整浇口的尺寸、数量和位置，都无法解决垫圈的变形问题。用电熨斗烫平虽然能解决厚度方向波浪形的问题，却无法解决椭圆形和三菱弧形的问题，还增加了工序，降低了效率。

　　对薄壁注塑件的成型，因其本身就容易产生变形的问题，因此模具结构设计时要特别注意浇口的形式、位置、方向和数量的设置以及注塑件脱模的形式。否则，就会产生上述的两种变形的问题，采用电熨斗烫平不是解决问题的有效方法，关键还是要回到注射模浇注系统和注塑件脱模形式的设计上。

　　不管是采用一个侧浇口，还是采用三个侧浇口。熔体进入型腔后从型芯的两侧进行填充，在熔体汇合处会产生熔接痕。由于熔体在流动方向的收缩率大于垂直于熔体流动方向的收缩率，加之垫圈厚度薄，便产生了这两种变形。

　　1）存在的缺陷：圆形的垫圈变成了椭圆形或三菱弧形垫圈，厚度方向产生了波浪形的翘曲变形。

　　2）缺陷分析：熔体料流从外圆周三等分的浇口处填充，如图 3-18b 所示。料流从浇口处直接冲击中间的型芯，再回弹后分成两股料流进行失稳填充。三个浇口分成了六股料流进行填充，三个交汇处便存在着三处熔接痕。同时，浇口 2、3 的流程相等，但与浇口 1 的流程不等，会造成料流的压力、流速和流量的不同。浇口料流的冲击存在着反作用力的影响，加之浇口处与其他部分塑料收缩率的不一致，导致垫圈呈三菱弧形且厚度方向出现波浪形的翘曲变形。处置方法只能是用电熨斗熨平翘曲变形，却解决不了三菱弧形的缺陷。

　　**措施：**

　　1）整治方案之一：如图 3-18c 所示，将侧向浇口改成单一切向侧浇口，熔体料流从圆形模具型腔的切向进行填充，从而避免了料流直接冲击中间的型芯而产生的熔体降温，且料流是平稳地进行填充的，这使得料流对垫圈的流向、压力、收缩和熔接的影响减小了，进而达到控制圆周和厚度方向变形的目的。料流只有一处汇交处，熔接痕也就只有一处。由于熔体流程较短，熔体温度降低较小，还不至于产生明显的熔接不良的现象。其实这种切向浇口使得塑料熔体从切向浇口进行充模，是最为简便可行的填充形式。

　　2）整治方案之二：如图 3-18d 所示，由于是外圆周三侧浇口形式，必定会导致料流的流程不一致，进而影响填充的平衡性。将外圆周三侧浇口的形式改成为内圆周三切向侧浇口的形式，料流便可以得到充分的平衡，从而改善垫圈外圆周三侧浇口形式的缺陷。由于存在着三股料流，便会产生三处的熔接痕，但三股料流的流程短，熔接不良的现象也不会明显。

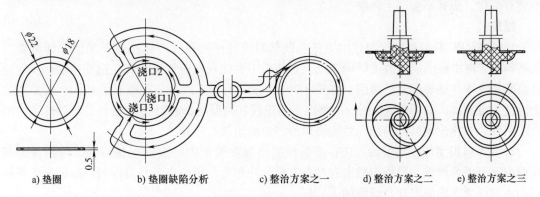

a) 垫圈　　　　b) 垫圈缺陷分析　　　c) 整治方案之一　　d) 整治方案之二　　e) 整治方案之三

图 3-18　"垫圈"浇注系统缺陷分析图解法

　　3）整治方案之三：如图 3-18e 所示，若将内圆周三切向的侧浇口的形式改成盘形浇口，那就不是三点式填充而是在整个内圆周进行填充，确保了填充和收缩的绝对均匀性。不仅可消除变形的缺陷，并可消除熔接痕。只是切除盘形浇口冷凝料增加了工作量，再是垫圈厚度和浇口厚度基本相同，导致在修饰时损伤注塑件的内孔。可以采用手冲模切除盘形浇口冷凝料，以获得理想的垫圈内孔。

**成效**：垫圈的椭圆形或三菱弧形和波浪形的翘曲变形得到了根治。

注塑件的浇注系统的设计，对注塑件的变形和缺陷的影响最大。什么形状的注塑件就应该采用与之相对应的浇注系统的形式。否则，就会使注塑件产生变形和缺陷。应该说，将垫圈注射模的侧浇口，改成单一的内切向侧浇口或外切向侧浇口的形式，是这种特薄型垫圈浇注系统的最好选择。

### 3.1.10 "长条盒"亮痕禁忌

亮痕可分成两种类型：一是 ABS/PC 料，二是 PA 料。在成型后的注塑件表面出现白色或光亮的表面，被称为亮痕。

**原因**："长条盒"及其上存在的 ABS/PC 料类型的亮痕，如图 3-19 所示。图 3-20a 所示的 1、2 和 3 三处的侧浇口在注塑件同一侧的长边框上，模具结构为动模脱模。因为注塑件的转角处均为圆弧，所以亮痕就出现在圆弧处与圆弧相邻的两平面上。如图 3-20b 所示，在注塑件圆弧形面及其两邻边窄平面上均存在着一段亮痕。

图 3-19 "长条盒"及亮痕

亮痕分析：首先要排除模具在亮痕部分型腔的表面粗糙度值是否过小的因素，分析亮痕只出现在注塑件圆弧形面及其两邻边窄平面上，而不出现在其他地方的原因。

如图 3-20b 所示，因中心层料流的流程是不变的，所以中心层料流的流速保持不变，而外层的流程增长，在填充过程中，外层流速增大，料流与模具型腔壁的摩擦也就加大了，产生的热量便增加了。由于圆弧形面及其两邻边平面上料温的增加，于是产生了这种亮痕，这就说明料流沿径向流动是产生亮痕的原因。料流内层的流程缩短了，流速降低了，但是料温不会有变化，所有不会产生亮痕。

**措施**：

1）ABS/PC 料类型的亮痕整治方法：既然料流径向流动是产生亮痕的原因，那么就应该将料流方向由径向流动改成轴向流动，这样就不会出现料流的流程和流速变化的状况，也就消除了注塑件亮痕产生的原因，如图 3-20c 所示。为了不改变原来模具的结构，可采用二次潜伏式点浇口，如图 3-20a 所示。将点浇口设置在内壁处，并且使其成为多组对称浇口的浇注系统。如此改动可以消除三处侧浇口所产生的熔接痕问题。

2）PA 料类型的亮痕整治方法：此类型的亮痕在整个内外表面上都存在，特别是凹圆弧面内亮痕更为严重。另外，敲击存在着亮痕的注塑件发出的声音是沉闷的，而敲击没有亮痕的注塑件所发出的声音是清脆的。

亮痕分析：注塑件亮痕的缺陷问题，在许多黑色注塑件中或多或少地存在，其中以聚酰胺（尼龙）料表现得更为严重一些，其原因与水有关，尼龙具有吸水的特性，水遇热后会出现雾化现象、遇冷会结霜，水分干涸之后的水迹是白色的。脱模后热的成型注塑件遇冷干燥返白，其实平面上也有亮痕，只是曲面上更为突出而已，这是因为曲面上返白物质的密度较平面的大一些。可以做一个试验，将有亮痕的 PC 注塑件，全部浸泡在水中煮 1h 后取出，自然冷却后，这种亮痕就会消失，这说明只要在注塑件成型之后增加一个后处理工序就可以解决问题。

**成效**：改变料流流向的方法，"长条盒"的亮痕彻底消失了。

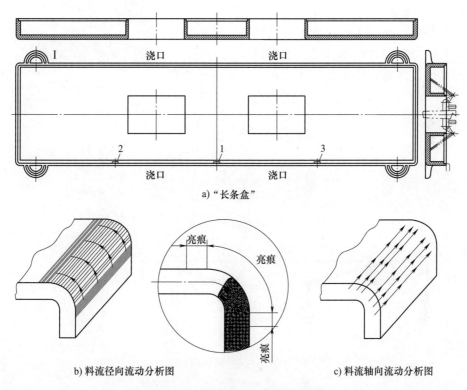

a) "长条盒"

b) 料流径向流动分析图　　　c) 料流轴向流动分析图

图 3-20　料流流向对亮痕分析图

## 3.1.11　菱形件几何形状重叠禁忌

注塑件形状特征终止后的几何形状出现了重叠的现象，应该如何解决这问题呢？任何复杂几何体都是由简单几何体（圆柱体和菱形体等）堆积、切割与组合而成，而大多数的注塑件，则是由多种的薄壁件与加强筋组合而成。

注塑件的几何形状除了要确保其使用的要求和性能，还需要符合注塑件成型加工的要求。也就是说，注塑件的几何形状及结构的设计要在确保其使用要求和性能的基础上，还能使注塑模顺利地进行开闭模、抽芯和脱模，以及确保模具的型面能够顺利地进行加工。

**原因**：注塑件几何形状重叠问题的解决，主要是依靠注射模分型面的选取，模具镶嵌结构的选用，活块和模具抽芯以及脱模形式的正确应用也应获得妥善解决。分型面的选取和镶嵌结构选用，可将重叠的注塑件几何形状分别设置在定模与动模的两部分上。活块可使重叠的几何形状与活块成为整体，脱模后再取出活块。而模具抽芯机构可将重叠的几何形状完成抽芯，用以避开重叠的几何形状。同样，脱模机构也可以避让重叠注塑件的几何形状而脱模。

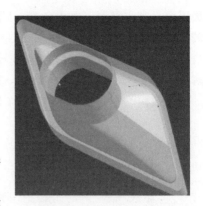

菱形件的三维造型和注射模结构方案分析如图 3-21 和图 3-22 所示，其壁很薄，还可以看出菱形件在 C 处还存在着环形的凹槽，其尺寸设定：①$L>l$；②$A<B$；③$A>B$。

菱形件成型要求分析如下：

① 由于菱形件的壁很薄，故菱形件脱模时很容易产生变形或破裂，但菱形件不能存在任何的缺陷。

② 菱形件正面有着外形美观性的要求，即不允许存在任何的模具结构的成型痕迹。

图 3-21　菱形件三维造型

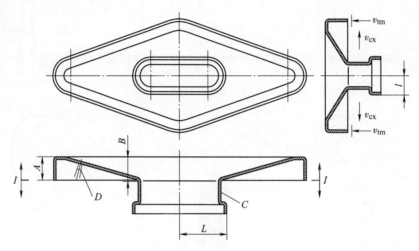

图 3-22　菱形件注射模结构方案分析

**措施**：针对菱形件注射模结构的分析，根据菱形件尺寸的设定和成型的要求，得出两种模具结构方案。这两种方案中都是以平面 I—I 为分型面，并在 I—I 分型面处设置脱件板进行菱形件的 $V_{tm}$ 方向上的脱模。如此，一是不会产生菱形件脱模时的变形和破裂，二是菱形件脱模时不会产生脱模机构顶出的痕迹。分型面选取位置和注射模脱模机构的形式，在两套模具结构方案中都是相同的。D 处为潜伏式点浇口，这种点浇口设置在菱形件的背面，也不会影响其外观。因此，点浇口设在 D 处的目的是使塑料料流能够顺利地进行稳态填充，以防止菱形件产出流痕的缺陷。

1）$L>l$ 和 $A<B$ 模具结构方案：由于 C 处存在着环形凹槽，注射模需要将成型环形凹槽的型芯抽芯之后才能进行菱形件的脱模。因为环形凹槽尺寸 $L>l$，即 L 方向外抽芯距大于 l 方向外抽芯距。因此，应该在 l 方向上进行环形凹槽的外抽芯，如图 3-22 所示 $v_{cx}$ 方向的两处抽芯，也可以在 L 方向或 l 方向选用环形凹槽的两处内抽芯。

2）$L>l$ 和 $A>B$ 模具结构方案：由于 $A>B$，所以不可能进行外抽芯，这是因为外抽芯机构会与模具的型腔产生干涉，此时，只能进行 L 方向或 l 方向的环形凹槽内抽芯。

如果菱形件的壁较厚，则注塑件不易变形或破裂，分型面选择在正面的平面也是可行的，浇口 *D* 设置在正面的平面上也是问题不大的。模具结构方案的关键，是要根据菱形件的壁厚和成型要求来决定。

**成效：** 采用上述分型面的设置及凹槽的两处内抽芯，菱形件几何形状重叠的问题可以得到妥善地解决。

### 3.1.12　弧形板熔接痕禁忌

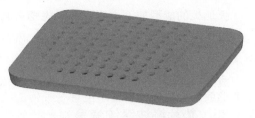

图 3-23　弧形板三维造型

弧形板三维造型如图 3-23 所示，弧形板一面为弧形面，另一面为平面，弧形板中间制有 26 个圆柱孔。

**原因：** 根据弧形板成型要求分析，塑料熔体填充时，由于成型弧形板 26 个圆柱孔型芯的阻挡作用，会导致在 26 个型芯料流交汇处形成 26 处熔接痕。

弧形板注射模结构方案分析，重点要放在熔接痕的预测和解决方案上。弧形板的 26 个型芯可以设置在平面上，便于 26 个型芯的安装孔的加工，脱模的推杆也可以设置在平面位置上，具体方案分析如下：

1）弧形板注射模结构方案的分析：熔接痕的产生有两个条件：一是塑料料流存在着交汇处，二是由于镶嵌件或模具型芯的阻挡作用，分流的料流前锋的温度会逐渐下降，在汇合后产生熔接不良的现象。也就是说，塑料料流没有汇交的现象，便不可能出现熔接痕。分流的塑料料流温度下降得很少，也不会出现熔接不良的现象。虽然没有办法阻止塑料料流的分流和汇交，但我们有办法减小料流温度下降幅度。

2）减小料流温度下降幅度的措施：弧形板注射模结构方案分析如图 3-24 所示，塑料料流进入模具型腔中时的流程越短，料流的温度下降会越少。选择在弧形板长度方向上设置浇口，使料流流向弧形板宽度方向，可有效地缩短料流的流程。同时采用薄片形式的浇口，使得料流从弧形板整个长度方向进行填充，进一步缩短了料流流程。并且在 *D* 处设置冷料穴，使冷却和含有杂质的料流前锋能够进入冷料穴。而后续高温的料流汇合时，便不会产生熔接不良的现象。薄片形式的浇口应设置在分型面 *I—I* 处，这样塑料料流便能够顺流地稳态进行填充而防止出现流痕的现象。

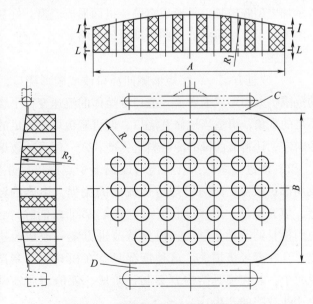

图 3-24　弧形板注射模结构方案分析

**措施：** 如图 3-24 所示，分型面设置在 *I—I* 和 *L—L* 的位置上都是可以的，只是选择 *I—I*

为分型面更便于模具型腔的加工。由于弧形面的 $R_1$ 和 $R_2$ 存在两种状况：一是 $R_1$ 等于 $R_2$ 时为球形面，二是 $R_1$ 不等于 $R_2$ 时为双曲面。至于采用延伸的弧形面作为分型面是没有什么必要的，这样做反而会增加模具型腔的加工难度。如转角 $R$ 的尺寸较小时，没有合适的铣刀能够加工模具的型腔，可以采用电极进行电火花加工。

弧形板的成型加工主要应该考虑塑料料流流经 26 个型芯时，会产生熔接痕的问题。因为，熔接痕处的注塑件强度是最低的，所以 26 处熔接痕会使弧形板因达不到最起码的强度要求而无法使用。

**成效：** 弧形板 26 处熔接痕得到了一定程度改善，能够保证弧形板的强度。

## 3.1.13　垫片浇注系统禁忌

垫片如图 3-25 所示，材料为低密度聚乙烯，特点是薄壁件。存在填充不足、熔接痕和流痕等缺陷。

**原因：** 修改前的垫片浇注系统如图 3-25a 所示。由于型芯 1 为长方形，型芯 2 为正方形和半圆形的组合。熔体料流的流动状况：熔体料流绕过型芯 1 时，其前缘与正方形壁之间汇合后形成了三角形的涡流区。三角涡流区内容易贮存着气体，加之是冷凝熔体的涡流所形成的熔接痕，所产生的熔接痕强度和刚度差。而流过型芯 2 的料流形成的喇叭区，所产生的熔接痕也很明显。矩形侧浇口所喷吐的熔体，在料流碰到型腔壁后便改变流向进行填充，如图 3-25a 所示。因为注塑件型孔的形状是无法改变，故料流在型芯 1 和型芯 2 处的流动状态和熔接痕也是无法改动。但是，浇口处的熔体流动状态的流速 $v_1$ 变化也是较大的，如图 3-25a 所示加之型腔较长，易形成震荡流进而形成流痕。好在垫片只是起到了衬垫的作用，无强度和刚度要求，熔接痕的问题也就可以忽略。

**措施：**

1）改进方案一：将矩形侧向浇口改成扇形浇口，如图 3-25b 所示。由于熔体料流喷射的范围扩大而形成喷射流，浇口处熔体的流速变得平缓，便不易产生流痕。如果出现了填充不足的现象，可适当地修宽浇口，便可避免填充不足的现象。再在产生熔接痕的位置上设置冷料穴，让料流前锋的冷凝料进入冷料穴，便可减缓熔接不良的程度。

2）改进方案二：若将浇口改成多个点浇口，并分布在如图 3-25c 所示的位置上，形成局部扩散流，则可缩短熔体流动的流程，熔体的温度降低得极少，有利于料流平稳填充，填充不足、熔接痕和流痕等缺陷都可以消除，还可以进一步提高垫片成型的质量。但因模具的改动量过大，模具从改进方案一改成改进方案二，需要重新制造整个浇注系统，存在着经济损失。这种情况只有在模具重新制造时，才可以采用。这也从一个侧面说明了，若在模具结构方案制订阶段，就能对注塑件的缺陷做预期分析，便能有效地避免这些缺陷的产生。

**成效：** 将浇口改成多个点浇口，垫片填充不足被消除了，熔接痕和流痕得到了很大的改善。

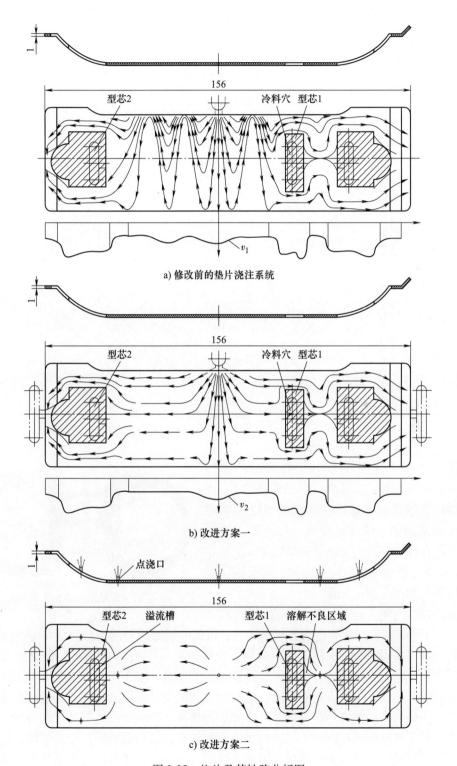

a) 修改前的垫片浇注系统

b) 改进方案一

c) 改进方案二

图 3-25　垫片及其缺陷分析图

### 3.1.14　耳罩圈浇注系统禁忌

耳罩圈如图 3-26 和图 3-27 所示，材料：ABS，形状特点：平边为逐渐抬高的环形薄壁件。

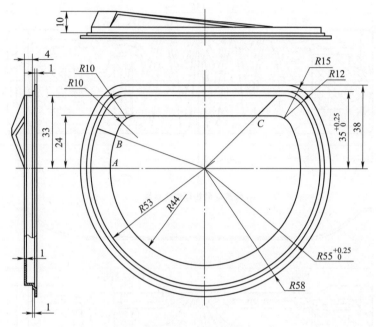

图 3-26　耳罩圈

注：A 到 B 处的高度由 4mm 增至 10mm，B 到 C 处的高度由 10mm 减到 4mm，其余为 4mm。

**原因：**问题件存在填充不足的缺陷，如图 3-27 所示，十分明显。熔接痕可以根据浇口 1、浇口 2 和浇口 3 的位置和熔体在注射模型腔中流动状况的分析来确定。该注射模有三处浇口，流动的熔体必定存在着三处汇交处，汇交处 1、汇交处 2 及汇交处 3 处便是熔接痕所在位置，耳罩圈缺陷与注射模分析如图 3-28a 所示。

图 3-27　耳罩圈填充不足缺陷

三处浇口均为侧向浇口，且都是直对着型芯，如图 3-28a 所示。高温的熔体在压力的作用下，熔体的前锋直接冲击型芯后再分流填充，熔体前锋的温度迅速地降低、形成了冷凝薄膜。由于型腔仅有 1mm 的空间，加之流经到汇交处 1 的流程长。料流在流动的过程中，熔体前锋的温度进一步下降，以致还未流到汇交处 1 时，便因凝固而出现了填充不足的缺陷。汇交处 2 和汇交处 3 因流程短，虽然不会出现填充不足的缺陷，但熔体的前锋冲击着型芯，降温后的熔接，必将导致汇交处产生熔接痕。

**措施：**鉴于耳罩圈出现填充不足和熔接痕数量较多，又根据缺陷产生的根源，是在于浇注系统的结构形式、位置和浇口数量，因此，整治方案主要是针对浇注系统进行整改。

1）整治方案一：在原注射模结构的基础上进行经济型整改的方案，如图 3-28b 所示，该方案只是对注射模的浇注系统稍作修改，修改发生的费用极少，又能立竿见影，整改措施如下：

①由于有三处侧向浇口，便存在着三处熔体料流的汇交处，即三处熔接痕。要减少熔接痕的数量，就必须减少侧向浇口的数量。可以暂不管浇口的形式，先只保留两个侧浇口，将中间的浇口取消。又因矩形侧向浇口中的熔体在填充注射模型腔时，会因直接冲击型芯而降温，故应该将两个矩形侧向浇口改成扇形浇口。利用转角可以避免大部分熔体因直接冲击型芯而降温，进而提高其流动性。同时，熔接痕的数量也可以减少一处。

②考虑到熔体的前锋因直接冲击型芯而温度产生突降，将 3 个 2mm×3mm 的侧向浇口改成 2 个（3mm ×1mm）×90°的扇形浇口。使熔体沿扇形填充注射模的型腔，可以避免熔体直接冲击型芯降温。同时在产生熔接痕的地方设置冷料穴，让已经降温了的熔体前锋进入冷料穴，从而减缓熔接痕处熔接不良状况，增大熔接痕处的强度。

③预测整改效果：填充不足的缺陷肯定会彻底地消失；熔接痕的数量将减少一处；熔接痕也会变得不明显，熔接痕处的强度也会被大幅度地提高，应该说能够满足注塑件的使用要求。

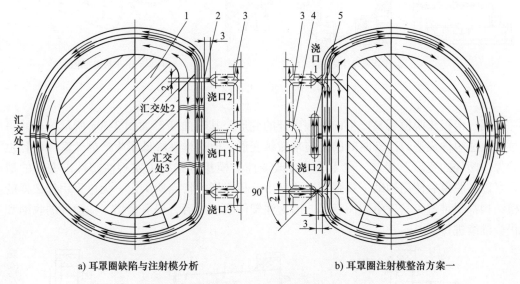

a) 耳罩圈缺陷与注射模分析　　　　b) 耳罩圈注射模整治方案一

图 3-28　耳罩圈缺陷分析与注塑模整改方案图

1—型芯　2—浇口　3—分流道　4—主浇道　5—冷料穴

2）整治方案二：从完善注塑件质量的角度来评价，方案二是理想型方案，它的实施将会使注塑件获得较方案一更好的成型效果。但要将现有的注射模报废，会产生经济损失。

只设一个扇形浇口，将（3mm×1mm）×120°的扇形浇口放置在如图 3-28a 所示汇交处 1 的位置上，这样一个浇口只产生一处熔接痕，因为此位置型腔宽度为 2mm，且根据浇口应设置在宽模腔的原则，所以扇形浇口应该设置在汇交处 1。扇形浇口的角度采用 120°可使熔体沿扇形充填型腔，避免熔体直接冲击型芯后降温。可在熔接痕处设置冷料穴，使熔体的前锋进入冷料穴，从而达到减缓熔接痕处的熔接不良。

**成效：** 方案二在新设计或现有注射模复制时才能运用，将会报废现有的注射模，产生经济损失，不在万不得已的情况下是不能轻易采用的。对注射模浇口形式和数量做出调整之后，就能达到整治流痕、填充不足和熔接痕数量等缺陷的目的。

### 3.1.15 卡板座变形禁忌

卡板座如图 3-29 所示，材料：PC/ABS 合金。由于该注塑件中间具有较深的凹槽，其形状如"π"，特点是注塑件呈凸凹形，两侧的形体较厚，中间的形体很薄。

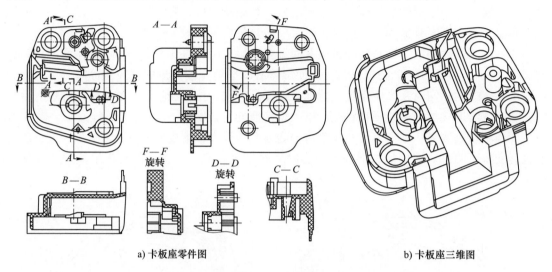

a) 卡板座零件图                                    b) 卡板座三维图

图 3-29  卡板座

**原因：**卡板座脱模后易产生向外侧张开的变形，其翘曲变形如图 3-30a 所示。虽然可以通过延长注塑件成型时冷却时间的措施来减缓变形，但这样就降低了生产的效率，而且也无法确保注塑件的变形不超差。在无法通过改变注射模相应结构来实现注塑件不变形的情况下，可以在脱模后使用辅助工具强制矫正。由卡板座形状特点所决定，无论采用什么样的注射模结构都很难避免其发生翘曲变形。因为注塑件脱模之后，仍有余温，注塑件的收缩和变形仍会继续进行。

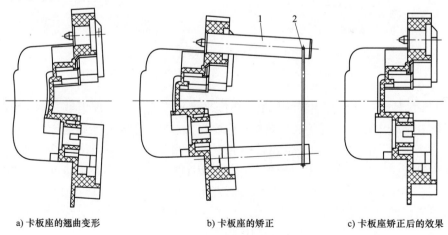

a) 卡板座的翘曲变形          b) 卡板座的矫正          c) 卡板座矫正后的效果

图 3-30  卡板座的矫正过程

1—圆柱棒　2—圆环

**措施：** 卡板座的矫正，如图 3-30b 所示，可以用两根矫正圆柱棒和圆环，其中一根圆柱棒中装有圆环。将两根圆柱棒插入卡板座的两个对称的孔中，再将圆环套住另一根圆柱棒上。将装有矫正圆柱棒和圆环的卡板座放进具有室温的水中数分钟，定形后再取下圆柱棒和圆环，卡板座的翘曲变形便可得到矫正，卡板座矫正后的效果如图 3-30c 所示。圆柱棒的长度和圆环的直径要经过试验后才能够确定，以防矫正过头。

**成效：** 可能会因为所取的分型面上存在着"障碍体"而使注塑件产生变形；可能会因为浇注系统选择不合理而产生变形；也可能会因为抽芯机构和脱模机构设计不妥而产生变形；还可能会因为注射工艺或工艺参数设置不当而产生变形。因此，注塑件变形是由多方面因素造成的，具体情况应具体分析，最后才能做出判断。

采用成型加工之外的矫正方法：注塑件产生了翘曲变形之后，还可以采用成型加工之外的矫正方法进行翘曲变形的矫正，如采用机械进行矫正。卡板座模外变形的矫正，就是采用机械构件夹持已发生翘曲变形的但仍有余温的注塑件，然后，将其整体放置在水中冷却定型来矫正翘曲变形。

## 3.1.16　护盖浇注系统禁忌

护盖如图 3-31 所示，材料：聚甲醛（POM），密度：$1.41 \sim 1.43\mathrm{g/cm^3}$，喷嘴温度：$170 \sim 180\,^{\circ}\!\mathrm{C}$，注射模温度：$90 \sim 120\,^{\circ}\!\mathrm{C}$，注射压力：$80 \sim 130\mathrm{MPa}$，螺杆转速：$28\mathrm{r/min}$，注射时间：$20 \sim 90\mathrm{s}$，高压时间：$0 \sim 5\mathrm{s}$，冷却时间：$20 \sim 60\mathrm{s}$，总周期：$60 \sim 160\mathrm{s}$，收缩率：$1.2\% \sim 3.0\%$，设备：螺杆式注射机。

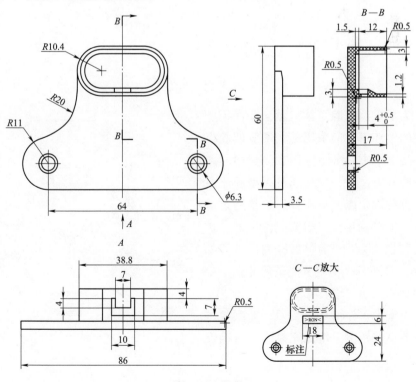

图 3-31　护盖

**原因：** 护盖型腔的分布，为一模六腔，如图 3-32 所示。在六个浇口尺寸相同的情况之下，六腔中只有中间的两腔是合格的，两侧的四腔都存在着收缩痕，为不合格件。在保持主流道和分流道尺寸不变的情况之下，为了能够使成型的注塑件都合格，只有将两侧四腔的浇口给堵住，只使用中间的两腔，但这样会造成生产率的降低。

由于中间的两腔分流道的流程短，其熔体的压力和流量较大，熔体会先充满这两个型腔。两侧的四腔分流道的流程长，在与中间的两腔点浇口直径和长度相同的条件下，其熔体的压力和流量较小，不可能充满型腔。此时，应扩大两侧的四腔点浇口直径。当一模多腔的多条分流道的流程不同，且注射模的浇口相同时，流入注射模型腔熔体的压力、流速、流量、温度、剪切作用和摩擦作用都会不同，进而会产生注塑件的收缩痕和填充不足等缺陷。

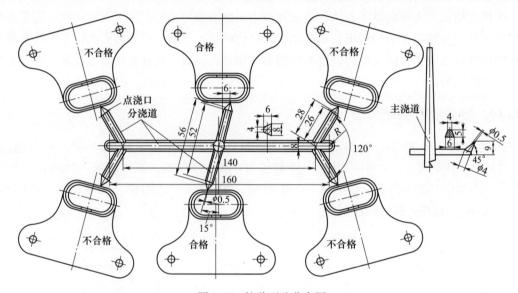

图 3-32　护盖型腔分布图

**措施：** 为了平衡六腔熔体流量，并保证护盖一模六腔的生产率，应采用扩大两侧四腔点浇口直径的方案。扩大两侧四腔点浇口直径，可采取以下两种方法——一是通过多型腔流量平衡计算的方法确定点浇口直径，二是通过试模修理的方法最终确定点浇口直径。另外，护盖件模具型腔也可采用"O"形排列设计，如图 3-33 所示，使得六个型腔分浇道尺寸完全一致，以确保熔体充模匀均。

**成效：** 由于护盖件模具为"O"形型腔排列设计，分流道等距离，熔体充模匀均可确保熔体充满型腔。

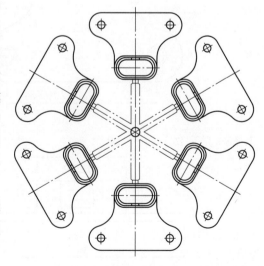

图 3-33　护盖件模具型腔"O"形排列设计

### 3.1.17 "片"流痕禁忌

注塑件"片"如图 3-34a 所示，材料：聚乙烯。

**原因：**正、反面都产生了明显流痕，如图 3-34b 所示，还存在着不同程度的收缩痕。

模具为一模四腔，脱件板脱模（无推杆痕迹）结构，浇口在靠近脱件板方向。由于型腔内存在着五个型芯，浇口又处在外圆周的两型芯之间。料流从浇口流出就会遇到中间和两旁的三个型芯的阻挡，呈射线状、自下向上地逆向填充型腔。高温的料流在与低温的型芯接触后，迅速降温形成冷凝分子团，冷凝分子团随着料流洒落在熔体的流程中，并逐渐地增大，待熔体冷硬后便形成了具有对称性的流痕，如图 3-34b 所示。

**措施：**整治方案如下所述。

1）整治方案一：如图 3-34c 所示，可将矩形的侧浇口改成为扇形浇口，改变料流填充的流动方向，从而可以避免因高温的料流在碰到低温的型芯后迅速降温再填充模具型腔而形成的低温分子团，进而清除流痕和收缩痕。

2）整治方案二：将扇形浇口设置在靠近定模的方向，使熔体的料流自上而下顺流呈稳流状态填充型腔，流痕和收缩痕将会全部消失，但模具的结构需要重新改制，因而存在着经济损失。

**成效：**按方案一进行整治，基本上能达到产品的质量要求，其方法是用锉刀将长方形浇口修成扇形浇口即可，从而可以避免采用方案二的措施。

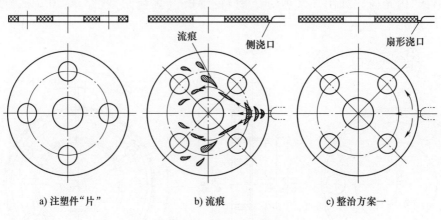

a) 注塑件"片"　　　　b) 流痕　　　　c) 整治方案一

图 3-34 "片"浇口痕迹

### 3.1.18 "壳体"变形禁忌

"壳体"如图 3-35 所示，材料：黑色聚酰胺 1010。

**原因：**"壳体"缺陷如图 3-35b 所示，很明显，"壳体"在推杆的作用下产生了变形。锅形的"壳体"凹洼处尺寸为 102mm×80mm×20mm，而壁厚只有 2mm。因为壁厚与凹洼处沿周面积的比值很小，故所需的脱模力很大，用 4 根截面很小的推杆进行脱模，自然会使"壳体"产生变形。

**措施：**该模具采用推杆脱模是很不适当的，如能采用脱件板进行"壳体"的脱模，才可避免"壳体"产生变形。

**成效：** 采用脱件板进行"壳体"的脱模，能够有效减小所需的脱模力，避免"壳体"产生变形。

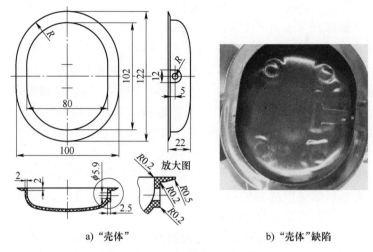

a)"壳体"　　　　　　　　　b)"壳体"缺陷

图 3-35　"壳体"及其缺陷

### 3.1.19　"内光栅"变形禁忌

注塑件"内光栅"如图 3-36 所示，材料：ABS（黑色），收缩率：0.7%，设备：SZ-63/500A 注射机。

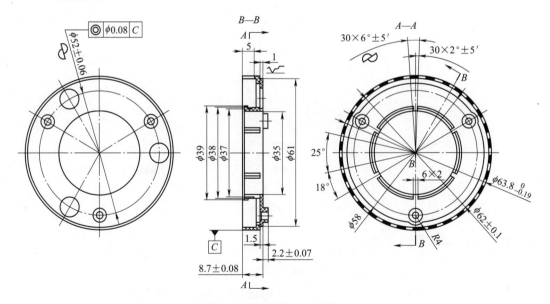

图 3-36　注塑件"内光栅"

〰—注塑件的变形　　〰—注塑件的"错位"

技术要求："内光栅"底部的壁厚为 1.5mm，内、外圆柱壁厚为 0.9mm。内圆柱壁厚处有 30 个 6°±5′ 的矩形齿，"内光栅"齿部不允许有飞边的存在。该注塑件的外径为

$63.8_{-0.19}^{0}$ mm，而壁厚仅为 0.9 ~ 1.5 mm。

**原因：**"内光栅"是典型的薄壁塑料制品，有 30 个矩形齿。脱模时有齿的内圆柱壁的脱模力很大，如脱模机构设计不当，将会使"内光栅"产生严重的变形，甚至脱模时会将注塑件撕破。

**措施：**注塑件脱模的对策，由于"内光栅"为薄壁塑料制品，而 $\phi63.8_{-0.19}^{0}$ mm 圆筒上的 $30mm \times (6° \pm 5')$ 矩形齿需要很大的脱模力。为使"内光栅"脱模时不产生变形，对 $30mm \times (6° \pm 5')$ 矩形齿应采用脱件板脱模的结构，或对所有矩形齿都使用推杆进行脱模。

**成效：**采用脱件板脱模后，"内光栅"不会产生变形。

### 3.1.20　"拨杆臂"翘曲变形禁忌

"拨杆臂"如图 3-37 所示，材料：PC/ABS 合金。

**原因：**缺陷分析，该注塑件长度为 87mm，壁厚为 2.5mm，属于薄壁件，脱模时易产生翘曲变形。

**措施：**注塑件脱模的对策。成型 $\phi36.8$ mm 和 $\phi36_{-0.16}^{0}$ mm 外圆的型腔、$\phi31_{+0.07}^{+0.25}$ mm 孔的型芯时，都需要制有脱模斜度。$\phi36_{-0.16}^{0}$ mm 外圆和 $\phi31_{+0.07}^{+0.25}$ mm 孔的脱模斜度应在其尺寸的 2/3 公差范围之内。型腔和型芯制有脱模斜度，当减小它们的表面粗糙度值之后，便可较大地减少"拨杆臂"的脱模力，使其不产生翘曲变形。

**成效：**型腔和型芯制有脱模斜度后，"拨杆臂"脱模后不会产生翘曲变形。

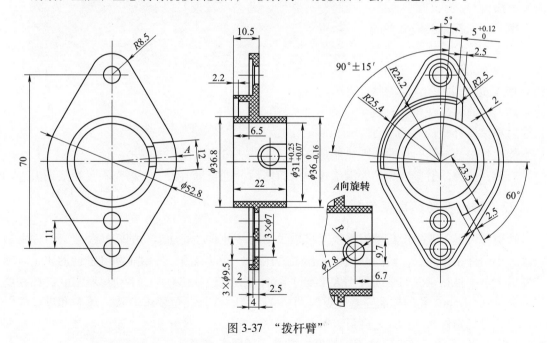

图 3-37　"拨杆臂"

### 3.1.21　滤气片填充不足缺陷禁忌

滤气片注射模经加工和装配后，需要经过试模加工出的滤气片，在其形状、尺寸、精度达到图样要求，并要确保滤气片没有缺陷，才能判断模具的合格性。现经试模发现滤气片存在填充不足和壁薄两处缺陷，需要采取措施消除缺陷。

**原因：** 滤气片试模时出现填充不足，如图 3-38 所示，存在深度为 3mm 的缺口。

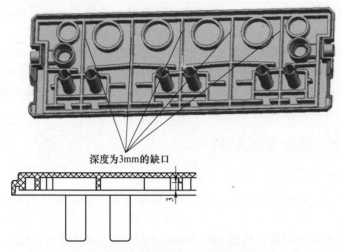

深度为3mm的缺口

图 3-38　滤气片试模时出现填充不足缺陷

滤气片壁薄缺陷，如图 3-39 所示，图中指示处壁薄，需要加胶。

**措施：** 先检查缺陷处型腔的尺寸是否符合图样的尺寸要求，若检验无误，则存在的问题只能是进胶量少。整治措施：调大料筒每次注塑量；延长注射和保压补塑的时间。如

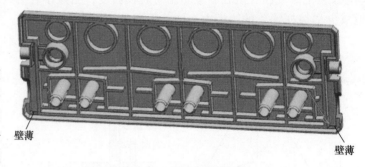

壁薄

壁薄

图 3-39　滤气片壁薄缺陷

还不能达到根治缺陷的目的，则只能是将潜伏式点浇口的直径扩大。

**成效：** 调整注射参数和扩大潜伏式点浇口之后，进胶量增大了，填充不足缺陷消失。

### 3.1.22　转换开关超高精度禁忌

转换开关是工业生产自动流水线上机械手中的一种通过气动运动的转换装置，组件由塑料大、小两件粘接而成。转换开关需要作气密试验，可以检测组件耐压和气密性的质量。图样要求大、小件粘接面的平面度不大于 0.02mm；$\phi14H7$，$3×\phi4H7$ 与 $3×\phi6G6$ 七孔的圆柱度均不大于 0.01mm；孔的标准公差等级为 IT6~IT7 级，并且孔位要求一致，还要和进口件保持一致，可见组件孔的精度之高可以与金属件精度相同，转换开关大、小件形体分析与成型痕迹如图 3-40 所示。转换开关不仅精度要求高，还要求变形小，外形美观。

**原因：** 塑料具有热胀冷缩的特性，加上孔的壁厚不均匀，成型的转换开关冷却收缩时的收缩量就不同。造成所有孔的圆柱度误差很大，平面的平面度误差也很大，无法满足气密性要求。

**措施：**

1）选用哑光微珠增强聚碳酸酯，收缩率为 0.3%~0.4%。塑材中含有 30% 的微粒玻璃

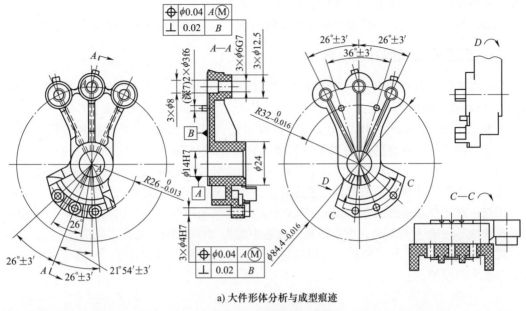

a) 大件形体分析与成型痕迹

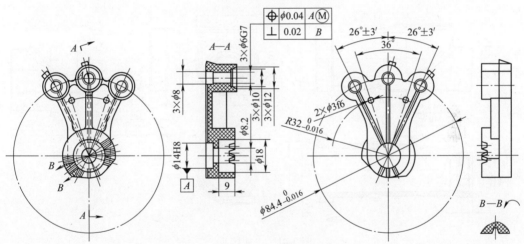

b) 小件形体分析与成型痕迹

图 3-40　转换开关大、小件形体分析与成型痕迹

珠，有两方面作用：一是材质中微细的玻璃珠的密度增加了，均匀性也增加了，使注射的产品不易产生收缩痕和变形；二是强度和耐磨性提高了，其寿命就增加了。

2）加工参数要求注射时压力要大，保压时间要长。

3）对所有型孔采用二次限制成型收缩方法，如注射模成型销的尺寸为 $\phi14.09_{-0.01}^{\ 0}$ mm，而校形销为 $\phi14.17_{-0.01}^{\ 0}$ mm。转换开关大件和小件在脱模后，应立即插入校形销。由于校形销大于成型销，转换开关大件和小件在成型收缩时受到校形销的约束作用。校形销有两方面作用：一方面塑料紧紧地裹着校形销，校形销为刚性销，可使得转换开关大件和小件的孔与校形销的形状完全一致；另一方面使孔壁周围的塑料密度增加。当转换开关大件和小件与校形销一同在水中冷却后，取出校形销，转换开关大件和小件在塑料弹性回复的作用下，孔径

回复到 $\phi14.01$mm，既能保证孔径的精度又能保证孔的几何精度。

**成效：** 转换开关大、小件形状尺寸和几何精度均满足使用要求，使用寿命也增加了。

### 3.1.23 三通接头长型孔抽芯禁忌

三通接头的材料是 30% 玻纤聚碳酸酯，是以聚碳酸酯为基料、玻璃纤维为增强体所制得的复合材料，简称 PC/GF。

**原因：** 三通接头如图 3-41 所示，具有多种型孔、型槽、锥孔，外螺纹和螺孔要素，以及锥孔正交相贯穿的需要抽芯的"干涉"要素。要完成 $\phi53$mm×2°×172mm 长锥孔的抽芯，若采用斜导柱滑块或变角斜弯销滑块抽芯机构，则会导致注射模模架的面积和高度过大。同时，为了加大斜导柱或变角斜弯销的强度和刚度，其截面积也需要增大。

**措施：** 对于抽芯距离大于 45mm 的抽芯机构，应该采用油缸抽芯机构。而对于 $\phi53$mm×2°锥孔的抽芯距离达 172mm，更应该采用抽芯距离为 200mm 的油缸抽芯机构。

**成效：** 采用了油缸抽芯机构，大幅度减小了斜导柱或斜弯销的长度，从而可采用长度较短、高度小的模架。

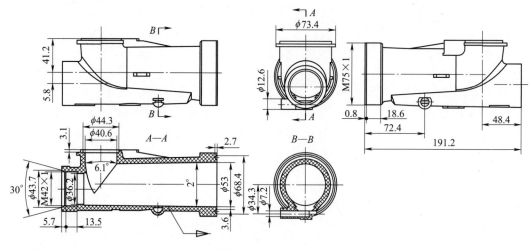

图 3-41 三通接头

### 3.1.24 外手柄上浇注系统设计禁忌

**原因：** 外手柄注射模设计时，因为没有进行外手柄缺陷的预测，导致试模时出现了收缩痕、银纹、熔接痕（图中未给出）、过热痕和流痕五种缺陷，如图 3-42 所示。通过采用 CAE 软件进行分析，不断地变换浇口的位置，甚至复制了多副注射模，问题仍然未解决。

**措施：** 采用外手柄在注射模中摆放位置与熔体充模分析图解法，进行外手柄熔体充模分析，如图 3-43 所示。外手柄在注射模中为正立

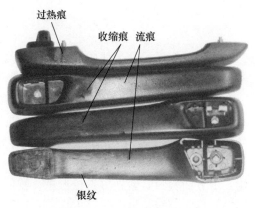

图 3-42 外手柄缺陷

位置放置，如图 3-43a 所示。塑料熔体在自下而上逐层逆流失稳填充的过程中，温度逐层下降，于是一些熔体形成了冷凝分子团，并在后续熔体料流的携带下散布在流程中，体积增大进而形成了流痕。型腔中的气体因熔体自下而上逐层填充，先被挤压到型腔的上面，在后续料流的挤压之下再从分型面 I—I 排出。被压缩的气体温度升高，并从上模腔薄弱部位排出，致使塑料过热降解，炽热的气体遇到低温的模壁后形成了银纹。而外手柄净重 143g，注胶量较大，况且外手柄为实心，收缩量也较大。由于点浇口处先凝料封口，导致因无法进行保压补塑而产生了收缩痕。由于外手柄的两端存在着较大的型芯，外手柄的长度较长，降温后熔体汇合处形成明显的熔接痕。可见，外手柄在注射模中的摆放位置不当，是造成塑料熔体自下而上逐层逆流失稳填充的真正原因，也是导致外手柄产生上述五种缺陷的根本原因。采用气辅式注射成型可消除五种缺陷，如图 3-43b 所示，但因成本过高，故不采用。

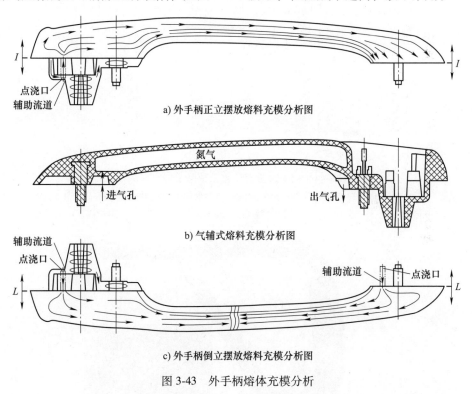

a) 外手柄正立摆放熔料充模分析图

b) 气辅式熔料充模分析图

c) 外手柄倒立摆放熔料充模分析图

图 3-43　外手柄熔体充模分析

外手柄在注射模中倒立放置熔料充模分析，如图 3-43c 所示。为了减少熔接不良，可采用外手柄两端点浇口与辅助浇道的浇注系统形式，最好在外手柄右端设置一个 $\phi6mm$ 的直接浇道。塑料熔体进行自上而下逐层顺流平稳填充，故不会产生上述五种缺陷痕迹。因为人手经常要握拿外手柄，外手柄的外表除了分型面不允许存在顶杆脱模的痕迹，所以外手柄只能是定模脱模的结构形式。

**成效：** 通过图解法分析才发现是外手柄在注射模中的位置不当，造成了熔体在失稳状态填充，进而产生了上述五种缺陷。将外手柄在注射模中的位置翻了个面，熔体呈顺流平稳填充。重新制造注射模之后再成型加工外手柄，五种缺陷均消失。

### 3.1.25 拉手缺陷禁忌

拉手的材料为聚氨酯弹性体，材料牌号：T1190-PC，零件净重：60g，毛重：70g。拉手由手柄体和钢丝绳组成，如图3-44a所示。

**原因：** 通过拉手缺陷痕迹的辨认与判断，可以观察到拉手试模件上的缺陷痕迹有：熔接痕、喷射痕、收缩痕和泛白痕迹，都是十分明显的，如图3-45所示。

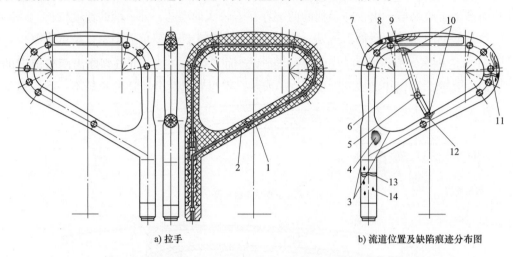

a) 拉手　　　　　　　　　b) 流道位置及缺陷痕迹分布图

图3-44　拉手及流道位置、缺陷痕迹分布图

1—手柄体　2—钢丝绳　3—分型面痕迹　4—收缩痕　5—主流道　6—分流道
7—推杆痕迹　8—泛白痕迹　9、12—喷射痕　10—浇口痕迹　11、13—熔接痕　14—流痕

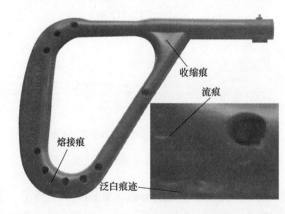

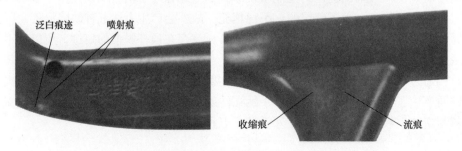

图3-45　拉手试模件上的缺陷

根据拉手成型加工痕迹，可判断出拉手模具上有两个矩形侧浇口。流道位置及缺陷痕迹分布如图 3-44b 所示，拉手存在着喷射痕、熔接痕、流痕、收缩痕和泛白痕迹。

1）喷射痕：在试模件上长分流道浇口处，存在范围较大的扇形状喷射痕，而另一短分流道浇口处存在着范围较小的喷射痕。

2）熔接痕：两浇口料流汇合处存在着一处明显和一处较隐蔽的熔接痕。

3）流痕：在拉手圆柱体上存在着流痕。

4）收缩痕：在拉手三角形区域手柄短直角边和斜边汇交处存在着收缩痕。

5）泛白痕迹：在长分流道的浇口处存在着较大面积的泛白痕迹。

如图 3-46 所示，从两个侧浇口所产生的成型加工缺陷痕迹，可以判断出两分流道的位置、方向和长度。熔体流动状态如图 3-46a 所示，可以看出两分流道的长短不一致，这是设计者为了使主流道能处于注射模的对称中心位置上，而忽略主流道偏离了拉手梯形的中心位置，导致两分流道长短不一致，以致于两股进入型腔熔体的压力、流速和温度都不相同，流程长的熔体的这些物理量值都偏低。塑料收缩状态和熔体温度分布，如图 3-46b 所示。气体和应力分布，如图 3-46c 所示。同时，又因为型腔中间还要铺设钢丝绳，既费事又费时，且由于钢丝绳可以不预热，即使是预热了也会很快地冷却下来，所以在型腔中间的钢丝绳会影响熔体稳态流动，进而产生了流痕、喷射纹、泛白、收缩痕和熔接痕等五种缺陷。

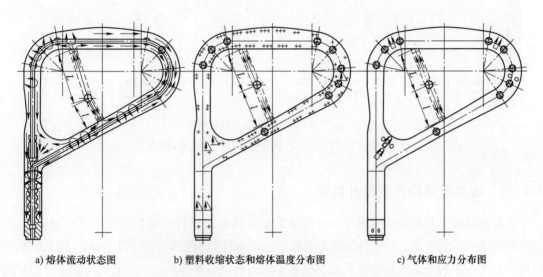

a) 熔体流动状态图　　　　b) 塑料收缩状态和熔体温度分布图　　　　c) 气体和应力分布图

图 3-46　拉手熔体流动状态、收缩状态和温度、气体和应力分布图

→—塑料熔体流动方向　〓—熔接痕　++++—最高温度

+++—次高温度　++—一般温度　+—较低温度　／／—应力

○—气体　△—塑料收缩率

**措施：** 拉手模具整改方案示意如图 3-47 所示。基本措施是将注射模和钢丝绳在成型加工前先进行预热，增设冷料穴；调整注射机型号和注射工艺参数是附加补偿方法；若进行注射模修理、改制或重制，则应优先选择注射模的修理，改制次之，而重制会产生经济的损失

和延长注塑模制造周期，不是万不得已的情况是不可以采用的。

料粒的预处理：料粒应在 80~90℃ 的烘箱中干燥 8~12h，目的是除湿，以防止成型加工时拉手会产生银纹和气泡等缺陷；注塑模和钢丝绳在成型加工前应先预热至 90~100℃，目的是减缓熔体在型腔中的冷却速度，以防过早产生冷凝料分子团而出现流痕和泛白缺陷。

**成效：**在实施基本措施后，流痕和泛白缺陷会减缓或消失。但拉手上还可能存在着明显的熔接痕和收缩痕，在不能改变拉手材料的前提下，还有两种减轻拉手缺陷的办法——整改方案一（见图 3-47b）是采用等浇道和冷料穴的方法，冷凝可以进入冷料穴，可减缓熔接痕和收缩痕；整改方案二（见图 3-47c）是采用盘形浇口，熔接痕和收缩痕会全部消失，其缺点是冷凝后的盘形浇口清除困难。

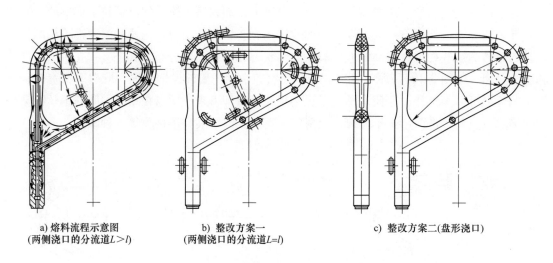

a) 熔料流程示意图　　　　　b) 整改方案一　　　　　　c) 整改方案二(盘形浇口)
(两侧浇口的分流道 $L>l$)　　(两侧浇口的分流道 $L=l$)

图 3-47　拉手模具整改方案示意图
→—体流动的方向　$L$—长分浇道的长度　$l$—短分浇道的长度

## 3.1.26　注射模结构方案设计禁忌

注射模结构不只是要能够保证注射模成型加工顺利地进行，如果出现了成型加工痕迹，即缺陷痕迹或弊病痕迹，注塑件也是不合格，相应的注射模也就不合格。因此，注射模的结构设计必须与影响注射模结构因素的成型加工缺陷痕迹联系起来，也就是说在制定注射模结构方案时，要将影响注塑件成型加工缺陷的注射模结构因素考虑进去，进行注射模结构产生的成型加工缺陷因素的预测。目前常用的是 CAE 分析法和图解法。在注塑模结构方案分析中，应采取适当措施对注射模结构缺陷痕迹因素加以解决，对注射模结构的最终方案进行分析和论证。注射模最佳优化结构方案，不仅能确保注塑件能够顺利进行成型加工和注射模为最佳优化设计，更能确保注塑件不会产生因注射模结构不当而产生的缺陷。注塑件注射成型的缺陷原因分析与整治措施，见表 3-1。热固性注塑件成型时常见缺陷及原因分析，见表 3-2。

表 3-1　注塑件注射成型的缺陷原因分析与整治措施

| 名称 | 原因分析 | 整治措施 |
|---|---|---|
| 收缩痕：注塑件的表面上产生不规则的凹陷称为收缩痕，也可称为塌坑、凹痕、凹陷和下陷等。收缩痕是由于保压补塑不良、注塑件冷却不均、壁厚不均及塑料收缩率过大产生的，可归纳为收缩类型影响的缺陷 | ①浇道和浇口太小，或者浇口数量不够，浇口的位置设置不当<br><br>②若存在着两条或两条以上的分浇道与浇口，分浇道的长度不一致<br>③注塑件设计的壁厚太厚或壁厚不均匀<br>④料温高和模温高，固化冷却时间短，局部模温过高<br>⑤注射压力小、注射流速慢、注射及保压时间短，没有衬垫与熔体产生了回流<br>⑥加料量不够、供料不足、余料不够及塑料收缩率过大<br>⑦注塑件壁薄，推杆脱模产生的收缩痕，溶体料流不畅或溢料过多<br>⑧料管与螺杆间隙太大，料管加热器功能不良 | ①加大浇口的厚度和浇道的面积，当收缩痕离浇口距离为 150mm 以上时，应增设浇口数量、变更浇口位置，避免料流直接冲击镶嵌件或型芯，镶嵌件应预热<br>②调整两条或两条以上浇口的长度和厚度的尺寸，以达到流量平衡<br>③注塑件设计壁厚不要超过 10mm，壁厚应均匀<br>④降低料温和模温，延长化冷却时间。加装冷却水管，模温要大于 65℃<br>⑤提高注射压力和注射流速，延长注射及保压时间。增加供料量，改用收缩率小塑料，塑料须干燥，提供一个 5~10mm 厚的衬垫<br>⑥增大推杆的直径和数量，采用脱料板或二次脱模机构<br>⑦增加背流阀，或在缩痕处增设一排气孔<br><br>⑧修理料管与螺杆间隙和料管加热器 |
| 流痕：指注塑件表面上出现了一些大小不同粗糙斑块、皱纹或波纹。料流失稳流动和低温薄膜都是产生流痕的原因，流痕是料流温度影响类型缺陷 | ①浇口位置不对，造成料流失稳流动，存在着较大的镶嵌件或较大的型芯<br>②料温低、模温低和注射速度快<br>③塑料的互溶性差（指增强塑料），熔体流动性不足<br>④料筒温度高、模温高、注射压力小及注射速度慢，浇口小 | ①变更浇口位置，避免料流直接冲击镶嵌件或型芯，镶嵌件应预热<br>②提高料温或模温，降低注射速度，增设加热管或加热器，更改进水位置<br>③选用流动性好的塑料，提高料温或模温，浇口改在注塑件壁厚处，减少型腔表面粗糙度值<br>④适当降低料筒温度和模温，提高注射压力及注射速度，增大浇口直径 |
| 填充不足：塑料填充型腔不满，就是注塑件残缺不全。主要由于供料不足、熔料填充流动不良，充气过多及排气不良等原因导致注塑件填充不满，属于供料不足类型影响的缺陷 | ①注射量不够，加料量不足，塑化能力不足及余料不足，射料口溢料<br><br>②塑料颗粒不同或不均，含水分过多或挥发物过多，塑料在料斗中"架桥"<br><br>③熔料中充气多或润滑剂过多，熔料回流过多和塑料流动性差，以及飞边溢料过多<br>④喷嘴温度低或孔径过小，发生堵塞，料筒温度低，螺杆或柱塞与料筒间隙大，逆流阀与料筒间隙过大<br>⑤模具浇注系统流动阻力大，浇口位置不当，浇口型式不良，流程长且曲折，多型腔时浇口平衡不良<br>⑥模具排气不良，无冷料穴和冷料穴位置不当，型腔内含有水分或挥发物，脱模剂使用过多，模温低 | ①加大注射计量和余料，提高注射机的塑化能力。修理射料口间隙，降低射料口和料温，缩小射料口直径，减少缓冲料量及缩短开模时间<br>②塑料注射前需要烘干，防止塑料"架桥"，控制好料筒温度，增设逆流阀。提高料温，加大注射压力和注射速度，选用流动性较好的塑料。增大锁模力，减少飞边和溢料<br>③使用加热喷嘴或提高料筒和喷嘴温度。检查逆流阀磨损和螺杆或柱塞与料筒间隙大小，及时更换逆流阀和修理螺杆或柱塞与料筒间隙<br>④增大浇口的宽度和长度，增加排气口数量，加大排气孔和调整排气孔位置<br><br>⑤增设冷料穴和改变冷料穴位置。模具应预热，适量使用脱模剂。提高模温或增加注射循环速度<br>⑥改善排气，增设冷料穴，适当使用脱模剂 |

（续）

| 名称 | 原因分析 | 整治措施 |
|------|----------|----------|
| 熔接痕：由于熔体分流汇合时料温下降，树脂与复合物不相溶等原因，使熔料分流汇合时产生规则的熔接痕，沿注塑件表面或内部产生明显的细的接缝线。主因是熔料冷凝后产生熔接痕迹，属于温度类型的缺陷 | ①料温低，熔料充气过多，塑料流动性差；塑料内有不相溶的料或不相溶的油质，纤维填料分布不匀、熔合不良，存在着冷凝料；使用铝箔的薄片状着色剂<br>②注射速度慢，注射压力小，冷却速度快，料温下降快<br>③浇口太多，位置不当；浇注系统形式不当；流程长和料流阻力大<br>④注塑件形状不良，壁太薄，嵌件过多及壁厚不均<br>⑤模温低，镶嵌件温度低，模具冷却系统设置不当；模具型腔内渗有水分，模具排气不良<br>⑥润滑剂和脱模剂过多，脱模剂使用不当 | ①选用相溶性好和流动性好的塑料，提高料温，降低料温和去除塑料与型腔中的水分，提高模温，调整浇口位置的设置<br>②提高注射速度和注射压力，降低冷却速度，提高料温<br>③合理设计浇口形式和数量及设置浇口位置，扩大浇注系统的截面积和减小其表面粗糙度值，减小浇注系统料的流程和提高料温及模温<br>④合理设计注塑件的形状和壁厚以及嵌件的数量<br>⑤增设排气孔，镶嵌件须预热，增加热棒或加热器。冷却应具有密封装置，改善模具排气系统<br>⑥根据塑料的品种选用润滑剂和脱模剂，适量使用润滑剂和脱模剂 |
| 变色：注塑件局部的颜色发生了变化，称为变色，其主要原因是注塑件局部温度相差太大，属于温差类型的缺陷 | ①塑料未充分干燥，螺杆内残留其他塑料或杂物，料温高，塑料停留在料筒的时间长<br>②型腔内存在着气体，浇道和浇口的截面积小，模温高<br>③注射压力高，注射时间长，螺杆回转速高和背压高，喷嘴温度高，循环周期长 | ①塑料烘干，清除料斗内杂物或污染物，降低料温和控制好塑料停留在料筒的时间<br>②充分排除型腔内的气体，增大浇道和浇口的截面积，增加模具冷却系统<br>③降低注射压力和螺杆回转速度及背压，减少注射时间、降低喷嘴温度和缩短循环周期长 |
| 银纹：由于料内潮气或充气以及挥发物过多，熔体受剪切作用过大，熔料与模具表面密合不良，或急速冷却或混入异料或分解变质，而使注塑件表面沿料流方向出现银白色光泽的针状条纹或云母片片状斑纹，造成缺陷的主因是水分和气体 | ①原料中含水分高，有低挥发物，原料充气；配料不当，混入异物或不相溶料<br>②模温低，注射压力小，注射速度小，浇道和浇口截面小，熔体受剪切作用过大，浇口位置不当<br>③模具型腔表面有水分，润滑油或脱模剂过多和选用不当，料温高，模温高<br>④螺杆的背压低和压缩比低及回转速高；注射速度高，喷嘴与主流道接口处间隙过大 | ①原料干燥处理，控制好料筒的温度，模具应具有良好的排气孔。塑料不可混入异物或不相溶料<br>②提高模温，提高注射压力和注射速度。增大浇道和浇口截面积，浇口位置应处于注塑件的厚壁处<br>③模具应预热，选用适合于塑料品种的润滑油和脱模剂。适当降低料温和模温<br>④提高螺杆的背压和压缩比，减少螺杆的回转速和延长计量时间。降低注射速度，修正喷嘴与主流道接口处间隙 |

（续）

| 名称 | 原因分析 | 整治措施 |
|---|---|---|
| 气泡：由于熔体内充气过多或排气不良而导致注塑件内、外残留气体，并呈体积较小或成串的空穴，属于气体类型的缺陷 | ①塑料含有水分、溶剂或易挥发物<br>②料温高，塑料加热时间长，塑料降聚分解，料粒太细和不均<br>③注塑件结构不良<br>④模具型腔含有水分和油脂，或脱模剂使用不当；模温低，模具排气不良；流道不良有储气死角<br>⑤注射压力小；注射速度太快；背压小；柱塞或螺杆退回过早；料筒近料斗端温度高，加料端混入空气或回流翻料；喷嘴直径过小和无衬垫 | ①塑料成型前和成型过程中应预热和干燥<br>②降低料温，缩短塑料加热时间，料粒应适当和均匀<br>③改善注塑件结构，有利于排气<br>④清理型腔水分和油脂，合理使用脱模剂。降低模温，改善模具排气性能和浇口位置<br>⑤提高注射压力，减慢注射速度，加装背流阀增加背压，提高注射时间和保压时间，增大喷嘴直径，增添衬垫 |
| 喷射痕：是塑料熔体高速注射，在浇口处出现的回形的波纹 | ①注射速度高，螺杆转速高，注塑机背压高，成型加工循环周期长，喷嘴有滴垂<br>②塑料含有水分，模腔内渗有水或挥发物；料筒和喷嘴温度低，料温低，模温低，设置排气孔<br>③浇口截面小，浇口位置不当，无冷料穴或冷料穴位置不当 | ①降低注射速度和螺杆转速，降低背压，缩短成型加工循环周期。清除喷嘴尖端或连接处的塑料滞留物<br>②原料应充分干燥，模具预热，清除塑料和模具中的水分和挥发物。提高料筒和喷嘴的温度，提高模具的温度，改善熔体的流动性<br>③增大浇口截面积，增设冷料穴和调整冷料穴位置，提升模具的排气性能 |

**表 3-2　热固性注塑件成型时常见缺陷及原因分析**

| 缺陷 | 原因分析 |
|---|---|
| 灰暗：指塑料件表面无光泽并呈灰暗色的现象 | ①原材料因素：塑料内含挥发物过多，含水分过多，充气过多；排气不良；轻微缺料；不同牌号的塑料混合使用；塑料件局部纤维填料裸露，树脂、填料分头集中<br>②模具因素：模具型腔表面粗糙度不良，镀铬层不良；模具表面有油污或脱模剂使用不当；浇口太小<br>③成型加工参数因素：压制温度过低或过高；保持时间不足；预热不足及不均；塑料件黏模；合模太晚或合模速度太慢<br>④料筒温度低，成型压力小；注射速度过大或过小；塑料流动性差；氨基塑料硬化不足 |
| 色泽不均、变色：指塑料件表面颜色不均或变色或存在云层状冷花 | ①原材料因素：塑料质量不佳<br>②成型加工参数因素：压制温度低，硬化不足；预热不良，成型条件不良或硬化不均等<br>③料筒温度过大或过小，模温高，硬化时间长；注射速度过快或过慢，浇口小；塑料含水分及挥发物多；压制温度高，塑料及有机颜料分解 |
| 尺寸不符合要求：指成型后的塑料件尺寸不符合其图样尺寸要求 | ①原材料因素：塑料不合格或含水分及挥发物过多，塑料收缩率过大或过小<br>②模具因素：模具结构不良、尺寸不对、磨损、变形；上、下模温差大或模温不均；浇注系统不良<br>③成型加工参数因素：加料量过多或过少，成型压力、温度、时间、预热条件、装料、工艺条件不当或不稳定，塑料件脱模不当或脱模整形不当<br>④压注机因素：压注机控制仪器不良或上、下工作台不平行<br>⑤塑料件结构因素：塑料件壁厚不均，嵌件位置不当 |

（续）

| 缺陷 | 原因分析 |
|---|---|
| 嵌件变形、脱落、位移：指塑料件脱模后出现嵌件变形、渗料、脱落或位置变动等现象 | ①原材料因素：塑料流动性小；含纤维填料量大，填料分布不均或熔接不良<br>②模具因素：脱模不良，熔料及气流直接冲击嵌件<br>③成型加工参数因素：塑料件过硬化或硬化不足，成型压力过大，塑料未硬化或已硬化时仍在加压<br>④塑料件结构因素：嵌件设计不良，包裹层塑料太薄，嵌件未预热；嵌件安装及固定形式不当；嵌件尺寸公差太大，嵌件与模具安装间隙过大或过小；嵌件尺寸不对或模具不当；塑料流动性过大 |
| 起泡（气泡、鼓泡、肿胀）：指塑料件内部气体膨胀，使得内部成为空穴或表面出现鼓起的现象 | ①原材料因素：预热不良，塑料含水分或挥发物过多；有外来杂质或有其他品种的塑料；料粒不均，太细及预塑不良等；熔料内充气过多<br>②模具因素：模温过高或过低；模具排气不良，排气操作不良；模具型腔表面有挥发物或脱模剂使用不当<br>③成型加工参数因素：成型温度低或高；成型压力小，保持压力小；成型时间短；料筒温度低；注射速度太快<br>④塑料件结构因素：塑料件壁厚不均 |
| 变形：指塑料件发生了翘曲、变形和尺寸变化的现象 | ①原材料因素：塑料含水分及挥发物过多，塑料预热不良，塑料收缩太大，熔料塑化不良<br>②模具因素：浇注系统不良与脱模不良，模温低，模温不均或上、下模温相差太大，成型条件不当<br>③成型加工参数因素：保压时间短；压制温度过高或过低；整形时间太短；脱模后冷却不均；增强塑料脱模时温度过高或料温升温太快；料筒温度低，保持温度时间短<br>④塑料件结构因素：塑料件壁厚过薄，厚薄不均；形状不合理，强度不足；嵌件位置不当 |
| 色泽不均、变色：指塑料件表面颜色不均或变色或存在云层状冷花 | ①原材料因素：塑料质量不佳<br>②成型加工参数因素：压制温度低，硬化不足；预热不良，成型条件不良或硬化不均等；料筒温度过大或过小，模温高，硬化时间长；注射速度过快或过慢，浇口小塑料含水分及挥发物多；压制温度高，塑料及有机颜料分解 |
| 机械强度及化学性能差：指成型后塑料件的机械强度及化学性能达不到要求 | ①原材料因素：塑料质量差，混入有机杂质；含水分及挥发物过多；树脂和填料混合不良，填料分布不均<br>②模具因素：浇口小、位置不当或流道狭窄<br>③成型加工参数因素：加料量不准确，装料不均；不易成型处装料少或余料小；硬化不足或硬化不均或过硬化；成型压力小，压力不均；成型温度过高或过低；保持压力时间过长或过短；料筒温度及注射速度过大或过小；塑料流动性差；原料结团<br>④塑料件结构因素：塑料件结构不良 |
| 缺料：指塑料件存在局部不完整，组织疏松多孔，表面发毛不光泽等现象 | ①原材料因素：塑料含水分及挥发物过多；粉料内充气过多并排气不良；料粒不均或太粗或太细或存在大粒树脂或杂质硬化时，塑料件呈多孔状疏松组织<br>②模具因素：浇注系统流程过长，流道曲折，截面积小（模温高时影响较大）或浇口位置不当及浇口形式不当；浇口数量少，截面薄窄<br>③成型加工参数及设备因素：装料不足，装料不均或不易成型部位装料少；装料过多，飞边过大；加料量不足，余料不足；塑料流动性过大或过小；成型压力小，压制温度过高或过低或不均；保压时间短；预热过度或不足或不均；排气过早或过晚、过长或过短；合模速度过快或过慢；料筒温度过高或过低；预塑不良；注射速度过快或过慢；脱模剂使用不当或过多<br>④压注机因素：压注机吨位不足或保压时有泄压现象，压注机上、下工作台及模具上、下承压平面不平行<br>⑤塑料件结构因素：塑料件过薄，形状复杂 |

（续）

| 缺陷 | 原因分析 |
|---|---|
| 崩落：指塑料件表面存在机械损伤或凹坑、边角剥落等现象 | ①模具因素：塑料件黏模或模具表面损伤<br>②成型加工参数因素：塑料件保管运输不当或机械加工不当，压制温度高及时间长，加压晚或温度低及加压时间短、加压太早，飞边太厚<br>③塑料件结构因素：塑料件设计不合理，边角处过渡圆弧半径小和无纤维填料 |
| 斑点：指塑料件表面局部存在大小不同的无光泽或其他杂色斑点 | ①原材料因素：塑料内有外来杂质，尤其是油类物质；塑料件黏模；塑料中存在着大颗粒树脂；脱模剂使用不当<br>②模具因素：模具抛光不良，镀铬层不良；模具清理不好，表面不干净 |
| 裂缝：指塑料件表面发生开裂或出现裂缝的现象 | ①原材料因素：塑料质量不好，渗有杂质；收缩率过大或收缩不均；脱模剂使用不当；氨基塑料压制温度高；塑料件黏模<br>②模具因素：模温过低或过高，注塑件脱模不良，浇注系统及成型条件不当<br>③成型加工参数因素：嵌件过多，包裹层塑料太薄；嵌件分布不当和未预热；嵌件材料与塑料膨胀系数配合不当；排气时间长；加压及排气时间过晚，硬化过度；供料不足，成型压力小；加压快、压力小及加压时间短；塑料件冷却不均；熔接不良，预热不良<br>④塑料件结构因素：塑料件壁厚不均，强度差；有尖角或有缺口 |
| 电性能不符：塑料件的电性能不符合要求 | ①原材料因素：塑料含水分及挥发物过多，含杂质、金属；塑料质量不良<br>②成型加工参数因素：预热不良，硬化不足或过硬化或硬化不均，压制温度高或压制温度低，流动性小，脱模剂使用不当，塑料件内有空穴 |
| 脱模不良：指塑料件黏膜、脱模困难、产生开裂变形，脱模后塑料件在型腔中还有残留部分 | ①原材料因素：塑料含水分及挥发物过多，缺少脱模剂、脱模剂质量不佳或收缩率过大<br>②模具因素：脱模机构不良，拉料杆作用不良，脱模斜度不当；模具表面粗糙度差，成型部位表面有伤痕；模温不匀，上、下模温差大；浇注系统不良；喷嘴与浇口套的圆弧面之间夹料；模具结构不良，型腔强度不良，控制塑料件残留方面的措施不可靠；模具型腔真空<br>③成型加工参数因素：用料过多，成型压力过大，脱模剂使用不当，成型条件不当，过硬化或硬化不足<br>④塑料件结构因素：飞边阻止脱模，塑料件强度不良 |
| 纤维裸露（分头聚积）：指塑料件成型时树脂与纤维填料产生分头聚积或纤维裸露的现象 | ①原材料因素：塑料含水分及挥发物过多，原料结团或互溶性差，含树脂量过大，原料流动性小<br>②模具因素：流道狭窄而曲折<br>③成型加工参数因素：加压过早，装料不均，局部压力过大 |

## 3.1.27　忌塑件未做拔模设计

**原因：**塑胶产品在设计上，通常会为了产品能够轻易地从模具脱离出来，而在其内侧和外侧各设有一个倾斜角度，称为脱模斜度。如果产品无脱模斜度，塑件会因冷却收缩而附在凸模上，为了使产品壁厚平均，及避免产品开模后附在较热的凹模上，脱模斜度在凸模及凹模上应该是相等的。所有产品必须要有脱模斜度，且根据塑件的深度不同要有所差异。

**措施：**塑胶制品脱模斜度通常以减胶的方式处理，确定以下要领。

1）制品精度要求越高，脱模斜度应越小。

2）制品壁厚大，成型收缩时会产生较大的包紧力，脱模斜度应越大。

3）制品收缩率大，脱模斜度也应加大。

4）增强塑料宜选大脱模斜度，含有自润滑剂的塑料可用小脱模斜度。

5）尺寸大的制品，应采用较小的脱模斜度。

6）制品有精度要求的，脱模斜度应在公差带内。

7）制品有蚀纹要求的，脱模斜度应符合蚀纹脱模斜度标准，表 3-3 列出某蚀纹品牌脱模斜度标准。

表 3-3　某蚀纹品牌脱模斜度标准

| 蚀纹号 | 深度 | 最小脱模斜度 | 蚀纹号 | 深度 | 最小脱模斜度 | 蚀纹号 | 深度 | 最小脱模斜度 |
|---|---|---|---|---|---|---|---|---|
| YS 11000 | 0.005 | 0.15° | YS 9280 | 0.010 | 1° | YS 6280 | 0.075 | 4.5° |
| YS 11001 | 0.008 | 0.25° | YS 9281 | 0.015 | 1° | YS 6281 | 0.13 | 7.5° |
| YS 11002 | 0.010 | 0.5° | YS 9282 | 0.020 | 1.5° | YS 6282 | 0.13 | 7.5° |
| YS 11003 | 0.015 | 1° | YS 9283 | 0.025 | 1.5° | YS 6283 | 0.11 | 7° |
| YS 11004 | 0.020 | 1.5° | YS 9284 | 0.025 | 1.5° | YS 6284 | 0.18 | 10° |
| YS 11005 | 0.025 | 1.5° | YS 9285 | 0.030 | 2° | YS 6285 | 0.11 | 7° |
| YS 11006 | 0.025 | 1.7° | YS 9286 | 0.030 | 2° | YS 6286 | 0.18 | 10° |
| YS 11007 | 0.030 | 2° | YS 9287 | 0.040 | 2.5° | YS 6287 | 0.18 | 10° |
| YS 11008 | 0.033 | 2.2° | YS 9288 | 0.050 | 3° | YS 6288 | 0.19 | 11° |
| YS 11009 | 0.035 | 2.5° | YS 9289 | 0.060 | 3.5° | YS 6289 | 0.20 | 12° |
| YS 11010 | 0.040 | 3° | YS 9290 | 0.085 | 4.5° | YS 6290 | 0.20 | 12° |
| YS 11011 | 0.015 | 1° | YS 9291 | 0.035 | 2° | YS 6291 | 0.055 | 3° |
| YS 11012 | 0.018 | 1.5° | YS 9292 | 0.035 | 2° | YS 6292 | 0.055 | 3° |
| YS 11013 | 0.020 | 2° | YS 9293 | 0.040 | 2.5° | YS 6293 | 0.12 | 7.5° |
| YS 11014 | 0.020 | 2° | YS 9294 | 0.040 | 2.5° | YS 6294 | 0.085 | 5.5° |
| YS 11015 | 0.025 | 2.3° | YS 9295 | 0.045 | 2.5° | YS 6295 | 0.090 | 5.5° |
| YS 11016 | 0.028 | 2.5° | YS 9296 | 0.045 | 2.5° | YS 6296 | 0.070 | 4.5° |
| YS 11017 | 0.030 | 3° | YS 9297 | 0.050 | 5° | YS 6297 | 0.11 | 7° |
| YS 11018 | 0.035 | 3.2° | YS 9298 | 0.055 | 5.5° | YS 6298 | 0.12 | 7.5° |
| YS 11019 | 0.038 | 3.5° | YS 9299 | 0.060 | 6.5° | YS 6299 | 0.12 | 7.5° |
| YS 11020 | 0.040 | 3.5° | YS 9300 | 0.065 | 7.5° | YS 6300 | 0.11 | 7° |
| YS 11021 | 0.042 | 4° | YS 9301 | 0.070 | 8.5° | YS 6301 | 0.12 | 7.5° |
| YS 11022 | 0.045 | 4.5° | YS 9302 | 0.090 | 11° | YS 6302 | 0.12 | 7.5° |

**成效**：合理的脱模斜度会使塑料制品顺利地从模具中脱出，避免了开模时制品黏附在模具上，导致制品顶出变形或顶不出等现象。

### 3.1.28　忌塑件设计壁厚不均

**原因**：使塑料制品壁厚均匀原因主要有以下三点：

1）塑料注射成型的过程中会产生收缩，若壁厚不均匀，会造成塑件收缩不均，从而产生内部应力不均，以致产生缩孔、气泡及翘曲等现象。

2）若壁厚不均，部分胶位较厚，那么必然会延长冷却时间和成型周期，降低生产率。

3）壁厚不均的拐角处，会因应力集中而引起制品变形或开裂。

**措施：**

1）骨位尺寸要与主体壁厚成一定比例，例如：PP 材料大端不能大于对应主壁厚的 0.4 倍，ABS 材料大端不能大于对应主壁厚的 0.6 倍，小端不能小于 0.70mm。

2）制品边与边、面与面的拐角处采用圆弧连接的型式，如图 3-48 所示，要保证拐角处的尺寸 $S=t$。这样可以避免应力集中而引起变形或开裂，并提高塑件脱模的承受能力。

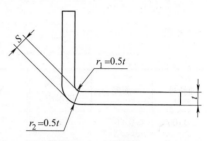

图 3-48　拐角的设计

**成效：** 塑料制品壁厚均匀可以避免产生缩孔、气泡及翘曲，避免因应力集中而引起变形或开裂，并提高塑件脱模的承受能力，保障了注塑制品质量。

### 3.1.29　忌塑件未进行预变形结构设计

**原因：** 塑胶制品在注射成型后，因为产品结构、塑胶特性、模具温度、注射工艺等因素会导致扭曲变形，如油门踏板。

如图 3-49 所示的油门踏板为功能性产品，外形尺寸为 279.5mm×180.6mm×74.1mm，产品为长条形，塑件底部有大量骨位用以增加制品强度，侧面脚踏的位置设计了防滑槽。为满足使用功能，产品使用力学性能、耐热性能、耐疲劳性能优异，被广泛应用于汽车工业、仪器壳体以及其他对材料有抗冲击性和高强度要求的领域的工程塑料——PA66，同时为了提高 PA66 的机械特性，还加入了 40% 的玻璃纤维，其塑料收缩率为 0.7%。

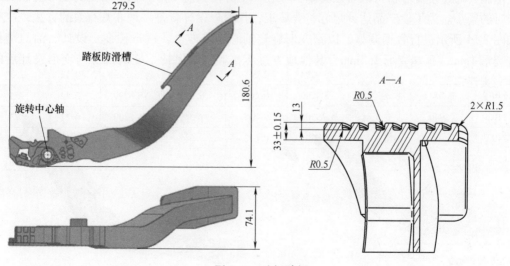

图 3-49　油门踏板

产品采用针阀点直接进到产品上，模流分析参数如图 3-50 所示。

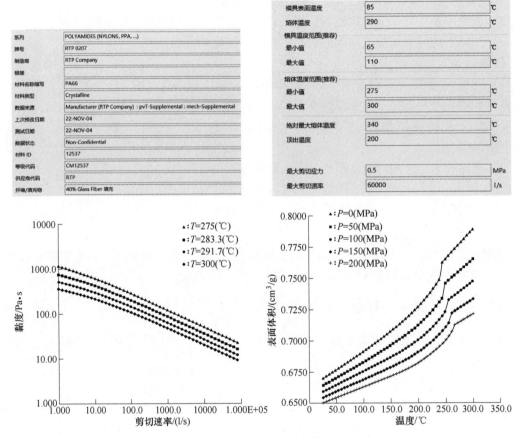

| 系列 | POLYAMIDES (NYLONS, PPA, ...) |
|---|---|
| 牌号 | RTP 0207 |
| 制造商 | RTP Company |
| 链接 | |
| 材料名称缩写 | PA66 |
| 材料类型 | Crystalline |
| 数据来源 | Manufacturer (RTP Company) : pvT-Supplemental : mech-Supplemental |
| 上次修改日期 | 22-NOV-04 |
| 测试日期 | 22-NOV-04 |
| 数据状态 | Non-Confidential |
| 材料 ID | 12537 |
| 等级代码 | CM12537 |
| 供应商代码 | RTP |
| 纤维/填充物 | 40% Glass Fiber 填充 |

| 模具表面温度 | 85 | ℃ |
|---|---|---|
| 熔体温度 | 290 | ℃ |
| 模具温度范围(推荐) | | |
| 最小值 | 65 | ℃ |
| 最大值 | 110 | ℃ |
| 熔体温度范围(推荐) | | |
| 最小值 | 275 | ℃ |
| 最大值 | 300 | ℃ |
| 绝对最大熔体温度 | 340 | ℃ |
| 顶出温度 | 200 | ℃ |
| 最大剪切应力 | 0.5 | MPa |
| 最大剪切速率 | 60000 | l/s |

图 3-50　模流分析参数

**措施：**通过模流分析可以看出脚踏区域在 3 个方向都有变形，但分析出的变形值比实际生产时的要小。为了使产品达到尺寸符合要求，预变形设计就是一种非常有效的方法，产品按如图 3-51 所示进行数据调整，以预变形旋转轴心为基准点，进行预变形设计，油门踏板底端变形 1mm，顶端变形 1.3mm，其他地方过渡接顺，使保持不变的部分与变形设计后的部分完美连接。

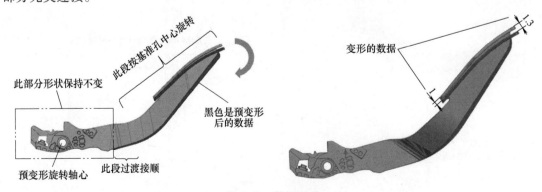

图 3-51　数据调整

**成效**：模具采用预变形的结构，进行分模设计，模具制造完成后，经过注射成型参数调整，待制品冷却放置、尺寸稳定后，经检测，硬度及外形尺寸均符合原产品图样要求，注塑后经过扭曲变形后达到产品目标尺寸。

### 3.1.30　忌未按塑件横纵向分别取值缩水率

**原因**：收缩是注塑件在冷却时的体积减小，当塑胶从熔融状态到冷却固化状态时，它的体积会因分子链互相接近而减少（见图 3-52）。在半结晶性塑胶的案例里，塑胶其收缩率比非结晶性塑胶高，因为在塑胶的结晶过程中，分子链的密度有增加（见图 3-53），纵、横方向的收缩因分子流向不同而有所不同，也就是说塑料的水平流动和垂直流动收缩不相同。

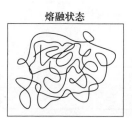

图 3-52　注塑件熔融状态与固化状态

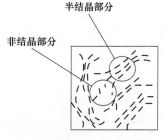

图 3-53　塑胶结晶分子链状态

**措施**：要准确预测某些塑件的收缩是比较困难的，这也是行业里的一大难题，因为影响塑件收缩的因素很多，注塑过程的工艺调试也有差异，不同塑件的形状、结构、规格不同也会影响塑件的收缩，这些都要通过分析比较试验模具或形状结构类似的产品，才能准确地计算出收缩值。图 3-54 所示塑件中间并排有多个方孔，胶料为 LCP（玻纤增强 15%），胶料的缩水率理论值为 0.2%~0.8%，由于胶料及产品结构的原因，$E$ 向、$F$ 向、$G$ 向缩水率各不相同，通过试验模具验证测量，$E$ 向缩水率为 0.7%，$F$ 向缩水率为 0.6%，$G$ 向缩水率为 0.2%。

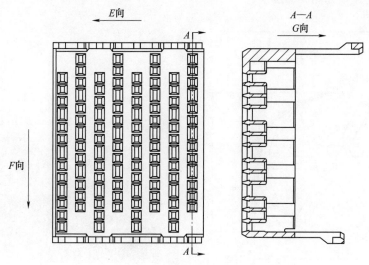

图 3-54　塑件二维图

另一个方法是在生产中采用一些措施，如调整工艺参数，加以补偿，使塑件收缩程度降低，塑性收缩原因及处理方法见表3-4。

表 3-4　塑件收缩原因及处理方法

| 收缩原因 | 处理方法 |
| --- | --- |
| 模具进胶不足 | 加大注射压力及增加注射时间 |
| 熔胶量不足 | 增大熔胶量 |
| 注射压力太低 | 增大注射压力 |
| 保压不足 | 延长保压时间及提高背压压力 |
| 射胶时间太短 | 增加注射速度及时间 |
| 主流道过小 | 增大主流道 |
| 料温过高 | 降低料温 |
| 模温过高 | 降低模温 |
| 冷却时间不足 | 延长注塑冷却时间 |
| 加强筋过大或柱位过厚 | 修改产品结构 |
| 射胶量过小 | 更换大一级吨位的注射机 |

**成效**：通过总结试验模具及产品结构的经验，模具横纵向分别确定缩水率及在生产中采用的补偿措施，能有效控制塑件收缩值，保证了制品尺寸的合格率，稳定了制品质量。

### 3.1.31　忌在塑件收缩小处设置进料口

**原因**：盘簧盖片是汽车上的一个零件，材料为聚甲醛（颜色不限），基本外形尺寸：63.2mm×57mm×11mm，壁厚在1.0~1.3mm之间，如图3-55与图3-56所示，$B$处有一凸台，凸台厚2.5mm，高7.3mm，近似于葫芦形状。厚度尺寸 $11_{-0.1}^{0}$ mm 要求平行度好。盘簧盖片和盘簧底盒的装配是利用外形上两个卡子实现的，要求盘簧盖片在厚度方向上与盘簧底盒边缘平齐，其装配关系如图3-57所示。

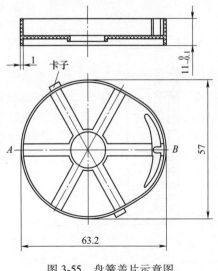

图 3-55　盘簧盖片示意图

图 3-56　盘簧盖片实物图

如图 3-55 所示，由于塑件进料点设置在 $A$ 处（收缩小），并且进料不对称，会造成 $B$ 处的收缩大，使其重要的尺寸 $11_{-0.1}^{0}$ mm 不符合要求，通过调整工艺，如换大设备加工，即在原有设备基础上选择较大容量、较大吨位的注射机，也无法满足用户的要求。

**措施：** 原模具可一模出八件，采用动定模镶块结构，便于控制同心度和加工冷却水道等。产品在改进前模具（左定模、右动模）进料流道示意如图 3-58 所示。浇口形式是潜伏式进料，顶杆顶出脱模时自动剪去浇口。

图 3-57　盘簧盖片和盘簧底盒装配关系图

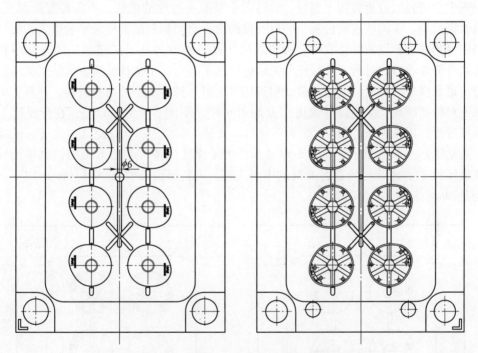

图 3-58　改进前模具（左定模、右动模）进料流道示意图

根据模具进料方式的分析结果，发现在模具设计中存在如下问题：①产品摆放的位置不正确，不具备对称性，造成进料不平衡。②流道过长，从中心位置进料，在 $\phi$6mm 流道走超过 100mm 才能进入型腔部位（见图 3-58），绕过中间的型芯有一定能量（压力和温度）损耗。③进料的位置错误，进料位置如图 3-55 所示，从 $A$ 附近进料，并且由于产品摆放没有对称，导致产品进料位置不能统一，相邻四件产品之间存在误差。从 $A$ 附近进料到 $B$，是从薄点到厚点的过程，$B$ 处有一个凸台，凸台的注塑需要足够的压力和速度，此模具难以达到，同时 $B$ 边缘的周围厚度尺寸在收缩过程往往会受到很大的影响，在 $B$ 处融合位置有时会出现皱纹或不足等情况。从产品实测情况分析，$A$ 处厚度尺寸会有超出 11mm 的情况，这是为解决 $B$ 处厚度尺寸不足而加大压力所导致的，但 $B$ 处尺寸始终达不到要求，模具改进前的产品尺寸及重量记录见表 3-5。

表 3-5　模具改进前的产品尺寸及重量记录表

| 件号 | A 处尺寸/mm | B 处尺寸/mm | 单件重量/g | 件号 | A 处尺寸/mm | B 处尺寸/mm | 单件重量/g |
|---|---|---|---|---|---|---|---|
| 1 | 10.90 | 10.83 | 7.27 | 5 | 10.90 | 10.76 | 7.17 |
| 2 | 10.86 | 10.76 | 7.15 | 6 | 11.04 | 11.00 | 7.40 |
| 3 | 11.01 | 10.80 | 7.28 | 7 | 11.02 | 10.85 | 7.47 |
| 4 | 10.94 | 10.72 | 7.13 | 8 | 11.06 | 10.88 | 7.56 |

　　结合上面对模具和流道情况的综合分析结果、产品测量数据和重量数据等，可以对盘簧盖片模具进行改进，进而提出了以下具体实施方案：①将原有的一模出八件的结构改进为一模出四件，以减小流道的长度、注塑中能量损耗和锁模压力，同时也有利于工艺上的调整。②利用离中心进料处最近的四个型腔，维持四个型腔不对称的摆放，不需要重新调整摆放，以降低改模费用。③调整进料位置，浇口开设的位置对塑料制品的质量影响很大，浇口应设在制品壁厚的部位，以便补偿收缩，由原来从 A 处进料改为从 B 处进料，即先从厚料处进料，再到薄料处收口的过程。④保证分流道进料的平衡性。平衡性分流道是从主流道到各型腔的分流道和浇口的长度、形状、截面积都相等，可达到各个型腔均衡进料、补料。由于四个产品不对称的摆放，尽量设计流道在 B 附近对称，不能有太大的误差，在分流道上转向处用圆弧过渡，以减少压力损失，也利于材料的流动。⑤使用潜伏式浇口，改进后模具（左定模、右动模）进料流道示意如图 3-59 所示，为了保证到各产品的 B 处的进料平衡性，主进料流道倾斜 2°，使其尽量靠近 B 处的中心位置。进料流道长度减小到 100mm 以下，流道直径还是 6mm。

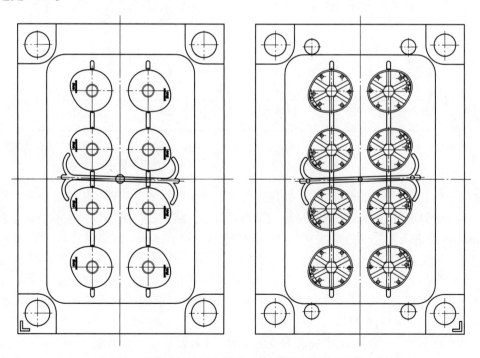

图 3-59　改进后模具（左定模、右动模）进料流道示意图

**成效**：修模后第一次试模时，产品 *B* 处的尺寸得到很好的控制，*A* 处的尺寸得到了保证，盘簧盖片和盘簧底盒装配关系良好，进料浇道改进取得成功，得到用户的认可。模具改进后的产品尺寸及重量记录见表 3-6。

表 3-6　模具改进后的产品尺寸及重量记录表

| 件号 | *A* 处尺寸/mm | *B* 处尺寸/mm | 单件重量/g | 件号 | *A* 处尺寸/mm | *B* 处尺寸/mm | 单件重量/g |
|---|---|---|---|---|---|---|---|
| 1 | 10.94 | 10.94 | 7.67 | 5 | 10.97 | 10.95 | 7.66 |
| 2 | 10.99 | 10.92 | 7.74 | 6 | 10.96 | 10.94 | 7.67 |
| 3 | 10.94 | 10.94 | 7.66 | 7 | 10.95 | 10.92 | 7.72 |
| 4 | 10.94 | 10.92 | 7.72 | 8 | 10.94 | 10.92 | 7.64 |

因为 *B* 处有个厚凸台，所以在后续的冷却过程比 *A* 处的收缩程度相对要大些，因此先进料的 *B* 处尺寸要比 *A* 处尺寸略小一点，但经过几天的收缩后，尺寸依然满足要求。流道改进后，产品单件重量同改进前做比较，重了 0.2~0.5g，说明产品注塑充实性变好了，能应付 *B* 处厚凸台的收缩。

## 3.1.32　忌多流道浇口进料不平衡

**原因**：在模具设计中尽可能地采用多型腔模具结构，多型腔模具包括相同塑件的多型腔和不同塑件的多型腔两种形式。由于多流道浇口进料不平衡，常常导致调整注射工艺困难，难以保证所有塑件重量一致，产品合格率偏低。如配光镜嵌件，产品对重量的要求很严格，模具为一模出两件结构，左右各一件，嵌件的重量为（32±0.2）g，加上浇口后的总重量为 73.6g，如图 3-60 所示。嵌件经过两次成型加工，成为汽车尾灯外罩（配光镜），嵌件合成的配光镜如图 3-61 所示。

图 3-60　嵌件加上浇口的总重量

图 3-61　嵌件合成的配光镜

**措施**：配光镜用的 PMMA 材料，使用短射法时，还是先将产品调整到正常注塑的状态，具体措施如下：①在正常状态下，做 3~5 模产品，在电子称上称出总重量、浇口重量、左右件的重量。②第一次调整熔胶量大小，减少注塑量，调到 70% 左右，适当调整位置，再做 3~5 模产品，在电子称上称出总重量、浇口重量、左右件的重量。③第二次继续调整熔胶量大小，减少注塑量，调到 50% 左右，适当调整位置，再做 3~5 模产品，在电子称上称出总重量、浇口重量、左右件的重量。④第三次继续调整熔胶量大小，减少注塑量，调到 30% 左右，适当调整位置，再做 3~5 模产品，在电子称上称出总重量、浇口重量、左右件的重量，试验的样品如图 3-62 所示。

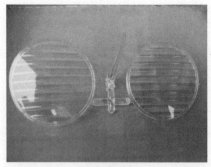

a) 正常注塑量100%

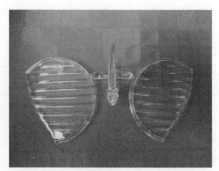

b) 注塑量70%

c) 注塑量50%

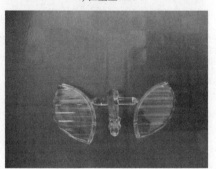

d) 注塑量30%

图 3-62　试验的样品

根据上面试验的结果，对整理后（取几次试验测量的数据的平均数）的数据进行分析，得出不同注塑状态的结果，见表 3-7。

表 3-7　不同注塑状态结果　　　　　　　　　　　　　　　　（单位：g）

| 注塑状态 | 全部重量 | 浇口重量 | 右件重量 | 左件重量 | 左右件重量差值 |
|---|---|---|---|---|---|
| 100% | 73.6 | 9.2 | 32.1 | 32.3 | 0.2 |
| 70% | 52.2 | 9.2 | 20.6 | 22.4 | 1.8 |
| 50% | 37.1 | 9.2 | 13.2 | 14.7 | 1.5 |
| 30% | 23.2 | 9.2 | 6.5 | 7.5 | 1.0 |

根据重量法，产品最大的重量与最小的重量的差值应在 2% 以内，即重量波动的误差在 2% 以内，就满足了型腔进料平衡的要求，是可以接受的；如果超出 2%，说明型腔之间进料不均衡。

浇注平衡的调整是涉及流体动力学的复杂问题，为使大小不同的型腔能同时充满。通常采用如下措施：①加长到较小型腔的流道长度。②减小到较小型腔流道的截面尺寸。③改变进入型腔的浇口尺寸。对浇口几何尺寸做出修整，来改善其他不均衡的因素。调整先测量处两边进料的浇口尺寸，发现配光镜嵌件模具进料浇口的宽度尺寸均为 4.8mm，进左件的浇口厚度为 2.35mm，进右件的浇口厚度为 2.05mm。两者在浇口厚度上相差 0.3mm，应先对一个进料浇口进行调整，且不能一步到位地调整，应先调一部分尺寸，然后进行注塑、测量，注塑方法采用上述的短射法和重量分析法，如果没有将误差控制在 2% 以内，则还要进行调整，调整不可能一步到位，调整尺寸以另一腔浇口尺寸为准，通过调整浇口的几何尺寸，来改善进料的平衡，但是两腔的浇口几何尺寸基本靠近时，还是没有调整到 0.2% 的误差内，就不能再调整浇口。如果两浇口几何尺寸调整的相差较大时，冷凝时间会不同，致使各型腔保压状态不同，塑件质量也很难达到一致。

**成效：** 通过对一模两腔的进料平衡作了试验和调整，取得了较好的效果，使原来的注射压力有了一定的下降，产品外观质量有了很好的提升，较好地消除由于压力过大而产生的飞边和其他缺陷等。在一模两腔取得成功的基础上，再进行一模四腔进料平衡的试验和调整，逐步向一模八腔进料平衡方面发展。

### 3.1.33　忌 PC 表面件用针阀热流道进料

**原因：** 灯具中内配光镜（材料：PC）表面质量要求高，除了工艺上的缺陷（如银丝、气纹）不可，模具用了针阀热流道从正表面进料，给产品控制带来不少困难，每次开机生产时工艺调整时间长，要等针阀热流道调顺才能正常生产，有很多的产品报废。针阀热流道位置示意如图 3-63 所示。

图 3-63　针阀热流道位置示意图

针阀式热流道分为气缸式和弹簧式，气缸式靠控制器和时序控制器来控制气缸、推动针阀的关闭。弹簧式靠弹簧和注射压力的平衡来控制针阀开关。一般使用弹簧式浇口多，但调试和维修费用较高。容易出现问题是浇口处温度高有光圈、温度低有冷斑。表面有明显的浇口痕迹，阀针应突出 0.2mm，与阀针调整控制有关，针阀式热流道进料部分示意如图 3-64 所示。有飞边，与锥度配合有关。浇口温度低，浇口周围时有银丝，浇口处表面粗糙，针阀顶端没有做抛光处理等，针阀式热流道产品缺陷如图 3-65 所示。一般开始加工的半天产品表面问题较多。

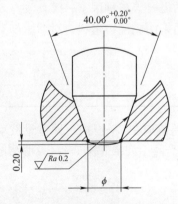

图 3-64　针阀式热流道进料部分示意图

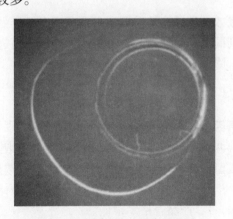

图 3-65　针阀式热流道产品缺陷

**措施：** 侧浇口是适合 PC 材料的浇口形式，如图 3-66 所示。侧浇口形状简单，使整个浇注系统都容易加工；去除浇口比较容易，用剪刀、夹钳或者小刀都容易下刀，不会损伤到塑件表面；进胶浇口厚度为 0.4~0.8mm，过厚会延长冷却时间，进而延长成型周期；浇口宽度在 5~15mm 之间，相对来讲，宽度对冷却时间影响较小。进料浇道长度为 20~100mm，其至还可以长些，进胶直浇道（主浇道）的长度≤160mm，在这样长的直浇道和进料浇道的情况下，只有PC可以拥有很好的熔融指数（配有较高的模温机）。浇桥距离为3~8mm。流道也是热塑性注射模设计中最重要的环节之一，最主要的原则是以尽可能小幅度变化的温度和压力通过流道、输送熔融塑料，并同时充满所有型腔，采用何种流道形式是设计关键所在。不同流道截面类型对塑件的热变形并无显著影响。圆截面流道的熔体流道阻力最小，热量不容易散失；从加工方面来考虑，圆截面流动需要在动模和定模两边同时加工、精确对齐组合而成。最好在浇道设置冷料井和顶杆。在PC侧浇口结构示意如图3-67所示。浇口的位置应尽量避免塑件结构薄弱之处，减少熔接痕产生，以减少残余应力，提高塑件强度和外观质量。

图3-66　PC材料的侧浇口示意图

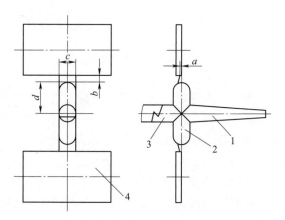

图3-67　PC侧浇口结构示意图

1—进胶直浇道（主浇口）　2—进料浇道

3—冷料井　4—产品（塑件）

a—进胶浇口厚度　b—浇桥长度　c—浇口宽度

d—进料浇道长度

**成效**：模具改动需要用户认同，考虑产品换代的需要等各种因素，模具没有改动，但以后遇到同类产品开模时，不采用针阀热流道进料，而采用侧浇口进料，对缩短产品调整工艺时间、降低报废率，有显著效果。

### 3.1.34　忌PC塑件用扇形浇口进料

**原因**：图3-68所示的是手机外壳毛坯件，属于薄壁件，一模出两件，注塑压缩成型，扇形浇口进胶。产品注塑中存在成型周期长、彩虹纹、两边厚度不一致的问题（其中一边厚度超过0.7mm，严重单边，达不到要求尺寸：0.63~0.65mm。），产品合格率很低。

**措施**：扇形浇口进胶冷却时间较长，会导致周期变长，两边厚度不均匀不排除模具原因，也有注射压力大，导致进料不均，彩虹纹属于应力痕，按照常规侧浇口进行改进如图3-66、图3-67所示。

图3-68　薄壁件示意图

**成效：**经过浇口改进后，较好地消除彩虹纹，两边厚度得到控制。两边成型厚度在0.65mm达到要求，浪费减少，合格率提高。

### 3.1.35　忌 PC 零件在顶杆处设置潜伏式浇口进料

**原因：**如图3-69、图3-70所示的牌照灯配光镜，是一个薄片件，单件重量为4g，采用潜伏式浇口进料，一模出二件。为了顺利进胶，将进胶点设置在尺寸为8.5mm的台阶延长段上，产品出模后再用工具去掉延长段。有时员工没有把进胶延长段去掉就将产品送出厂，如图3-71所示。更为关键的是顶出杆每次顶断浇口所切削下来的料屑不

图3-69　牌照灯配光镜产品图

一定能被顶出模具，经常会吸附在模具表面上，当员工进行下一模注塑时，料屑就被注塑在下一个产品表面上，导致整个产品报废，浪费较大，顶出杆磨损也较严重。

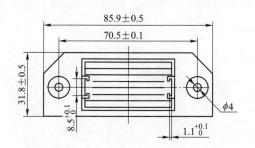

图3-70　牌照灯配光镜示意图

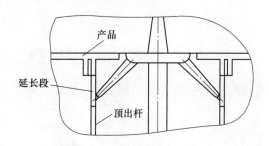

图3-71　配光镜潜伏式浇口示意图

**措施：**按照常规侧浇口进行改进，如图3-66、图3-67所示，并且调整顶出杆的长度直至其达到要求。

**成效：**经过浇口改进后，产品表面没有异物，质量提高了，浪费减少了一半。且不再需要剪切进胶点的延长段，而只需剪切直接浇口，这样更容易操作。

### 3.1.36　忌 PC 零件大正面处设置点浇口进料

**原因：**某仪表壳有外观质量要求，产品重量约为50g，采用点浇口进料，进料直径为1.0mm，位置选在大圆与小圆中间，做出的产品在点浇口处有冷料斑和拉裂，导致产品不合格，改进前的仪表壳模具浇口如图3-72所示。报废品较多，浪费现象严重，无法满足用户要求。

**措施：**模具浇口无法改为侧浇口，模具是一出一结构。通过将进料位置放在旁边的小圆柱顶上，将进料直径改为1.8mm，改进后做出的产品质量有所提升，冷料斑和拉裂没有了，小圆柱呈不透明状态，如图3-73所示。

**成效：**经过浇口改进后，浇口位置在圆柱上，进料直径加大，浇口脱离时没有拉带产品和使其产生裂纹，再加上模温机的作用，产品质量提升很多。

图 3-72　仪表壳浇口改进前示意图　　　　　图 3-73　仪表壳浇口改进后示意图

### 3.1.37　忌圆筒形状产品从侧面（潜伏式）浇口进料

原因：某外壳零件，材料为 PP（聚丙烯），产品壁厚为 2.5mm，高度为 30mm，直径为 25mm。产品试模后有熔接痕迹，PP 外壳零件如图 3-74 所示。

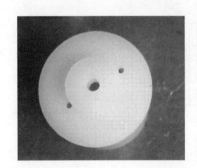  

图 3-74　PP 外壳零件

模具设计时采用潜伏式浇口进料，一模出四件，在产品进料的背面产生熔接痕，尽管在工艺上想尽了方法，也无法消除，如图 3-75 所示。

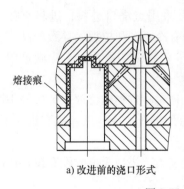 

a) 改进前的浇口形式　　　　　b) 进料处　　　　　c) 熔接痕

图 3-75　改进前的浇口形式、进料点和熔接痕

**措施：** 改用从顶部进料，而不采用潜伏式进料形式。此外壳零件模具是一副小模具，改动浇口比较方便。如果是大模具则一定要先考虑好浇口和熔接痕的关系，否则改动模具浇口比较困难。浇口改进形式、进料点位置和无熔痕如图 3-76 所示。

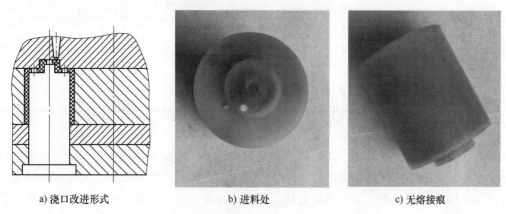

a) 浇口改进形式　　　　　　b) 进料处　　　　　　c) 无熔接痕

图 3-76　浇口改进形式、进料点位置和无熔接痕

**成效：** 进料位置的改变，改变了排气形式，使排气顺利。产品出模后无熔接痕，产品合格。

### 3.1.38　忌蓄电池槽从型芯中心面处设置进料浇口

**原因：** 汽车蓄电池电池槽的材料为共聚聚丙烯，由六个单体室构成，每个单体室是一组电池，电压为 2V，单体室之间不能有穿格和漏眼，否则会影响整个电压降，槽室之间为中间隔，槽体为深腔、薄壁结构，脱模斜度较小。蓄电池装配中槽与盖的热封配合要求较严，槽口平整性要好（即五个中间隔与四周在一个平面上），以便于做穿壁焊孔和热封。对电池槽的成型要求是各个筋格要平直，上口不准有弯曲，下面也不能有弯曲变形（像瓦片状），五个中间隔厚度要均匀一致，槽表面不能有较大收缩痕迹，可见电池槽注塑有一定的难度。105Ah 以下型号的电池槽如图 3-77 所示，其主要尺寸见表 3-8。

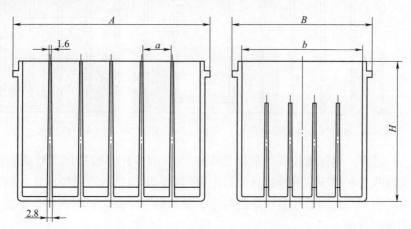

图 3-77　105Ah 以下型号的电池槽

表 3-8　105Ah 以下型号的电池槽的主要尺寸　　　　　　　　　　（单位：mm）

| 项目 | 型号 | | | | |
|---|---|---|---|---|---|
| | 36Ah | 45Ah | 60Ah | 80Ah | 105Ah |
| A（电池槽长度） | 197 | 238 | 258 | 303 | 405 |
| B（电池槽宽度） | 129 | 129 | 168 | 168 | 171 |
| H（电池槽高度） | 190 | 192 | 192 | 192 | 205 |
| a（筋格间距） | 29.5 | 36.5 | 39.5 | 47.2 | 61 |
| b（电池槽内宽度） | 117 | 117 | 156 | 156 | 160 |

　　电池槽模具设计中，浇注系统制品外观和成型难易程度影响较大。电池槽模具分流道的布置形式，取决于型腔的布局，遵循的原则是排列紧凑，能缩小模板尺寸，减小流程，锁模力力求平衡，采用平衡式的布置形式，6 针式点浇口示意如图 3-78 所示。其主要特征是从主浇道到各个型腔的分浇道长度、断面形状及尺寸均相等，以达到各单体室能同时均衡进料的目的。浇口是连接分浇道和型腔的桥梁，其作用有两点：第一，对塑料熔体流入型腔起控制作用；第二，当注射压力撤销后，浇口固化，封锁型腔，使型腔中尚未冷却固化的塑料不会倒流。浇口是浇注系统的关键部分，浇口采用长度很短（0.5~2mm）的浇桥而截面又很狭窄的小浇口。采用的针点式浇口又可称为橄榄形浇口、菱形浇口，是一种尺寸很小的浇口。

　　该电池槽采用如图 3-80 所示的 6 针式点浇口进料，其优点是充模时不会因喷射形成产品缺陷，在充模开始的瞬间不会导致型芯偏倒、折断等；缺点是成型时点浇口调整很不方便，生产现场注射工艺和进料口直径调整会花费精力很多，且很难调整到位，耗时费力。

　　**措施：** 把原来的浇口由 6 针式点浇口改为 7 针式点浇口，如图 3-79 所示。

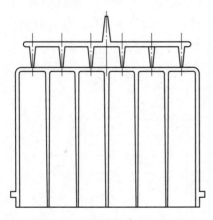 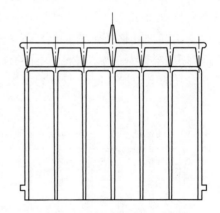

图 3-78　6 针式点浇口示意图　　　　　图 3-79　7 针式点浇口示意图

　　根据生产的需要，电池槽模具（针对 105Ah 以下型号）一般采用 7 针式点浇口对产品缺陷进行平衡调节，有利于直观地进行浇口平衡调节，对浇口的位置要求比较高，浇口的中心位置和模具上两型芯之间必须有很好的对应，先调整每个浇口，再调整整个浇注系统，是个系统协调调整的过程。

　　1）短射法观察成型。所谓短射法，就是不使用保压或有较小保压，设定压力为零、保压时间不变，根据不同的切换位置，从大到小依次注塑不完整的产品。只有在短射的情况下才最能反映出每个浇口位置材料流动的情况，特别是电池槽模具上有 7 个浇口位置，可根据流动情况调整浇口的大小。如图 3-80 所示，两侧的浇口较大些，两侧很快充满了，而中间 5 个浇口较小些，又离中心进料比较近，不容易被充满，说明浇口需要调整。

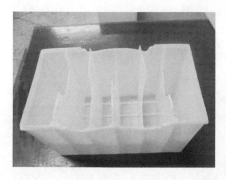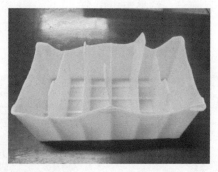

图 3-80　短射的电池槽示意图

2）充满法调整。通过短射法将 7 个浇口孔径调整到基本符合要求的情况下（各浇口进料流速相同时），在能达到图 4 浇口进料基本平衡的情况下，可以用充满法进行轻微调整浇口大小，只是个别的调整。所谓的充满法就是按照正常注塑条件进行注塑。在正常注塑情况下，做出的产品还会有些缺陷。如图 3-81 所示，在充满法注塑后各中间隔情况很明显，有的已经充满，有的还有一点未充满。针对这些缺陷调整是比较轻微的，但也是很难的，如果没有掌握好的方法，也会影响其他中间隔的成型。要细心地慢慢调整，直到调整到注塑件完好为止。

a) 充满法调整未充满　　　　　　　　　　　　　b) 充满法调整已充满

图 3-81　充满法调整示意

**成效：**7 针式点浇口的优点是便于直观地进行浇口平衡调节，在试模阶段调整好了，生产出现问题时的可以调整对应的浇口大小，使 7 个浇口均处于可调可控的状态，产品报废少。但也要注意，浇口有不平衡会导致个别浇口充模快，型芯容易向充模慢的一边偏倒，严重时型芯一边偏倒容易包模等问题。

### 3.1.39　忌 3Cr2Mo 模具钢进行淬火处理

**原因：**图 3-82 所示为灯具笼罩产品，其外形尺寸：直径 100mm、高 130mm，材料为 ABS。产品是四周镂空结构，属于用大滑块抽芯脱模的结构，其中大滑块加工量较大。用户提出模具成型部分（滑块）材料为 3Cr2Mo 模具钢，考虑产品产量较大，故将模具做成硬模（热处理后加工），要求模具制造商使 3Cr2Mo 模具钢淬火后硬度达 48~52HRC 后加工。

制造商根据要求对滑块进行成型加工，留有一定的余量进行淬火，在淬火前还对滑块进行了退火处理后，结果滑块出现了裂纹，且裂纹很严重，如 3-83 所示。在注意各种工艺控制的情况下，第二次加工还是有裂纹，且与第一次的情况基本相同。

图 3-82　灯具笼罩　　　　　　　　　　　　　图 3-83　滑块裂纹

3Cr2Mo 模具钢属于预硬模具钢，其硬度在 32~36HRC 之间，属于调质硬度，如果要通过淬火使其硬度达 48~52HRC，则是个加硬的过程。3Cr2Mo 模具钢的碳含量为 0.28%~0.4%，钢板轧制后存在碳化物偏析，由于调质处理有加热温度高、晶粒粗大、增加脆性或其他问题存在，会导致加硬过程中容易产生裂纹，因此操作工艺是比较复杂的，操作不当更会加重产生裂纹的情况，故一般不建议对 3Cr2Mo 做加硬处理。

**措施：** 制造商改用 718 模具钢[○]，一次热处理就成功了，达到了用户需要的加工硬度。

**成效：** 718 模具钢不仅质量更好，加工费用也更低。

### 3.1.40　忌透明塑料产品模具选用不注重化学成分分析

**原因：** 透明塑料产品成型比一般塑料成型难度大，对应的模具型腔型芯使用材料比较好，并要求经过处理后表面有一定的硬度，模具型腔型芯的表面质量很高，基本上达到比镜面还要高的水平。透明件塑料模具的型腔型芯表面粗糙度值的设计要求达到 $Ra0.025\mu m$ 以下，要求材料有耐磨性、强韧性、疲劳断裂性能、耐高温性能、耐冷热疲劳性能、耐蚀性等性能。但是在实际模具使用中，经常对模具做抛光处理，如果抛光会在模具表面发现一点点阴影，好像是气孔一样，造成在透明件上折光，可以看出微小的点子，影响透明产品的质量。好的材料不仅需要在精锻和专业热处理后得到好的组织结构，也不能忽视材料的杂质（磷和硫）的含量，这些杂质往往是导致模具表面出现一点点阴影的主要原因。这说明在选材时没有重视材料有害物含量分析。

**措施：** 含硫较多的钢热脆性较大，含磷多的钢的冷脆性较大。硫化物是非金属夹杂物，会降低钢的力学性能，并在轧制过程中形成热加工纤维组织。硫是有害的杂质，因此在钢中

———————————
○　718 模具钢与我国的 3Cr2NiMo 成分较为接近。——编者注

要严格限制硫的含量。而磷在结晶过程中，容易产生晶内偏析，使局部含磷量偏高导致冷脆。磷的偏析还使钢材在热轧后形成带状组织。磷也是有害的杂质，因此在钢中也要严格控制磷的含量。含硫、磷多对钢材组织结构也有较大的影响。好的材料的磷和硫的质量分数应<0.03%，这能满足一定的需要，而对于要求较高的透明件模具钢来说，可以选材料含磷和硫的质量分数<0.003%的材料，但这种材料价格是很昂贵的。

**成效：** 选择材料看成分，主要是看含磷和硫控制的范围，一般好的材料含磷和硫控制范围有一定的保密性，有的公布含硫量也是可以的。控制好磷和硫的含量，材料在抛光中不容易在模具表面出现阴影，这对成型产品起到了很好的支持作用。

### 3.1.41　忌 PP 塑件模具冷却不充分

**原因：** 置物箱是汽车上的塑料零件，安装在司机座椅右下边，上面留有操作手柄位置，以及水杯和其他物品放置地方。置物箱塑件全长为（970±2）mm，宽度为 150mm，形状呈不很规则的长槽形，塑件壁厚为 3mm，单边壁薄不低于 2.5mm。置物箱使用 PP 改性增强型材料（混合有玻璃纤维和滑石粉等），颜色按用户提供的色板进行配色，整个塑料件外表面均做皮纹处理，深度为 0.1mm，置物箱如图 3-84 所示。

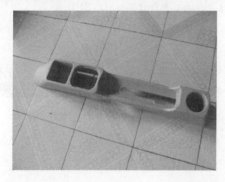

图 3-84　置物箱

模具进料从产品长槽向两边，一模出一件，模具长度较长，给产品的冷却水道加工带来了困难，型腔和型芯加工冷却水道在产品周边，属于一节一节地冷却，效果不是很好。另外，PP 改性增强型材料使产品产生的收缩变形是很明显的。模具也没有改动，靠产品后处理方法来解决变形，是劳民伤财的做法。当然，也有一些产品结构因素的影响。PP 是结晶型塑料，加了有玻璃纤维和滑石粉等混合，对收缩变形有所改善，但 PP 的收缩表现为加工收缩、后收缩和热收缩，收缩过程伴有变形，且塑料件的后收缩的时间较长。由于产品在成型时没有充分的冷却，产品残余应力较大，变形概率也很大。收缩形式主要是向内收缩变形，会影响产品装配和使用。

**措施：** 产品一出模具便修剪其浇口毛边等，并马上放两个木制定型框架在产品变形的部位，如图 3-85 所示。产品放在木架上，冷却 24h 后，再把两个木制定型框架取出，在容易变形的部位（厚度变化比较大、收缩也比较大的地方）放上两个塑料件（块），厚度尺寸与置物箱中槽宽度尺寸基本一样，如图 3-86 所示。在装箱时塑件中间互相扣好，以减少以后的变形。通过上述方法控制变形，能比较好地解决模具冷却水道不足、冷却不充分的问题，进而解决了置物箱变形问题。置物箱存放 1~2 月，再送到装车的现场基本上是没有问题的。

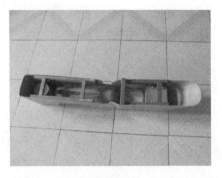

图 3-85　木制定型框架放在产品变形部位　　　图 3-86　塑料件（块）放在易变形的部位

**成效：**通过后处理措施，弥补了模具冷却不足的缺陷，保证了产品供货，但也花费了一些人工、定型工具、场地空间等成本。

### 3.1.42　忌大型芯固定板太薄

图 3-87　冰箱果蔬盒

**原因：**图 3-87 所示是冰箱果蔬盒，用两副模具完成后，进行焊接组装。在 20 世纪 80 年代，产品是完整的由 PS（透明）材料一次性注射成型的，模具中型芯与固定板的厚度和配合都有紧密关系。设计者考虑到固定稳定性的问题，把模具型芯和固定板设计为整体型，但制造者考虑整块材料挖去四周料太浪费了，故把其分解成型芯、固定板、垫板三部分，果蔬盒模具型芯如图 3-88 所示。

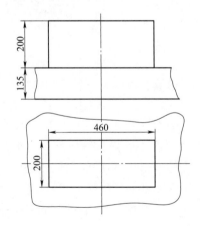

图 3-88　果蔬盒模具型芯示意图

果蔬盒高度和宽度是 200mm，长度是 460mm。选用固定板厚度为 135mm，大于型芯高度的三分之二，即便选择固定板固定型芯，后面也要加一件垫板，至少在 60mm 以上。设计者将模具设计为整体，既减少了一件垫板成本和空间，也考虑到在注射压力下型芯不会发生偏心，可见这个设计是完全可行的。但制造者将模具分解成型芯、固定板、垫板后，还将固定板和垫板减薄，使固定板的厚度没有大于型芯高度的三分之二，给模具留下了隐患。模具在第一次试模时，型芯就发生严重偏移，由于产品是透明的，故可以看得清清楚楚，经过很多次加固型芯，甚至用焊接方法，也还是不行，最后只能重新做整体型芯。

**措施：**对于类似结构的模具设计，首先考虑型芯固定部分的厚度，原则上应大于型芯高度的三分之二，才能抵抗注射时各方的压力。同时还要有较好的配合，一般采用过盈配合容易装卸，还要考虑足够厚的垫板。对于做成整体形式也是可以考虑。两者之间有各自的优点和不足点，需要平衡考虑。

**成效：**型芯在注射中不会有偏移，产品周边厚度均等。

## 3.1.43　塑料成型模具型腔设计禁忌

### 1. 注射模型腔数量忌设计过多

**原因：**为了提高效率，一套注射模往往具有多个型腔，可以同时进行多个制品的注射成型，模具的型腔数越多，越能体现模具的经济性。但注射模的型腔数并不可以无限制地增加，而要根据制品的精度要求及现有生产条件来综合考虑。

**措施：**在设计注射模的型腔数量时，首先要考虑制品的精度要求。因为模具的型腔数量越多，所加工塑料制件的精度就越低。根据实际生产经验，在相同的生产条件下，注射模每增加一个型腔，塑料制件的精度将降低 4% 左右。注射模型腔数量与制品精度之间的关系，可以按下式来表示：

$$n \leqslant 2500 \frac{\delta}{\Delta L} - 24$$

式中　$n$——模具型腔数量；

　　　$L$——制品基本尺寸（mm）；

　　　$\delta$——制品尺寸公差（mm）；

　　　$\Delta$——当模具为单腔时，制品所能达到的尺寸公差（mm）。当材料为聚甲醛时，$\Delta = \pm0.2\%$；材料为聚酰胺-66 时，$\Delta = \pm0.3\%$；材料为 PE、PP、PC、ABS 及 PVC 等结晶型塑料时，$\Delta = \pm0.05\%$。

由此可见，当所加工的塑料制件精度要求越高，则注射模应选择较少的型腔数量，当加工高精度的塑料制件时，模具型腔不宜超过 4 个。

在确定注射模型腔数量时，还应结合现有生产条件来考虑。最主要的因素就是与注射模配套的注射机的情况。注射机的最大注射量和额定锁模力是决定注射模型腔数的主要因素。在设计注射模型腔时，所有型腔的注射量的总和不应超过注射机注射量的 80%；而注射模注射时所有型腔的熔体对型腔表面的压力和应小于注射机的额定锁模力。

**成效：**合理数量的型腔数量，在确保模具加工质量的同时也提升了模具的经济性。

### 2. 注射模分型面和成型零件结构形式选择禁忌

**原因：**注射模具的分型面选择是否合理往往对最后制品的外观质量有很大影响，还将对模具的加工难易和使用性能有很大影响。

凸模（型芯）、凹模、型环和镶件等成型零件是构成注射模具型腔的主要部分。这些成型零件的结构设计是否合理及制造质量是否合格对塑件制品的形状和精度起关键作用。

**措施：**设计模具分型面时，要综合考虑塑料制件的结构形状、尺寸精度、外观质量、脱模方式等因素，同时，还要考虑模具注射过程中的嵌件、排气等因素。

在设计模具选择成型零件的结构形式时，首先应能保证制品的形状和精度等质量要求，同时，要兼顾其制造加工的便利性和使用性能。

凹模、凸模是注射模具主要的成型零件，其结构形式有整体式和镶拼式。对于形状较简单的塑料制件，一般选择整体式的结构形式；而对于形状较复杂或者不便制造的大型模具，应考虑选择镶拼式结构。

**成效**：通过合理选择分型面及成型零件的结构形式，可以保证塑件制品的形状和精度。

3. 压缩模型腔设计禁忌

**原因**：压缩模的加压方向是压力机驱动凸模向原料施加压力的方向。选择加压方向的合理与否，对模具的使用性能有很大影响。

压缩模的分型面是上、下模闭合时的接触面。在模具结构设计时，应从制件脱模、模具成型零件加工、制件精度保证及制件外观质量等几方面综合考虑，确定合理的分型面，并以此来进行上、下模的设计。

**措施**：压缩模型腔合理的加压方向应具备以下特征。

1）加压方向应朝向型腔尺寸较大的一端，这有利于原料的添加。

2）加压方向应与制件的形状尺寸相适应。当制件为较短的零件时，应使加压方向与其轴线方向一致；制件较长时，应使用上、下端同时加压的方式；当制件为细长状时，应选择垂直于制件轴线的加压方向。

3）加压方向应选择在制件上形状简单且相对平整的一面。如果制件需要加嵌件时，则应将嵌件安放在下模，凸模加压方向则选择在没有嵌件的一面。这样有利于凸模的加工制造及强度保证。

合理的分型面应该满足以下条件：

1）制件完成后，应留在下模，以便于制件脱模。

2）圆弧、曲线的形状要素应设计在同一个成型零件上，以便于成型零件的加工。

3）保证制件形位精度的成型要素尽量设计在同一成型零件上，这有利于制件精度的保证。

4）上、下模的接触面尽量放在制件的端面处，而不要留在制件的外表面上，可避免留下影响制件外观的接口痕迹。

**成效**：选取合理的压缩模型腔加压方向与分型面，有利于确保模具的使用性能。

4. 塑料模具成型零件尺寸设计禁忌

**原因**：塑料模具在工作过程中要受到加热或冷却等温度变化的影响，制件在模具中定型时易受制件形状结构、温度、压力等因素的影响而产生收缩，不同的塑料与工艺也会导致收缩率的不同，这些收缩会造成制件最终的尺寸误差，所以在设计模具成型零件时，必须考虑制件的收缩率因素，根据模具实际的工作情况，来确定其工作尺寸。

**措施**：在设计塑料模具成型零件的尺寸时，工作尺寸的确定不但要根据塑料制件的尺寸和精度要求，同时还应考虑以下因素：

1）成型零件的制造公差要小于制件尺寸公差，一般取制件尺寸公差的 $1/6 \sim 1/3$。对于比较小的制件，其成型零件公差取制件尺寸公差的 $1/3$；较大的制件成型零件制造公差要小于制件公差的 $1/3$。

2）要考虑成型零件的磨损量。设计成型零件的最大磨损量时，对于较小制件，取制件尺寸公差的 1/6；对于大型制件，则小于制件尺寸公差的 1/6。

3）成型收缩量要根据制件形状结构、尺寸大小、原材料及工艺的不同，来合理地选择。收缩率一般取材料收缩范围的平均值。

**成效**：合理设计塑料模具成型零件尺寸可以确保模具最终的尺寸精度，提升模具的使用性能。

### 3.1.44　压注模设计忌不考虑排气与溢料

**原因**：压注模同时具有加料腔和浇注系统，在制件压注过程中，原材料需要加热到较高的温度，在加热和浇注过程中，塑料原料会产生较多的气体，加上压注模的型腔内原有的空气，这些气体聚集在相对密闭的型腔内，如果不能顺利排出，将会造成制件无法顺利压注成型，或者会导致制件因缺陷过多而报废。所以在设计时压注模必须考虑型腔的排气。

还应考虑溢料压注过程中的问题。当注入模具内的原料过多时，会产生较多大熔接缝，还会使多余的原料溢出、渗入嵌件或模具配合孔中，造成制件的缺陷或取出困难，所以在压注模中应开设溢料槽。

**措施**：针对压注模型腔的排气，对于体积较小的型腔，通常是利用分型面间及零件间的配合间隙进行排气；而对于型腔体积较大或者制件与型腔型芯配合较紧密的模具，则应另外开设排气槽。排气槽应开设在分型面上或者浇注原料熔体流的末端。排气槽端面形状一般为矩形或梯形，深度一般为 0.03~0.05mm，宽度为 3~5mm。压注模是否应该开设排气槽以及尺寸和位置的确定，最好经过试模后确定。

溢料槽一般开设在分型面或者易产生熔接缝的部位，其大小要适当，若太大则溢料过多，导致制件组织松散或产生缺陷；若太小则溢料过少，起不到应有的作用。其尺寸通常为宽 3~4mm，深度为 0.1~0.2mm，必要时可经过试模来确定。

**成效**：良好的排气与溢料设计，可以保证制件顺利地压注成型，防止制件报废，节约加工成本。

### 3.1.45　挤出成型模机头设计禁忌

**原因**：挤出成型是用于塑料管材、棒材、板材、型材及细丝等制品的一种方法，这种成型方法应用非常广泛，均使用挤出成型机来完成。挤出成型机一般由传动系统、加热和冷却系统及挤出系统三部分组成，其中挤出系统的机头是影响制品成型的关键部件。

**措施**：机头其实就是一种塑料挤出成型模。根据所加工塑料制件的不同，机头的结构型式也不相同，但是不同结构型式的机头在设计时应保证以下原则：

1）塑料原料必须在加热熔融的状态下，才能够在机头流道内顺利地填充和流动，并被均匀地挤出成型。机头流道内腔不能有急剧的尺寸变大或变小部分，也不能有台阶、沟槽等容易使熔体停滞的结构，因为一旦材料发生滞留，将会因过热而分解，造成制件的质量问题，所以机头的流道内腔必须呈流线型、内壁光滑，表面粗糙度值要尽量小，最好在 $Ra0.4\mu m$ 以下。

2）机头应具有一定的压缩比。压缩比是分流器支架出口和机头结合部位流道的截面积与机头出料口模和芯棒之间环形面积之比。为了保证塑料制品组织密实，机头应设计有足够的压缩比，根据原料和制件种类不同，机头的压缩比在 3~10 之间选取。

3）机头出口应具有合理的断面形状。塑料原料的物理特性不像金属那样稳定，由机头出口挤出后，需要一段时间才可以定型，受到温度及压力变化的影响，在定型时，制件的形状及尺寸会发生变化，所以塑料制件的断面形状与机头的成型截面形状会有一定的差异。在设计机头出口断面形状时，必须考虑这个因素。另外，因制件断面形状的变化还与定型时间有关，所以为了保证制件正确的断面形状，应该合理地控制机头口模的形状和成型长度（使制件在模具中保留足够长的时间）。

4）机头应具有相应的调节机构，能够根据制件的要求，对挤出力、挤出速度及成型零件位置等进行调整，以保证不同塑料制件的尺寸、形状等技术要求。同时，机头应具有独立的温度调节和测量装置，使不同种类原料的制件都能充分塑化，使制件具有较好的外观质量。

5）机头的结构要设计合理，使其结构紧凑，但必须保持足够的强度和刚度，同时便于装拆，有利于加工和维护。机头形状要对称，以利于均匀加热。因为机头经常在高温下工作，磨损又较大，且有些原料还具有腐蚀性，所以机头的制造材料应选择具有耐磨性好、高硬度及耐蚀性强的合金钢等。机头的料口模及芯棒等主要成型零件的硬度要在 40HRC 以上。

**成效**：合理的挤出成型模机头设计可以保证模具的加工质量，降低加工成本。

## 3.2 塑料成型模具工艺流程及加工制造禁忌

### 3.2.1 注射模成型零件加工工艺禁忌

**原因**：注射模所加工的制件通常结构都较复杂，导致模具的型腔、型芯等成型零件也较复杂，在加工中有一定的困难。注射模的成型零件在加工过程中如果能遵循一定的工艺顺序，就可以降低其困难程度。

**措施**：注射模成型零件主要包括型腔和型芯。在加工时，应该按照先加工型芯，然后按照型芯来配做型腔的顺序。因为相较于型腔来说，型芯是比较容易加工成型并保证精度的。对于大多数塑料制件的注射模来说，其型芯一般结构较简单，而且都是整体结构，采用车削、铣削及成型磨削等通用切削加工方法即可。对于一些形状较复杂的型芯，还可以采用精密铸造的方法来加工，也可以采用普通铸造后再切削加工的方法来实现。

与型芯相比，注射模的型腔加工更为困难。对于精度较低的模具型腔，可采用普通切削加工方法去掉大部分余料，使型腔基本成型，最后再由钳工用型芯进行配合修研，直至型腔与型芯能够达到配合要求，不过这种工艺对钳工的技术要求较高，且工作量较大，精度和效率都较低；对于精度稍高的模具型腔，可采用电火花成形加工后，再用型芯进行研配抛光，以达到两者的精密配合；对于形状较复杂的型腔，可采用精密铸造的方法使其精度和表面粗糙度达到要求，这种方法相对成本较高，还有一种折中的方法是采用其他铸造方法成型后再进行切削加工，既可以降低成本，又可以保证模具的精度和表面粗糙度要求。

注射模在合模后，上、下模的结合面要接触严密，以免在制件表面留下接缝痕迹，影响制件外观质量，因此其接触面在加工时要保证较好的平面度及较低的表面粗糙度值。当模具的型芯及型腔采用镶块结构时，其拼接面要严密，间隙要保证在规定范围内。

**成效**：注射模的成型零件在加工过程中遵循一定的工艺顺序，可以降低加工难度，提升加工效率。

## 3.2.2　压缩模凸、凹模加工工艺禁忌

**原因**：压缩模一般与压力机配合使用，在工作过程中需承受一定的压力，尤其是凸模和凹模的型腔是制件成型的主要部位，这些部位应该具有较高的尺寸精度和较低的表面粗糙度值，同时这些部位应具有较高的表面硬度，以增加其耐磨性。

**措施**：因为压缩模的型芯和加料腔的表面粗糙度值 $Ra$ 通常在 $0.8 \sim 0.2\mu m$ 之间，而凹模型腔的表面与制件的表面质量直接相关，所以其表面粗糙度要求更高，应在 $0.2 \sim 0.1\mu m$ 之内。为了保持成型部位具有较高的硬度，压缩模的凸、凹模等零件应进行热处理，凸模与加料腔的配合部位及凹模型腔的成型部位等的表面通常应镀硬铬，以提高其耐磨性。

结构较简单的压缩模凸模通常采用车、铣等加工方法进行粗、半精加工，然后进行热处理，再进行磨削、研磨抛光等精加工成形。有些直通形的凸模，可以采用热处理后线切割直接加工成形、然后用研磨抛光的方法来加工；对于形状较复杂的凸模，可以按其结构特点将其分解为几个形状较简单的拼块，分别进行切削加工及热处理，然后将各拼块的结合面进行研配组装，达到拼装要求的精度后再进行整体抛光，修整其整体的尺寸精度及表面粗糙度。

压缩模的凹模加工应根据其结构特点来进行。形状结构较简单的凹模可采取车、铣等方法进行加工后再由钳工进行修研抛光成形；较复杂的凹模可采取仿形加工或者是电火花加工方法后再进行抛光成形。对于结构较复杂的垂直分型结构凹模，可采取模套锁紧组合凹模的结构，这种结构的特点是将复杂的型腔结构分解为多个简单的部分，各自加工成形后，组合在模套内，形成凹模型腔。因为这种结构的凹模在工作过程中的压力需由模套来承受，所以模套粗加工后要经过淬火处理，再磨削成形，使其具有一定的强度。

**成效**：压缩模的凸、凹模选用合适的加工方式，有利于保证其强度与加工质量。

## 3.2.3　塑料模型腔电火花成形加工忌电极不符合要求

**原因**：电火花成形加工技术的实质是一种仿形加工技术，工件能否达到的精度，在很大程度上直接取决于所使用电极的材料、结构和制造精度。

**措施**：通常电极在制造时，其尺寸、形状精度和表面粗糙度等要求都必须要高于待加工工件，有些情况下，允许两者相等，但绝不可低于工件的尺寸、形状精度和表面粗糙度等要求。

用于制造电极的材料通常是纯铜和石墨。纯铜因材料的组织细密、导电率高，所以具有较好的放电特性，在加工中具有较低的损耗率，当加工表面粗糙度值为 $Ra3.2\mu m$ 左右或更高要求的表面时，其电损耗比在 1% 以下，比较适合加工精度较高的型腔。纯铜的缺点是机械加工性能较差。石墨作为电极的材料具有放电加工工艺性好、变形小及制造容易等优点。但其机械强度差，加工过程中易崩裂，而且在放电加工中，具有较大的电损耗比。但是石墨电极的成本要比纯铜低，因此常用于一些较大或精度稍低型腔的电极。

从结构上来说，成型电极有整体式、分解式和镶拼式等几种形式。整体式电极是根据待加工工件型腔的整体形状，将电极加工成一个整体，这种电极的优点是一次就可以将整个型腔加工完成，但是对于形状比较复杂或一些大型的型腔来说，整体式电极的制造比较困难，

所以这种结构只适用于形状简单且较小型的模具型腔。当模具型腔形状比较复杂时，可以使用分解式电极，将复杂的结构分解为几个形状简单的组合，并依此制造几个形状简单的电极，用这些简单的电极逐个将形状复杂的型腔加工出来。由于是逐个加工，所以这种分解式电极加工型腔的效率稍低，但配合数控电火花机床的自动找正和自动定位功能，有助于加工复杂的型腔，所以应用较广。对于一些形状复杂的较大型腔，比较适合使用镶拼式的电极，把加工困难的较大电极分成几部分来加工，以减低加工难度，然后拼成整体电极，这种电极形式也可用于电极材料不够大的情况下。

**成效：**合理选用电极的材料、结构和制造精度，有利于保证工件的加工精度。

### 3.2.4　型腔电火花加工忌排屑和排气差

**原因：**塑料模的型腔大多属于盲孔结构，且形状复杂，加工余量大且呈不均匀分布。在使用电火花成形加工的过程中，电腐蚀下来的大量微粒会在电极和工件之间的间隙沉积，如果这些电蚀物不能及时地排出，将会直接影响型腔的精度和表面质量。因此在型腔的电火花加工中，必须处理好电蚀物的排出问题。

电火花成形加工一般需浸在工作液中进行，在电流的作用下，加工部位的工件材料会因高温而发生气化，另外工作液在高温下也会产生气体，所以还必须考虑排气的问题。

**措施：**电火花加工电蚀物的排出方法通常是利用机床本身的抬刀功能，在加工过程中将电极抬起，使其与工件有一定距离，利用侧面的工作液的冲力将电蚀物冲走。不过这种方法的排屑能力有限，只适用于较小、形状简单的电极。对于截面积较大或形状复杂的电极，则应采用在电极上设置冲油孔的方法来排屑。加工过程中，在电极的冲油孔中通入具有一定压力的工作液，直接将电腐蚀下来的微粒冲走，这种方法的排屑效果较好，但是冲油孔的位置一定要选择合理，应该使其能够顺畅有效地将电蚀物排出，不要将冲油孔设置在拐角、窄缝等不易排屑的部位。

为解决排气问题，在电极上开设排气孔，排气孔的位置一般在电极上面积较大的区域，在电极端部凹入等易于气体存积的部位也需要开设排气孔。

冲油孔和排气孔的直径不宜过大，一般为电极平动量的两倍，取 $\phi1\sim\phi1.5mm$，直径过大的话，会在工件上留下中间柱等缺陷。为了使排屑和排气顺畅，可将冲油孔和排气孔上端直径加大到 $\phi5\sim\phi8mm$。冲油孔和排气孔在电极上应相互错开排列，避免对工件表面造成不良影响。

**成效：**良好的排屑及排气设计，有利于提升加工型腔的精度和表面质量。

### 3.2.5　精密型腔电火花加工忌使用较大电规准

**原因：**电火花成形加工的效率相对较低，尤其是对精密型腔的加工，为了保证型腔的尺寸、形状精度和表面粗糙度要求，必须使用较小的电规准，以缩小放电间隙、减小间隙变化对加工精度和表面质量的影响，切不可为了提高加工效率而盲目加大电规准，这将导致过大的放电间隙和电极损耗，对于一些拼合的电极，还会产生各处损耗不均匀的现象，这些因素会使型腔的精度和表面质量下降。

**措施：**为提高电火花加工效率，可以在电火花加工前，先对型腔进行机械预加工，采用铣削等机械加工的方法将型腔的大部分余量去除，使型腔的加工面留 $0.5\sim1mm$ 的电加工余量，以达到提高加工效率的目的，同时还能减少电火花加工的电极损耗、提高型腔的加工精度和表面质量。

采用阶梯电极提高电火花的加工效率。在电极的下部用化学腐蚀等方法，电极被均匀地去除一层，尺寸缩小 0.1～0.3mm，呈阶梯形，以减少电火花加工初始阶段的电极截面积，就可以使用较大的电规准来进行粗加工，将大部分余量去除后，再使用电极上部较大截面积的部分，用较小的电规准进行精加工，从而提高加工效率。这种方法适用于直通形的型腔，对于复杂的曲面型腔不太适宜。

**成效**：合理使用电规准，可以减小放电间隙和电极损耗，并提高型腔的精度和表面质量。

### 3.2.6　高速切削加工过程忌不平稳

**原因**：高速切削的特点是高转速、高进给量和小吃刀量，在切削过程中要保持切削的连续性和平稳性。刀具一次切入加工部位后，在不抬刀的状态下，连续地进行切削，形成连续、光滑的走刀路径，以保证加工表面的精度和表面质量。如果在加工中频繁地进行进、退刀动作，将会在工件表面留下接刀痕迹，影响加工精度和表面质量，尤其是对于曲面表面，这种影响将更加突出，同时频繁地退刀和进刀还会造成切削载荷的频繁变化，将引起机床的振动、刀具的磨损、崩刃等不良后果。

在高速切削加工过程中，还必须避免进给方向的突然改变。因为进给方向的突然改变，必然造成过大的加速度，使刀具所受的载荷突然增大，有可能导致刀具崩断、扎入工件等情况发生，严重时会使零件报废，甚至发生安全事故。

**措施**：在高速切削的过程中，要尽量减少进、退刀的次数，进刀时要避免刀具垂直插入工件，而应该采用成 20°～30°的倾斜下刀方式，最佳的方法是采用螺旋式下刀，尽量减少刀具因所受载荷变化产生的影响。切削过程中，需要改变进给方向时，应采用圆弧过渡或曲线转接的方式，避免采用直线直接改变进给方向，最大程度地保持切削的平稳和连续。

**成效**：保持切削的平稳和连续，可以提升加工精度和表面质量，避免刀具崩断、扎入工件和零件报废等情况发生。

### 3.2.7　高速切削中刀具的选择及装夹禁忌

**原因**：用于模具制造的材料一般都具有较高的硬度和强度，尤其是用来制造模具型腔和型芯等成型零件的材料，在经过热处理后，硬度大多应达到 45～50HRC，有些材料硬度已经超过 60HRC。这些高硬度材料在使用高速切削技术加工时，为了保证加工质量和效率，必须合理地选择刀具。用于加工高硬模具材料的刀具应具有高硬度和高耐热性。

**措施**：当加工具有曲面的型腔时，最好的选择是球头铣刀，因为球头铣刀的切削刃呈圆弧形，在加工过程中大部分时间与工件处于点接触状态，能够有效地分散切削力和减少切削热，而且，圆弧形切削刃切出的曲面更容易达到要求。如果型腔有大的底平面，且周边需要清根，那么最好先用圆角平头铣刀将大部分余量切除，再用尖角平头铣刀进行局部的清根切削。尖角平头铣刀不适合用于大余量的切除，因为这种铣刀的刀尖强度较弱，在大的切削力作用下非常容易崩刃。

在选择刀具时，刀具的刚度也是必须要考虑的。刀具的结构往往决定刀具的刚度，尤其是小直径的刀具，为了增加其刚度、提高其加工的精度和表面质量及增加刀具的使用寿命，应使刀具的柄部比切削部分的直径大。另外，刀具的形状还必须要与所加工模具的结构相适应，在加工较深的型腔时，刀具应与型腔侧面保持一定的间隙，以避免刀具与型腔侧面的接触摩擦。

在保证加工要求的前提下，刀具在刀夹中装夹时的伸出长度应尽量短，以保持刀具的刚度。高速切削所使用的刀具、刀柄及刀夹应保持一定的精度，刀具与刀柄装配后，刀具的径向圆跳动应严格控制在 0.01mm 之内，因为高速切削机床的主轴转速非常高，通常为 10000r/min，甚至更高，在这样高的转速下，哪怕刀具的径向圆跳动增加 0.01mm，都将会使刀具刃部的切削载荷分布不均，造成极大的振动，致使刀具崩刃，过大的振动还会导致机床主轴的精度下降，甚至损坏。

另外，切忌不能对刀具的柄部进行修磨抛光等，这样不仅不能提高刀柄的精度，还会使刀柄在刀夹中的夹持力变小，降低夹持的可靠性。

**成效**：选择合适的刀具及合理的装夹形式，可以保证加工质量和效率，延长刀具的寿命。

### 3.2.8 研抛过程中粗、精研磨剂忌混用

**原因**：研磨剂是研抛工艺中必须使用的材料，研磨剂由磨料、研磨液和辅料按一定比例调配而成。研磨剂中最重要的成分是磨料，如果把研磨剂比作研抛加工的刀具，那么磨料就相当于刀具的切削刃，在研抛加工中，在磨具和工件的相对运动过程中，磨料直接作用于工件表面，去除很薄的一层材料后，将表面的微观凸起磨平，使其表面粗糙度值减小，提高工件表面质量。

被研抛加工的表面所能达到的表面粗糙度，基本是由研磨剂中的磨料粒度来决定的。磨料的粒度越细，则研抛出的表面粗糙度值越低，研抛工序能达到的表面粗糙度值见表 3-9。

表 3-9 常用的磨料粒度所能达到的表面粗糙度值

| 研抛工序名称 | 能达到的表面粗糙度值 $Ra/\mu m$ |
|---|---|
| 粗研 | 0.80 |
| 精研 | 0.80~0.20 |
| 精密件粗研 | 0.20~0.10 |
| 精密件半精研 | <0.10 |
| 精密件精研 | 0.025~0.008 |

**措施**：为了提高研抛效率，研抛加工应按先粗研后精研的顺序进行，随着表面粗糙度值的降低，所用研磨剂的磨料粒度也应由较粗粒度向较细粒度依次过渡。研抛过程中，当前道工序的加工痕迹完全被去除后，研磨剂就应当替换为磨料粒度小一号的。在研磨剂替换的过程中，切忌不同的研磨剂不能混合使用，必须将前道工序残留的研磨剂彻底清除干净后，方可用新的研磨剂进行研抛操作。如果较细的磨料中混入较粗的磨料，将会使研抛表面产生明显的划痕，从而导致研抛表面质量达不到要求。

研抛操作中，粗、精研的研具应分开使用，切不可混用。另外，在镜面研抛中，还应当注意空气中灰尘的影响，应选择灰尘较少或者无尘的环境中进行操作。

**成效**：合理使用粗、精研磨剂，可以提高研抛效率，减少材料损耗，提升表面质量。

## 3.3　塑料成型模具材料与热处理禁忌

### 3.3.1　选用塑料模具材料时忌没有充分考虑其成型性能

**原因：**塑料模具的形状通常都比较复杂，尤其是塑料模具的成型零件，如型芯、型腔等，由于所加工的塑料制件复杂，经常会出现斜面、锥面、窄缝、沟槽及曲面等加工困难的结构，所以用来制造这些成型零件的材料不但要具有一定的强度、硬度等力学性能，更要具备良好的加工成形性能。根据塑料模具的大小和复杂程度不同，其型腔等成型零件的加工方式有机械切削加工成形和冷挤压成型两种。

**措施：**冷挤压成型的方式适用于中小型且形状比较复杂的塑料模具，冷压成型塑料模具用钢应具有优良的冷压加工性能和冷塑性，能够顺利地挤压成型。冷挤压成型塑料模具用钢的冷压加工性能受钢材的碳含量及合金元素含量影响较大，一般选用低碳的铬系钢材作为冷挤压成型塑料模具用钢，如 20Cr、12CrNi3A、10Cr 等，这类钢材具备良好的渗碳性能，便于后期进行模具的表面硬化处理。

切削加工成形的方式适用于大、中型的精密塑料模具，用于这类模具的钢材应具备良好的机械切削加工性能。切削加工成形的模具用钢应具有良好的工艺性能，常用的牌号有 5CrNiMoVSCa、3Cr2Mo、8Cr2MnWMoVS 等预硬型钢和 25CrNi3MoAl、10Ni3MnCuAl 等时效硬化钢，这些钢均具有良好的工艺性能和使用性能。对于一些形状简单的模具可使用 CrWMn、9Mn2V 等淬硬型钢。为了改善切削加工成形模具用钢的切削性能，可在加工前进行正火或退火处理，以降低其硬度，改善其切削性能。

**成效：**合理的模具材料选择，有利于保证模具良好的加工成形性能。

### 3.3.2　塑料模具成型零件用材料忌表面抛光性能太差

**原因：**一般塑料制件的表面质量都要求较高，为了保证塑料制件的表面质量，用于生产塑料制件的塑料模具就应该具有较低的表面粗糙度值，尤其是模具的成型零件，关系着整个塑料制件表面质量的优劣，所以其更应具有优良的表面质量，通常成型零件的表面粗糙度值应在 $Ra0.1\mu m$ 以下，有些模具甚至要求达到镜面的表面粗糙度。所以要求在选用塑料模具的制造材料，尤其是其成型零件的制造材料时，一定要重视其表面抛光性能，而且在抛研时，表面不能出现麻点和橘皮状这种影响表面粗糙度的缺陷。

**措施：**为了获得良好的抛光性能，应当在模具的型腔等成型零件加工完成后，对模具的工作表面进行表面强化处理，适当提高其表面硬度，这样不但能提高型腔表面的抛光性能，还能提高型腔的耐磨性。

对于加工具有腐蚀性的塑料制品的模具，还应考虑材料的耐蚀性，如果材料不具备一定的耐蚀性，那么在加工过程中，型腔表面被腐蚀出坑点后，就会破坏型腔表面原有的表面粗糙度，进而影响制件的表面质量，而且这种表面质量的下降会随着模具的使用逐渐加剧，最终导致模具失效。

**成效：**注重表面抛光性能，有利于提升模具的使用寿命与加工质量。

### 3.3.3　塑料模具成型零件热处理忌芯部韧度不足

**原因**：塑料模具的工作条件一般都较差，在工作过程中除了要承受较高的工作温度外，还要承受来自熔融塑料成型时的压力，如果模具的成型零件没有足够的强度和韧度，将会有变形和断裂的可能，尤其是模具的型腔，因其结构比较复杂，在熔融塑料的压力作用下，而更容易发生变形或断裂的现象。因此，塑料模具的成型零件必须要经过适当的热处理，不但要使其基体具有适当的硬度，同时更要保证其芯部具备一定的塑性和韧度，以降低其在工作过程中产生变形和断裂的可能性，某些情况下，为了保证模具型腔芯部的韧度，必须适当地降低硬度。

**措施**：塑料模具的成型零件在加工前，为了提高其切削加工性能，应进行预备热处理，根据模具使用的材料和加工方式的不同，可分别采取退火、正火或调质等热处理工艺，以消除毛坯内部的组织缺陷和内应力，改善其机械加工性能。模具粗加工后，应根据不同的模具制造材料，采用渗碳淬火或整体淬火的热处理工艺，来提高其硬度。淬火与回火是热处理的关键步骤，淬火时的温度要严格控制，切不可过高，过高的淬火温度不仅使模具的硬度提高，还会造成脆性增加，导致模具零件芯部的塑性和韧度不足；同时，过高的淬火温度也容易使模具零件在冷却时产生变形和裂纹，这将增加模具在使用中发生断裂的可能性，严重影响模具的使用寿命。

**成效**：保证芯部韧度可以减少模具在使用中发生断裂的可能性，延长模具的使用寿命。

### 3.3.4　塑料模具热处理过程中忌变形量过大

**原因**：对模具零件变形量影响最大的热处理工艺是淬火，因为淬火需要将零件加热到较高的温度，而且需要温度快速下降，急剧的温度变化将会使模具零件产生较大的变形量，如果经过精加工后的模具型腔等形状复杂结构的零件变形量太大的话，将直接影响所加工塑料制品的形状和尺寸精度。因此，在塑料模具的热处理工艺中，必须采取多种措施，来控制模具零件的变形量。

**措施**：在淬火过程中，要采用非常缓慢的加热速度来提升温度，以减少温度急剧变化对模具零件的影响，同时要采取分级淬火、等温淬火等工艺，将模具零件的冷却分为多个阶段，避免其温度下降过快，以避免模具零件产生过大的变形。同时，模具零件在淬火等热处理过程中，在加热炉或加热箱内放置时，必须要放置平稳妥当，避免倾斜、调角等，更不允许在模具零件下支、垫异物，如果在这种状态下进行加热的话，模具零件极易产生变形。另外，在加热过程中，要避免损伤模具型腔的工作表面，对其应进行必要的防护，避免出现脱碳、氧化脱落等缺陷。

**成效**：合适的热处理工艺，可以有效避免模具零件出现过大的变形、脱碳、氧化脱落等缺陷。

## 3.4　塑料成型模具的装配与试模禁忌

### 3.4.1　塑料注射模装配与试模禁忌

塑料注射模主要用于热塑性塑料制品的成型，也可以用于热固性塑料制品成型，是一种使用广泛的塑料成型模具。注射模要安装在相适应的注射机上，与之配合进行塑料制件的成型制造。

1. 注射模装配调整过程中的禁忌

**原因**：注射模装配的要求是能够加工出尺寸和形状精度合格，且具有优良外观质量的塑料制品。为了使制件达到这些要求，不仅要求模具零件在加工制造时保证较高的尺寸和形状精度，更要求在模具装配过程中严格控制装配质量，使每个零件都具有正确的相对位置，相互配合的零件之间具有准确的配合间隙，相对运动的零件要能够灵活运动且无窜动、跳动及卡滞的现象。

**措施**：在注射模的装配调整中，主要应确保型芯与型腔的相对位置正确，因为型芯与型腔的相对位置准确与否直接关系到塑料制件成型后的各处尺寸的均匀性。一般型芯与型腔通过模具的定位导向装置来保持其相对位置的准确性，所以注射模导向装置在装配过程中必须保证其装配精度，导向装置的各活动部件之间要配合良好，既能灵活运动，又要保持较小的配合间隙，不能发生过大窜动和跳动，因为定位导向装置发生过大的窜动及跳动，将会影响型芯与型腔的位置，进而导致塑料制件的尺寸不稳定。

注射模的装配调整中，还要确保模具定位零件的装配质量。定位零件在装配中必须保证其位置准确，以确保其定位的精度。如果定位零件不能在模具装配过程中一次装配准确，可以在实际试模的过程中，通过试验逐步将其调整到准确的位置。

注射模装配过程中还有一个需要注意的问题是分型面的贴合程度。在装配中，要使型芯和型腔闭合时的分型面保持贴合状态，因为分型面贴合不严的话，将会导致塑料制件产生过大的飞边，严重影响制品的外观质量。所以在装配过程中，要通过修配调整，确保分型面贴合的严密性。

**成效**：合理的装配调整，可以确保准确的配合间隙，使相对运动的零件能够灵活运动且无窜动、跳动及卡滞的现象。

2. 注射模试模过程中的禁忌

注射模安装到注射机上，首先要在空载的情况下，将模具开启和闭合运行数次，观察定、动模的开合以及其他各机构的运行情况，如无异常，则可以进行实际的制件压制试验。模具试验过程中，在料斗内添加足量的原料，试模过程中要对加热温度、原料注射量、注射压力及模具锁模力进行分析并确定其最佳值，以使所加工塑料制件的尺寸、形状精度及外观质量都达到最佳状态。在模具操作正常、运行灵活且制件合格的情况下，试模过程即可结束。注射模试模过程中产生的一些常见缺陷及原因见表 3-10。

**表 3-10　注射模试模过程中的一些常见缺陷及原因**

| 原因 | 常见缺陷 | | | | | | | |
|---|---|---|---|---|---|---|---|---|
| | 外形残缺 | 飞边 | 凹痕 | 银丝 | 熔接痕 | 气泡 | 裂纹 | 翘曲变形 |
| 料筒温度太高 | | ● | ● | ● | | ● | | ● |
| 料筒温度太低 | ● | | | | ● | | ● | |
| 注射压力太高 | | ● | | | | | ● | ● |
| 注射压力太低 | ● | | ● | | ● | | ● | |
| 模具温度太高 | | | ● | | | | | ● |

（续）

| 原因 | 常见缺陷 | | | | | | | |
|---|---|---|---|---|---|---|---|---|
| | 外形残缺 | 飞边 | 凹痕 | 银丝 | 熔接痕 | 气泡 | 裂纹 | 翘曲变形 |
| 模具温度太低 | ● | | ● | | ● | ● | ● | |
| 分流道或进料口太小 | ● | | ● | ● | ● | | | |
| 型腔排气不好 | ● | | | ● | | ● | | |
| 注射机锁模力不足 | | ● | | | | | | |

### 3.4.2 塑封模装配与试模禁忌

塑封模常用于晶体管、集成电路等电子元件的封装，是一种热固性塑料成型模具，但塑封模的结构比一般热固性塑料成型模具要复杂得多，具有型腔数量多、外形尺寸大等特点，较大型的塑封模可以有数百个型腔。由于塑封模有生产率高、成本低及便于自动化的优点，所以适合大批量生产，从而得到广泛的应用。

1. 塑封模装配热态调整的禁忌

**原因**：塑封模的特点是型腔数量多、外形尺寸大，且需要在加热的状态下进行工作。为了保证模具上、下模的各个型腔的成型零件都能正常地工作，当塑封模安装在压力机上时，除了要在常温状态下进行初步调整完毕，还必须在加热状态下进行精调。

**措施**：塑封模调整加热过程中，上、下模应处于开启状态。由于模具较大，且模具的形状复杂，上、下模各个零部件很难做到均匀地升温，这样就会导致上、下模的尺寸膨胀值不同，如果此时上、下模处于紧密配合的闭模状态下，上、下模之间的不同的膨胀值，会使两者之间产生较大的作用力，导致模具变形，甚至损坏。所以，在模具加热时，必须将上、下模开启，最好使导柱离开导套20mm左右，在完全分离的状态下进行。

模具的加热应分段缓慢进行，尽量使模具的上、下模及各零部件都能均匀地升温。通常塑封模升温大致可分为三个阶段：第一阶段将模具升温至80℃；第二阶段由80℃升至120℃左右；第三阶段由120℃升至175℃。每阶段升温用时约3h。实际中，具体的升温温度及时间可以根据模具的大小、复杂程度及使用要求等因素来确定。升温过程中，应使用点温度计在模具的上、下模等若干部位的工作表面进行测温，其温差不应超过5℃。

在加热调整时，模具在压力机上固定的螺钉不应紧死，应处于刚好带紧的状态，给模具从冷态到热态的尺寸伸缩留下空间，否则，上、下模板在受热膨胀力的作用下，将产生变形，导致模具无法正常工作或损坏。在模具均匀受热的状态下，可以通过冲纸法来检查注射头与料筒的配合间隙，进而来确定模具上、下模的位置是否正确。若冲出的纸片四周切口均匀无毛边，证明注射头与料筒的配合间隙均匀，则说明模具的位置正确；如果模具的位置稍有错位，则可以用铜棒轻轻敲击进行微调，再进行冲纸检查，直至注射头和料筒的配合间隙均匀。此时，就可以将固定模具的螺钉紧固，完成塑封模的热态调整。

**成效**：合理的塑封模装配热态调整，可以保证模具的精度与上、下模的各个型腔的成型零件的正常工作。

**2. 塑封模试模禁忌**

**原因：** 塑封模在制造装配完毕后，需经过试模，待各项指标都达到要求后，方可投入使用，对于停用一段时间后再重新使用的模具，也应进行调整试模，以使其达到最佳的工作状态。

**措施：** 由于塑封模型腔数量多、形状复杂，而且其相互配合的部位也较多，所以其试模前必须经过冷态初调和预热后的热态精调，使各相互运动配合零件达到规定的技术指标，方可进行试模操作。

塑封模的试模应保持在规定的预热温度下进行。首先在模具下模工作面上安装预定位架及引线框，预定位架及引线框安装前必须经过预热，安装时，预定位架在下模工作面上应有一定的活动空间，以便于其通过调整安装到正确的位置，确保引线框架能够通过模具的定位钉进行准确地定位。

开始试模时，塑封模应在空载的状态下运行至少三次，在模具开、合的过程中，仔细检查各相关部位的配合、运动状况，如预定位架与上模之间在闭合时是否发生干涉、导向装置是否配合良好及运动灵活、注射头与料筒是否配合良好等。

塑封模经过空运行无异常后，即可进行实际的加料试模。为了便于塑封后清理模具，加料试模前，需在型腔及浇道等部位均匀地喷涂一层脱模剂，需要注意脱模剂不宜太多，喷涂前需将预定位架取下。

塑封模的试模应按如下步骤进行：上预定位架、合模、加料、挤塑、保压、开模、卸下预定位架取件及对模具工作部位进行清理。连续试模三次后，如果塑封模的各部位工作无异常，每个型腔的塑封件都能尺寸合格、外观无缺陷的话，则应再继续进行一个小批量的试压，一般为五次左右，来试验模具的稳定性，如果模具每次压制的塑封件质量都合格，那么就可以结束试模，将模具投入正式生产。

**成效：** 按规定进行调整试模，既保证了模具的稳定性，又使模具达到最佳的工作状态。

# 3.5　塑料成型模具维修保养禁忌

## 3.5.1　塑料成型模具维修禁忌

模具在使用一定的时间后，一些零件会发生磨损，如导柱、导套、顶杆及复位杆等相互配合活动的部位，在模具使用过程中会因磨损而逐渐丧失其尺寸精度，尤其是模具经过长时间工作后，这些零件的精度会急剧下降，再不能发挥其原有的导向、定位等作用，另外，在模具使用过程中还会发生因操作不当或维护不到位，使模具的型腔发生锈蚀、崩裂或局部损伤等不同程度的损坏。在模具发生损坏时，应该针对不同的情况采取正确的维修方法来处理。

**1. 塑料成型模具易损件维修禁忌**

**原因：** 塑料成型模的易损件包括导柱、导套、顶杆等导向定位装置及相互配合的零件，这些零件在模具运行过程中具有相对运动，相互之间因滑动摩擦必然产生磨损，虽然这种磨损属于微量磨损，但是经过模具长时间的使用后，磨损量累积过大，就会使这些零件失去原有的尺寸精度，导致相互间的配合间隙增大，而不能保证其原有的定位、导向等功能，使所加工的塑料制品产生质量问题，如果模具工作过程中流动的塑料流入过大的配合间隙中，塑料固化后还会啃、刮模具，使模具损坏。因此，对这些易损件必须定期地进行检查，发现问题要及时进行维修或更换。

**措施：** 塑料模具的易损件一般应在模具使用三万至四万次后进行检查维护。模具在维护拆卸之前要对模具的结构及各零件的作用、安装位置以及相互的配合关系作全面的分析和了解，在没有模具图样的情况下，对比较复杂的模具最好能根据实物画出其结构简图，观察具有相互关联配合的各零件上是否有标记，若没有，则应提前做好标记，以免拆开后再装配时困难。

对于磨损量较大的零件，最好的维修方案是对其进行更换。对于某些形状复杂、制造成本较高的零件，也可以采取修复的方法，如将磨损的孔重新加工到较大的直径，然后重新制造与之相配的导柱，以代替原来已经磨损的导柱，使模具恢复原有的功能，这样可以降低模具的维修成本。

**成效：** 遵循模具的维修禁忌，有利于减少模具维修成本，延长模具使用寿命。

2. 塑料成型模具修复忌造成二次损伤

**原因：** 在模具的使用过程中，长时间受到高温和周期性载荷的作用，模具材料会因疲劳而发生裂纹、崩裂、缺损的现象；或者在某些操作不当的情况下，也会使模具发生局部损伤的现象。由于塑料成型模具的型腔是模具的重要部位，对塑料制件的质量起着关键作用，所以当模具型腔发生局部的损伤后，应及时进行修复。

**措施：** 型腔常采用的修复方法是补焊和镶嵌，对于一些具有特殊花纹的型腔表面，则无法使用这两种修复方法，而应采用特殊的修复工艺。不论采用何种修复的工艺，在修复的过程中，必须采取有效的保护措施，不能对模具造成二次损伤。

补焊修复是模具修理的一种常用手段，用来对模具型腔等部位的局部损坏或崩裂进行修补，是一种简便易行的修复方法。这种修复方法一般采用低温氩弧焊或者焊条电弧焊等在需修复部位进行堆焊，然后再进行加工修整，使模具恢复正常的使用。因为在焊接过程中，焊接部位会有大量的热量聚集，使焊接部位温度过高，很有可能会产生新的裂纹或者变形，尤其是采用焊条电弧焊时，这种现象更为严重，所以在进行焊接前，应对焊接部位周围进行预热（预热温度为 100~200℃），以避免出现裂纹及变形现象。对于某些比较浅的损伤或较细的裂纹，焊接前最好在损伤部位加工出较深的孔或凹坑，以达到改善熔接性能的目的，孔和凹坑的深度视损伤部位情况而定，一般以 5mm 为宜。另外，在型腔的补焊过程中，应对型腔的其他表面进行全面的保护，防止高热的飞溅物落在型腔表面，进而对其造成损伤。

模具的镶嵌修复是利用铣削等加工方法将需修理的部位加工成一定形状的凹坑或通孔，然后再制作与其形状相对应的镶件，将其镶嵌在修理部位，达到修复模具的目的。这种方法的优点是不会产生高温，不会使模具产生新的裂纹或变形，但是，镶件镶嵌在模具上会留有拼接的接缝，如果是在型腔的工作表面的话，就会在塑料制件的表面留下拼接痕迹，影响制件的外观质量，因此这种方法只适用于对制件表面质量要求不太高的模具。

**成效：** 合理及时的模具修复，可以避免对模具造成二次损伤，有利于保证模具的精度及使用寿命。

## 3.5.2　塑料成型模具维修保养禁忌

### 1. 塑料成型模使用、维修过程中忌损伤型腔表面

**原因：** 型腔是塑料成型模的重要组成部分，型腔的表面质量直接决定塑料制件表面质量的优劣。模具型腔的表面粗糙度值一般都在 $Ra0.4\mu m$ 以下，有些模具的型腔表面甚至需要达到镜面要求。为了保证塑料制件的质量，塑料成型模的型腔表面绝不允许有划伤、锈蚀等缺陷，因此塑料成型模具在使用、停机及维修保养等过程中，必须着重注意保护其型腔表面，不能让其受到损伤。

**措施：** 在日常的使用过程中，要特别注意型腔表面的清洁，应及时清理型腔表面的残余废料，定期对型腔表面进行清洗。对于像塑封模这样易于在型腔等部位积存废料的模具，每压制一模后，都应进行废料的清理，仔细清除包括料筒、注射头、型腔及浇道平面等部位的残余废料，如果这些废料不能及时被清理，其固化后会有很高的硬度，将会对后续的塑封制件质量产生严重影响，甚至对模具造成损伤。在清理废料时要使用较软的黄铜工具，以免对型腔表面造成损伤，如果废料较薄且面积较大时，则可以使用脱模剂，以减少工作量、提高清理效率。

某些塑料材料在成型过程中，会分解出具有腐蚀性的化学成分，这些物质会腐蚀模具型腔，使原本光洁的型腔表面逐渐变得暗淡，如果持续时间稍长，就会在型腔表面产生麻点状的缺陷，破坏型腔的表面粗糙度。所以必须对型腔表面进行定期的清洗，清洗要使用不含水的醇类或酮类制剂，然后用压缩空气吹干。擦拭型腔表面时不可用较硬的材料，应使用涤纶、丝绸或丝网布等材料。对于有镜面要求的型腔表面，不可用手直接接触，以免沾染汗渍，腐蚀型腔表面。对于已经出现腐蚀情况的型腔，应采取研抛措施及时进行修复，切不可让模具"带病"工作，否则将会使模具的型腔表面质量越来越差，最终将无法修复，造成无法挽回的经济损失。

对于暂时不用的塑料成型模具，应对模具型腔表面进行仔细清理并擦拭干净，然后涂抹防锈剂，进行防锈处理。对于型腔表面出现的局部损伤要及时进行修复，修复时要根据损伤情况采取合理的修复方案。

**成效：** 塑料成型模具在使用、停机及维修保养时应注意保护型腔表面，这有利于保证模具表面精度与使用寿命。

### 2. 塑封模工作过程或暂时停机忌保温系统断电

**原因：** 塑封模是一种结构较复杂的塑料成型模具，具有体积大、型腔数量多的特点。由于塑封模动、定模之间的型芯与型腔、注射头与料筒等相关配合部位较多，且配合精度要求较高，同时塑封模在工作过程中需要保持一定的工作温度，所以塑封模在正式投入生产之前都需要经过加热状态的精调，使动、定模的各相关配合部位处于理想的配合状态，更为重要的是塑封模在工作过程中，不可随便切断保温系统的电源，使模具温度发生变化，这样会使模具因热胀冷缩的热应力作用而发生尺寸变化，模具的动、定模之间各相关部件的配合精度失准，造成模具工作状态异常等问题。

**措施：** 如果塑封模处于暂时停止工作的状态，也不可切断保温系统的电源，应该使模具

保持一定的温度,当模具需再次工作时,便不必对模具再次进行升温或者只需小范围升温,这样可以避免模具在冷热变化下产生热应力,对模具配合精度产生影响。同时,塑封模暂停状态下保持一定的温度,还可以减少当模具需要重新工作时的再次加热升温辅助时间,以达到提高效率的目的。

**成效:**使模具保持一定的温度有助于避免模具的动、定模之间各相关部件的配合精度失准,造成模具工作状态异常等问题。

# 第 4 章

# 其他模具制造禁忌

除了冲压模具、塑料成型模具外，还有压铸模具、锻造成形模具、铸造用金属模具、粉末冶金模具、复合材料成型模具等工业上常用模具，这些模具对我国航空航天、国防军工、轨道机车及工程机械等行业的发展影响很大。这些模具制造的产品质量、生产率、成本与模具结构设计、工艺流程、加工制造、材料、热处理、装配、试模及维修保养等密切相关。本章将围绕以上因素，讲解压铸等模具制造过程中的禁忌。

## 4.1 压铸模具制造禁忌

### 4.1.1 压铸件表面冷格与冷格贯穿，并有金属流痕迹的禁忌

压铸件冷格与冷格贯穿特征为合金熔体未完全融合，产生明显的分界不良，分界处深度达 1mm 以上，分界边缘是圆滑的。金属冷接、搭接。

**原因：** 压铸件冷格与冷格贯穿如图 4-1 所示。

1）合金熔体温度太低。

2）模温过低。

3）通往铸件进口处浇道太浅。

4）压铸比压太大，致使金属流速过高，引起金属液的飞溅。

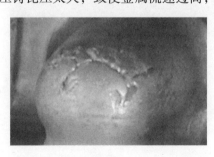
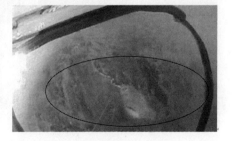

a) 冷格            b) 冷格贯穿

图 4-1 压铸件冷格与冷格贯穿

**措施：**

1）保证正确合金熔体温度，检查温控装置。

2）保证正确模温，可增加热电管数量或功率，使用模温机。

3）加深浇口流道。

4）减小压铸比压。

### 4.1.2　压铸件表面凹坑、顶凸、划痕、裂纹禁忌

**原因：** 在压铸模表面出现的一些细小的凹坑、顶凸、划痕、裂纹缺陷，如图4-2所示。

1）型腔表面粗糙。

2）型腔表面有划痕或凹坑、裂纹产生。

**措施：**

1）抛光型腔。

2）更换或修补型腔。

 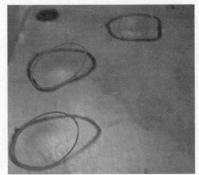

图 4-2　压铸件表面的凹坑、顶凸、划痕、裂纹

### 4.1.3　压铸件表面推杆印痕、不光洁、粗糙的禁忌

**原因：**

1）推杆（顶杆）太长。

2）型腔表面粗糙，或有杂物。

**措施：**

1）调整推杆长度。

2）抛光型腔，清除杂物及油污。

### 4.1.4　压铸件表面裂纹或局部变形的禁忌

**原因：** 压铸件表面出现了裂纹，形状不符合图样要求，形状和位置的误差较大。扣热是在压铸件上的穿透或不穿透的弯曲性裂纹，开裂处存在氧化皮。冷裂同样是在压铸件上的穿透或不穿透的弯曲性裂纹，开裂处金属未形成氧化皮。压铸件表面的扣热和冷裂如图 4-3所示。

1）顶料杆分布不均或数量不够，压铸件受力不均。

2）推料杆固定板在工作时偏斜，致使一侧受力大，一侧受力小，使产品变形、产生裂纹。

3）压铸件壁太薄，收缩后变形。

**措施：**

1）增加顶料杆数量，并调整其分布位置，使压铸件顶出时受力均衡。

2）调整或重新安装推料杆固定板。

3）增加加强筋。

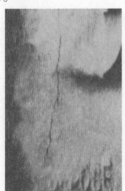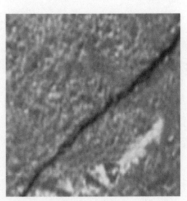

图 4-3　压铸件表面的扣热和冷裂

### 4.1.5　压铸件壁内气孔的禁忌

**原因：** 压铸件壁内气孔一般呈圆形或椭圆形，具有光滑的表面，一般是发亮的氧化皮，有时呈油黄色。通过 X 光检测和目视检查可以识别出加工面存在气孔，这种气孔是压铸件内部产生球状的、比较大的孔穴的表现。压铸件气孔、氧化膜及氧化膜扩大如图 4-4所示。

1）合金熔体注入温度太高。

2）合金熔体熔炼工艺不当或净化度不足。

3）合金熔体流动方向不正确，与压铸件型腔发生正面冲击，产生涡流，进而将空气包围，产生气泡。

4）内浇口太小，金属液流速过大，在空气未排出前过早地堵住了排气孔，使气体留在铸件内。

5）动模型腔太深，通风排气困难。

6）排气系统设计不合理，排气困难。

**措施：**

1）保持正确的浇注温度。

2）完善熔炼净化工艺，干燥净化炉料。

3）修正分流锥大小及形状，防止金属流对型腔的正面冲击。

4）适当增大内浇口。

5）改进模具设计。

6）合理设计排气孔、增加空气穴。

a)气孔　　　　　　　　b)氧化膜　　　　　　　c)氧化膜扩大

图 4-4　压铸件气孔、氧化膜及氧化膜扩大

### 4.1.6　压铸件表面气孔的禁忌

**原因：**压铸件表面气孔如图 4-5 所示，这种气孔是球状的小孔穴。

1）润滑剂使用量太大。

2）排气孔被堵死，气体排不出来。

**措施：**

1）合理使用润滑剂。

2）增设及修复排气孔，使排气通畅。

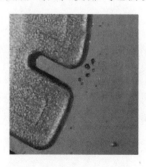

图 4-5　压铸件表面气孔

### 4.1.7　压铸件表面缩孔的禁忌

**原因：**合金熔体凝固时的收缩，会造成压铸件表面产生凹坑痕或呈暗色的孔洞。压铸件表面缩孔如图 4-6 所示。

1）压铸件凝固收缩时受到的压铸压力不足。

2）溢流槽容量不足或溢口太薄。

3）压铸件工艺设计不合理，壁厚变化太大。

4）金属液温度过高。

5）立式压铸机的冲头返回太快。

**措施：**

1）提高压铸比压。

2）改正溢流槽结构，加大溢口深度。

3）在壁厚的地方，增加工艺孔。

4）降低金属液温度。

5）保证一定加压时间。

图 4-6　压铸件表面缩孔

## 4.1.8　压铸件外轮廓不清晰、不成型、局部欠料的禁忌

**原因：** 型腔的一部分没有填充熔体，凝固后压铸件外形不完整，有部分缺失，如实体或型孔不完整。压铸件成型不良和型孔不完整如图 4-7 所示。

1）压铸机压力不够，压铸比压太小。

2）进料口流道厚度太大。

3）浇口位置不正确，使金属液正面冲击压铸件。

**措施：**

1）更换压铸压力大的压铸机。

2）减小进料口流道厚度。

3）改变浇口位置，防止金属液对铸件正面冲击。

a) 压铸件成型不良

b) 压铸件型孔不完整

图 4-7　压铸件成型不良和型孔不完整

## 4.1.9　压铸件部分未成型、型腔未充满的禁忌

**原因：** 模具型腔未充满合金熔体，导致压铸件有部分实体缺料。压铸件填充不足如图 4-8 所示。

1）压铸模温度太低。

2）金属液温度低。

3）压力机压力太小。

4）金属液不足，压射速度太高。

5）空气排不出来。

**措施：**

1）提高压铸模温度。

2）提高金属液温度。

3）增加压力机压力。

4）增加金属液分量，适当减少压射速度。

5）改善排气系统，增加和加宽排气缝隙。

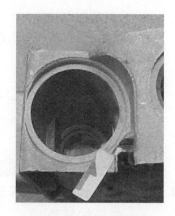

图 4-8　压铸件填充不足

### 4.1.10　压铸件锐角处填充不满的禁忌

**原因：**

1）内浇口进口太大。

2）压铸机压力过小。

3）锐角处通气不好，有空气排不出来。

**措施：**

1）减小内浇口。

2）改换压力大的压铸机。

3）改善排气系统。

### 4.1.11　压铸件结构疏松、强度不高的禁忌

**原因：**压铸件金属组织不紧密（疏松），导致压铸件强度低。

1）压铸机压力不够。

2）内浇口太小。

3）排气孔堵塞。

**措施：**

1）改换压力大的压铸机。

2）加大内浇口。

3）检查排气孔，对其进行修整，使其通气。

### 4.1.12　压铸件内含杂质的禁忌

**原因：**在压铸件表面和组织内部含有形状不规则的杂物孔穴，导致压铸件力学性能较差。杂质的卷入如图 4-9 所示。

1）炉料不净有杂质。

2）合金熔液净化不足或熔渣未除净。

3）舀取合金熔液时混入熔渣及氧化物。

4）合金成分不纯。

5）模具型腔不干净。

6）涂料中的石墨夹杂过多。

**措施：**

1）确保炉料干净。

 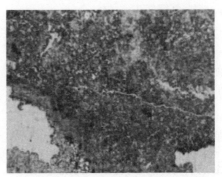

图 4-9　杂质的卷入

2）合金净化，选用便于除渣的熔剂。

3）防止熔渣及气体混入舀取的合金熔液中。

4）更换合金材料。

5）清理模具型腔，使之干净。

6）以石墨作涂料时必须是纯净并要拌匀。

### 4.1.13　压铸过程中，金属液溅出的禁忌

**原因：** 压铸件在加工过程中，金属液溅出型腔后落在压铸件上所形成的豆粒物是"渗豆"。内渗物（内"渗豆"）是压铸件孔洞内部存在带有光泽的豆粒状金属渗出物，其化学成分与压铸件本体不一致，但接近共晶成分。"渗豆"如图 4-10 所示。

1）动、定模间密合不严密，间隙较大。

2）锁模力不够。

3）压铸机动、定模板不平行。

**措施：**

1）重新安装模具。

2）加大锁模力。

3）调整压铸机，使动、定模板相互平行。

图 4-10　"渗豆"

### 4.1.14　黏模（拉模）的禁忌

**原因：** 沿开模方向压铸件表面呈现条状的拉伤痕迹，痕迹有一定深度，严重时为面状伤痕。另一种是因金属液与模具发生黏合、黏附而拉伤压铸件，以致其表面多料或缺料，目视检查即可以识别。压铸件的黏模（拉模）如图 4-11 所示。

1）型腔表面有损伤（压塌或敲伤）。

2）脱模方向斜度太小或倒斜。

3）顶出时不平衡，顶偏斜。

4）浇注温度过高，模温过高导致合金液产生黏附。

5）脱模剂效果差。

6）铝合金铁含量低于 0.6%。

7）型腔表面粗糙度值高，模具工作零件硬度偏低。

**措施：**

1）修理损伤的模具型腔表面。

2）加大模具工作型面的起模斜度。

3）优化脱模机构的顶杆的数量和分布位置。

4）控制合金熔融温度和模具温度（增加模具冷却系统）。

5）选用优质品种和适合于加工合金的脱模剂。

6）选用铁含量高于 0.6%的铝合金。

7）修理模具型腔、降低型腔表面粗糙度值，模具制造采用新型压铸类模具钢材和合适的热处理方法。

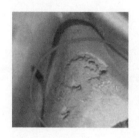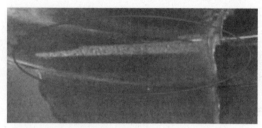

图 4-11　压铸件的黏模（拉模）

## 4.1.15　烧结的禁忌

**原因：**压铸件表面因合金熔体附着而发生在制品表面的实体缺失和表面粗糙。烧结如图 4-12所示。

图 4-12　烧结

1）模具型面黏附着铝屑。

2）合金熔体温度过高。

3）浇口位置和方向偏离。

**措施：**

1）清除黏铝，研磨工作型面。

2）降低合金熔体温度。

3）改变浇口的位置和方向。

## 4.1.16　变形的禁忌

**原因：** 压铸件失去了原有的形状，使得部分型面得不到加工。变形如图 4-13 所示。

1）压铸件脱模方向反向或起模斜度过小。

2）压铸件收缩过大。

**措施：**

1）增大模具工作表面的起模斜度。

2）减小压铸件收缩率。

图 4-13　变形

## 4.1.17　挂铝的禁忌

**原因：** 压铸件脱模时表面产生的拉伤、局部实体缺失、表面粗糙。挂铝如图 4-14 所示。

1）合金熔体温度高，压铸件局部表面未凝固。

2）压铸件收缩不均匀。

3）模具工作型面起模斜度较小。

**措施：**

1）加强模具冷却系统的效果。

2）改变浇口位置、尺寸和数量。

3）扩大模具工作型面的起模斜度。

图 4-14　挂铝

## 4.1.18　皱纹的禁忌

**原因：** 合金熔体没有完全融合浅的皱纹，皱纹深度在 1mm 以下。皱纹如图 4-15 所示。

1）合金熔体温度低，造成流动性差。

2）压铸件形状断面变化大，合金熔体填充方向不适当，造成残留气体的进入。

3）空气排出不畅。

4）型腔内气体残留异物。

5）冷却水渗漏。

**措施：**

1）提高合金熔体温度。

2）增加壁厚，保持壁厚均匀性，降低模具型面表面粗糙度值，模具型腔起模斜度为 3°～5°。

3）改善模具排气结构。

4）改变浇口和分流道截面的形状。

5）改善模具冷却系统。

图 4-15　皱纹

### 4.1.19　缩裂的禁忌

**原因：**压铸件内部发生缩裂状态的孔穴，在铸部组织内可以看到树枝状的晶体。缩裂如图 4-16 所示。

1）压铸件壁厚不均匀，造成合金熔体凝固收缩量不一致。

2）合金熔体流动方向不适当。

3）空气排出不顺。

**措施：**

1）调整压铸件壁厚，使其均匀。

2）改变浇口形式和方向。

3）增加或加大模具排气系统。

图 4-16　缩裂

### 4.1.20　流痕和花纹的禁忌

**原因：**压铸件表面上有与金属液流动方向一致的条纹，有明显可见的与金属基体颜色不一样的无方向性的纹路，此缺陷无发展方向，抛光后可去除。流痕如图 4-17 所示。

1）模温过低。

2）浇注系统不合理，浇道设计不良，浇口位置不良、深度太浅。

3）料温过低。

4）填充速度低，填充时间短。

5）压铸压力太大，致使金属流速过高，引起金属液的飞溅。

6）排气不良。

7）喷雾不合理。

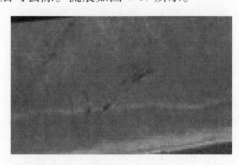

图 4-17　流痕

**措施：**

1）保持正确的模温。

2）改正浇道和截面形式，改变浇口位置和深度。

3）保证正确的料温。

4）加大填充速度，延长填充时间。

5）减少压铸压力。

6）改善喷雾。

### 4.1.21　摩擦烧蚀的禁忌

**原因：**摩擦烧蚀是在压铸件表面某些位置上产生粗糙面。产生缺陷的位置、时间不固定，呈凸凹不平状。摩擦烧蚀如图 4-18 所示。

1）压铸模浇道的位置方向和形状不当。

2）对压铸造工艺浇道处金属液冲刷剧烈部位的冷却不够。

**措施：**

1）改正浇道的位置、方向和截面形状。

2）改善压铸模冷却系统。

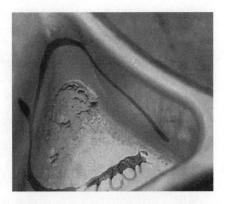

图 4-18　摩擦烧蚀

### 4.1.22　冲蚀的禁忌

**原因：**冲蚀包括麻点和凸台。麻点（麻纹）就是半球形的小坑，凹坑直径一般为 0.3 ~ 0.8mm，深 0.3~0.5mm，在铸件表面呈局部密集分布状态。麻点会影响铸造件的表面美观。冲蚀如图 4-19 所示。

1）浇道位置设置不当，直接冲击型腔壁。

2）浇口填充方向不正确。

3）冷却条件不好。

图 4-19　冲蚀

**措施：**

1）改正浇道位置。

2）改正浇口方向。

3）改善压铸模冷却系统。

### 4.1.23　异常偏析的禁忌

**原因：**压铸件凝固慢的部分形成的溶质元素浓化的偏析。在压铸件推出时表面是逆偏析。异常偏析微细组织如图 4-20 所示。

1）工艺参数有缺失。

2）压铸件形状有欠缺。

3）压铸方案不成熟。

4）合金化学成分存在偏析。

5）压铸件晶粒粗大。

**措施：**

1）保持压铸工艺参数（熔体温度、铸造压力和模具温度）正确。

2）设计合理的压铸件形状。

3）正确的压铸方案。

4）选定合格的合金化学成分。

5）添加 Ti、$TiB_2$ 等结晶微细化材料。

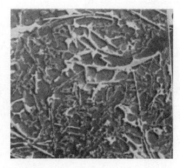

图 4-20  异常偏析微细组织

### 4.1.24  破断冷硬层的禁忌

**原因：** 在压铸组织中存在直线状或圆弧状界面的急冷组织。破断冷硬层如图 4-21 所示。

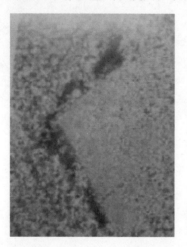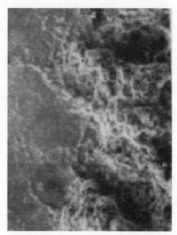

图 4-21  破断冷硬层

1）料缸中存在着凝固合金液。

2）金属液温度低。

3）金属液注射时间过长。

4）料缸中射出金属液欠缺。

5）润滑剂使用不当。

6）使用合金成分不当。

7）浇注系统尺寸设计不当。

**措施：**

1）控制料缸内注入的金属熔液凝固层的生成。

2）设定合适的金属熔液温度的高温。

3）缩短射出时间（从舀取金属熔液开始到射出开始的时间）。

4）提高射出料缸内的填充率。

5）使用断热系润滑剂。

6）选择正确的合金化学成分。

7）改变流道截面形状、浇口深度。

### 4.1.25　压铸件飞边与披锋的禁忌

**原因：** 飞边与披锋如图 4-22 所示。

1）压铸型没有锁死。

2）模具滑块损坏或锁紧零件失效。

3）滑块与镶件磨损或配合间隙不当。

4）模具刚度不够造成变形。

5）分型面未清理干净。

6）胀形力大于锁模力。

**措施：**

1）检查锁模力与增压情况。

2）调整增压机构，使压射峰值降低。

3）更换滑块和镶件，或进行镀铬处理。

4）检查模具是否损坏。

5）清理模具分型面。

6）更换锁模力较大的压铸机。

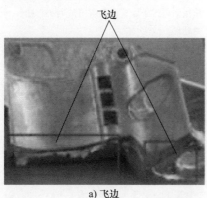
a) 飞边

b) 披锋

图 4-22　飞边与披锋

## 4.2　复合材料成型模具制造禁忌

复合材料制品存在着不同的成型工艺方法，不同的工艺方法就会产生不同的缺陷。产生缺陷的原因很多，有复合材料、胶液配方、成型工艺、后处理及环境等因素。这些缺陷有的会影响制品的外观；有的会影响制品的刚度和强度，进而影响制品的力学性能；有的会影响制品使用性能；有的会影响制品化学和电性能。制品上哪怕只存在一种缺陷，该制品都是废品或次品。因为有了缺陷的复合材料制品是不能通过修复使其合格的，只能报废，所以对制品的缺陷只能进行预防。

## 4.2.1 手糊成型工艺禁忌

手糊成型是以手工操作将玻璃纤维和树脂在模具中裱糊，用小辊压实，经固化成型为制品的方法。手糊成型工艺可分成无压固化成型和低压固化成型两大类。前者有简单手糊成型和喷射成型，后者有压力袋成型和真空袋成型。手糊成型工艺中常见缺陷产生原因及解决措施，见表 4-1。

表 4-1 手糊成型工艺中常见缺陷产生原因及解决措施

| 缺陷 | 产生原因 | 解决措施 |
|---|---|---|
| 制品表面发黏 | ①空气湿度太大，水对聚酯和环氧树脂的固化有延缓和阻聚作用<br>②空气中的氧对聚酯树脂固化有阻聚作用，使用过氧化苯甲酰作引发剂时更为明显。固化温度太低<br>③制品表层树脂中交联剂挥发过多、树脂中苯乙烯挥发，使树脂比例失调，造成其不固化<br>④引发剂和促进剂配比搞错或固化剂失效 | ①最好把环境相对湿度控制在75%以下<br><br>②在树脂中加入0.02%左右的石蜡；在树脂胶液中加入5%左右的异氰酸酯；覆盖玻璃纸、薄膜或表面涂一层冷干漆等，使之与空气隔绝。提高固化温度<br>③避免树脂凝胶前温度过高；控制通风减少挥发<br><br>④保证引发剂和促进剂配方正确，检验固化剂质量 |
| 分层 | ①玻璃布受潮、被污染或未经脱腊处理<br><br><br>②树脂用量不够及玻璃布铺层未压紧密。制品胶、铆接时应力集中<br>③配胶液时称量错误<br>④裱糊时玻璃布铺放不紧密，气泡过多<br>⑤流胶过多，树脂含量不足<br>⑥固化制度选择不当，过早加热或加热温度过高，都会引起制品分层 | ①玻璃布应预先处理：尽量选用前处理玻璃布，并在使用前进行干燥。如果所用玻璃布含蜡，一定要进行脱蜡处理<br>②糊制时要控制足够的胶液，用力涂刮，使铺层压实，赶尽气泡。避免加工应力集中<br>③工作应认真、细心，避免胶液称量错误<br>④应增强责任心，避免气泡过多<br>⑤适当减少胶液含量、增加树脂含量<br>⑥树脂在凝胶前不能加热，后固化的升降制度要通过试验确定 |
| 气泡多 | ①树脂用量过多，胶液中气泡含量多<br><br>②树脂胶液黏度太大，黏度大的原因：树脂中交联剂太少；室温太低，混合时料中的气泡不易排出<br>③增强材料选择不当，手糊玻璃钢需要选用容易浸透树脂无捻玻璃布，避免玻璃布密度过大<br>④裱糊时没有压紧密，气泡未排净<br>⑤固化制度选择不当，加热过早，加压过小或过迟 | ①控制含胶量：注意拌合方式的选择，减少胶液中气泡含量<br>②适当增加稀释剂，适当增加溶剂，提高环境温度，注意搅料方法的选择<br><br>③适当调整固化剂用量，宜选用易浸胶的玻璃布品种<br><br><br>④应增强责任心，保证气泡排净<br>⑤选择适当固化制度、加热和加压时机 |

（续）

| 缺陷 | 产生原因 | 解决措施 |
|---|---|---|
| 流胶 | ①树脂黏度太小<br><br>②配料不均匀<br>③固化剂、引发剂和促进剂用量不够<br>④胶液不均<br>⑤固化制度不当：加热过早，升温太快，加压过小或过迟 | ①可适当加入2%~3%活性二氧化硅粉或采用触变性树脂。应减少溶剂，适当添加触变剂，提高树脂黏度<br>②配制树脂胶液时，要充分搅拌<br>③适当调整固化剂引发剂和促进剂的用量<br>④胶液应搅拌均匀<br>⑤选择适当固化制度 |
| 疏松 | ①铺层时未充分压实<br>②预浸料数量不足或加料不匀<br>③固化加压时机控制不到位 | ①铺层时采用辅助工装使预浸料压实<br>②控制预浸料数量，并保证均匀加料<br>③调整加压时机 |
| 固化不完全 | ①配方设计错误，称量错误，或胶液不均匀<br>②玻璃布吸水严重<br>③固化温度过低，固化参数不当<br>④主要是固化剂用量不足或者失效，另一原因则是环境温度过低或空气湿度太大 | ①重新设计配方，避免称量错误和胶液不均匀<br>②玻璃布应干燥<br>③提高固化温度，调整固化参数<br>④提高固化剂用量，采用优质固化剂或改变环境条件等 |
| 富树脂 | ①预浸料树脂含量过高<br>②未采用预吸胶工艺<br>③模具加工精度存在偏差<br>④固化加压时机不当 | ①调整预浸料制备工艺参数<br>②控制预吸胶压实工艺<br>③修正模具，控制加工精度<br>④合理控制加压时机 |
| 贫树脂 | ①树脂基体含量过低<br>②加压过早，树脂基体流失过多<br>③模具加工精度存在偏差 | ①提高树脂基体含量，调整预浸料制备工艺<br>②合理控制加压时机<br>③修正模具，控制加工精度 |
| 外形尺寸超差 | ①模具加工精度存在偏差<br>②预浸料叠层数量控制不严<br>③热压机工作平台不平行 | ①修正模具，控制加工精度<br>②严格控制预浸料叠层数量<br>③调整工作平台 |
| 翘曲变形 | ①制品结构件厚薄存在差异，加强筋不够<br>②固化度偏低<br>③固化成型区域温度不均<br>④预浸料挥发含量偏大<br>⑤脱模工艺不合理 | ①改进制品结构设计及成型工艺<br>②调整及控制固化工艺或采用后固化<br>③检查和调整加热装置<br>④充分晾置或采用预热处理<br>⑤改进脱模工艺或增设脱模工装 |
| 裂纹 | ①制品结构铺层不妥<br>②脱模工艺不合理<br>③模具结构不合理<br>④预浸料挥发含量大 | ①改进制品结构设计及铺层工艺<br>②改进脱模工艺<br>③改进模具结构形式，合理设置排气口及流胶槽<br>④控制环境温度和湿度，对预浸料进行充分晾置及预热处理 |
| 孔隙 | ①纤维线密度不均，预浸料质量不稳定<br>②预浸料挥发含量大<br><br>③加压时机不当 | ①控制预浸料质量<br>②控制环境温度和湿度，对预浸料进行充分晾置及预热处理<br>③严格控制加压时机，不能过早或过晚加压 |

胶衣树脂是不饱和聚酯中的一个特殊品种，其作用是给树脂或复合材料提供一个连续性的覆盖保护层，以提高制品的耐候、耐腐蚀和耐磨等性能，并赋予制品光亮美丽的外观。有时为了提高性能，胶衣树脂用一层表面薄毡增强。手糊成型工艺中胶衣层常见缺陷产生原因及解决措施，见表4-2。

表 4-2  手糊成型工艺中胶衣层常见缺陷产生原因及解决措施

| 缺陷 | 产生原因 | 解决措施 |
|---|---|---|
| 褶皱 | ①胶衣层固化不足<br>②树脂中交联剂部分溶解胶衣 | ①延长固化时间<br>②调整树脂配方 |
| 针孔与气泡 | ①胶衣树脂中含有气泡<br>②模具表面存在尘粒 | ①注意拌和方式，避免树脂中气泡存在<br>②清洗模具表面 |
| 光泽不好 | ①制品过早脱模<br>②石蜡脱模剂使用不当 | ①延长脱模时间<br>②调整石蜡脱模剂用量 |
| 泛黄 | ①成型加工的环境湿度太大<br>②胶衣树脂选择不当<br>③引发剂（过氧化苯甲酰-胺）不当<br>④固化不完全 | ①控制工作环境的湿度<br>②应选择对紫外光反应迟钝的树脂<br>③更换合适的引发剂<br>④选择适当固化制度 |
| 胶衣剥落 | ①模具表面粗糙度值高<br>②石蜡类脱模剂渗透入胶衣层<br>③胶衣层固化时间过长<br>④强度层糊制时间过晚<br>⑤强度层固化不良 | ①降低模具表面粗糙度值<br>②模具应进行脱腊处理，适量使用石蜡脱模剂<br>③减少胶衣层固化时间<br>④在胶衣凝胶后24小时内糊制强度层<br>⑤强度层应压实，消除空隙和气泡 |
| 起泡 | 胶衣层与强度层之间混入空气或溶剂 | 压实强度层，应去尽胶衣层与强度层之间的空气或溶剂 |
| 色斑 | ①颜色分布不均匀<br>②模具表面存在尘粒 | ①颜色搅拌应均匀<br>②清洗模具表面 |
| 裂纹 | ①胶衣层太厚<br>②树脂系统选用不当<br>③胶衣树脂中苯乙烯太多或填料加得太多<br>④树脂固化不良<br>⑤制品受到冲击 | ①注意控制胶衣层厚度<br>②应根据性能要求选择不同胶衣树脂<br>③严格按照工艺要求控制胶衣树脂中苯乙烯和填料<br>④增加树脂固化温度和压力<br>⑤避免制品受到冲击，改变制品结构型式 |

喷射成型是利用喷枪将玻璃纤维及树脂同时喷到模具上而制得玻璃钢制品的工艺方法。加有促进剂和引发剂的树脂和由切割器（将连续玻璃纤维切割）切割的短切纤维，各自由喷枪上的几个喷嘴同时均匀喷出，在空间混合后，沉积到模具表面上用小辊压实，经固化而成制品就是喷射成型制品。喷射成型工艺中常见缺陷产生原因及解决措施，见表4-3。

表 4-3　喷射成型工艺中常见缺陷产生原因及解决措施

| 缺陷 | 产生原因 | 解决措施 |
|---|---|---|
| 固化不足与固化不均匀 | ①固化剂分布不均匀<br>②喷出的树脂没有形成适当的雾状<br>③树脂反应性高<br>④压力机内混有冷凝水 | ①调整固化剂喷嘴，使用稀释的固化剂，增加喷出量<br>②调整雾化状态，使树脂呈雾状<br>③降低树脂的反应性<br>④定期排放空压力机的冷凝水 |
| 流挂现象（垂流） | ①树脂黏度、触变指数低<br>②喷射时的玻璃纤维体积大<br>③玻璃纤维含量低 | ①提高树脂的黏度和触变指数（厚度大于5mm时效果不大）<br>②避免误切，提高树脂喷出压力，缩短玻璃纤维切割长度，使喷枪接近成型面进行喷涂<br>③提高玻璃纤维含量 |
| 玻璃纤维堆积 | ①树脂黏度太大<br>②粗纱黏结剂太软<br>③喷出的玻璃纤维量不均 | ①重新评估树脂的黏度、触变性、浸渍性和固化特性<br>②选择更硬的黏结剂<br>③应使树脂和玻璃纤维的喷射速度一致，并能进行均匀地喷射 |
| 空洞、气泡 | ①脱泡不充分<br>②树脂浸渍不良<br>③脱泡和浸渍程度难以判断<br>④玻璃纤维含量高 | ①加强脱泡作业，使脱泡工序标准化<br>②增加消泡剂，再次检查树脂和玻璃纤维的质量<br>③成型模具做成黑色或近似黑色，以便观察脱泡和浸渍情况<br>④降低玻璃纤维含量 |
| 粗纱切割不良 | ①切割刀片磨损<br>②支持辊磨损<br>③粗纱根数太多<br>④切割器空气压低 | ①刀片使用一定时间后需要更换<br>②视磨损程度而更换支持辊<br>③通常以切割2~3根粗纱为宜<br>④提高空气压，视情况可增大压力机容量 |
| 厚度不均 | ①未掌握好喷射操作工艺<br>②脱泡操作不熟练<br>③树脂的固化性能不好<br>④玻璃纤维切割器的切割性不好<br>⑤玻璃纤维的分散性不好 | ①制定成型面与喷枪间的距离、喷射方向、树脂和玻璃纤维黏结剂的一致性等操作标准，并通过训练以提高熟练程度<br>②购置合适的脱泡工具，并进行训练<br>③根据产品的复杂程度及产品设计的积层，选择合适的树脂固化时间<br>④调整及更换切割器<br>⑤检查粗纱的质量 |
| 浸渍性差 | ①树脂与玻璃纤维比例不当，树脂含量低<br>②树脂黏度大<br>③粗纱质量不好<br>④树脂凝胶快 | ①增加树脂含量或减少玻璃纤维含量<br>②把树脂黏度调至0.800Pa·s以下<br>③改变处理剂或更换粗纱牌号<br>④改变树脂的固化性能 |

（续）

| 缺陷 | 产生原因 | 解决措施 |
|---|---|---|
| 脱落现象 | ①树脂与玻璃纤维比例不当，树脂过量<br>②树脂的黏度、触变度低<br>③喷枪与成型面距离小<br>④粗纱的切割长度不合适 | ①减少树脂喷出量，增加粗纱量<br>②提高树脂黏度和触变度<br>③控制好喷射的距离和方向<br>④按制品大小和形状改变纤维的切割长度 |
| 白化与龟裂 | ①使用反应活性高的树脂，让其在短时间内固化（固化时发热量最大，会引起树脂和玻璃纤维的界面剥离）<br>②纤维表面有妨碍树脂浸渍的不均匀性表面处理剂、水、油和润滑脂等<br>③积层时一次积层太厚<br>④使用双头喷枪时，树脂喷出量不均<br>⑤树脂中混有水<br><br>⑥苯乙烯含量过大<br>⑦树脂与玻璃纤维折射率不匹配 | ①选择反应性适合的树脂，调整固化剂的种类、用量和固化条件<br>②注意粗纱的保管和使用，要进行测试以确保质量<br>③采用层积法，控制固化发热量<br>④调整树脂喷出量<br>⑤改善树脂的使用和存放条件，定期排放空压力机内的冷凝水；不用混有水的树脂<br>⑥减少苯乙烯的用量，加热树脂降低黏度<br>⑦调整选材，使用与树脂折射率接近的玻璃纤维 |

　　真空袋成型是采用一种柔性的袋，如橡胶袋，在湿铺层或预浸料的复合材料的固化过程中，通过施加压力使制件结构密实、性能提高的成型工艺方法。如果同时提高成型温度，则又可大大加速固化，这种方法可用于不同大小尺寸、不同结构形状、产品批量不太大的复合材料制件的成型加工。

　　真空袋成型工艺中常见的缺陷的产生原因及解决措施，见表 4-4。

表 4-4　真空袋成型工艺中常见缺陷的产生原因及解决措施

| 缺陷 | 产生原因 | 解决措施 |
|---|---|---|
| 气泡：通过树脂压力和表面张力的作用溶解于树脂中 | ①作用于树脂的压力越高，越有利气泡的排出<br>②温度越高越有利树脂中挥发物的析出<br>③树脂中挥发物的种类与含量，小湿度有利减小气泡<br>④正交铺层纤维网的气泡低于单层纤维网，垂直纤维方向的气泡低于平行纤维方向<br>⑤大量吸胶的气泡低于小量吸泡，成型工艺对气泡的溢出有着影响 | ①提高袋压的压力<br>②提高模具温度<br>③增加消泡剂，纤维应晾置<br><br>④应采用纤维正交铺层和纤维垂直铺放<br><br>⑤采用吸泡纸的吸泡工艺，采用双真空袋成型 |
| 夹杂 | ①纤维，树脂或溶剂中含杂质<br>②铺层环境不清洁<br><br>③模具成型面有污染 | ①严格检查原材料，去除杂质<br>②工作环境应干净整洁，操作人员应穿好工作服<br>③用丙酮清洗模具成型面上的石蜡 |
| 分层 | ①纤维层与树脂层存在着气泡或空隙<br>②树脂中含有气泡<br>③纤维层未浸透树脂 | ①预浸料需用辊子压实并赶出气泡<br>②树脂中增加消泡剂<br>③树脂应充分浸透纤维层 |

## 4.2.2　模压成型工艺禁忌

模压成型是将一定量的预浸料放入到金属模具的对模型腔中，利用带热源的压力机产生一定的温度和压力，合模后在一定的温度和压力作用下，使预浸料在型腔内受热软化、受压流动充满型腔后完成成型和固化，从而获得复合材料制品的一种工艺方法。模压制品成型时常见缺陷产生原因及解决措施，见表4-5。

表 4-5　模压制品成型时常见缺陷的产生原因及解决措施

| 缺陷 | 产生原因 | 解决措施 |
|---|---|---|
| 起泡膨胀 | ①原材料中水分、挥发物含量大<br>②成型温度过高或过低<br>③成型压力小<br>④加压时间短 | ①原材料充分晾置或采用预热，放气操作<br>②控制环境温度、湿度及成型温度<br>③选用合理的成型压力<br>④延长加压时间 |
| 贫树脂 | ①树脂含量过低<br>②模具和加热板平行度差<br>③加压过早，树脂流失过多 | ①提高树脂含量，调整排布机加大纤维间距<br>②调整加热板和模具平行度<br>③选好加压点 |
| 翘曲变形 | ①制品结构厚薄悬殊<br>②固化不完全<br><br>③成型温度不均<br>④选材不当<br>⑤成型材料中水分、挥发物含量太大<br>⑥脱模不正确<br>⑦模具结构不合理 | ①改进制品设计或成型工艺<br>②调整或严格控制固化制度，并保证后处理得当<br>③检查并调整加热器<br>④合理选材<br>⑤充分晾置后再装模或采用预热放气操作<br>⑥改进脱模方法、程序或脱模工装<br>⑦采用压模结构或夹具进行冷却 |
| 表面无光泽 | ①脱模剂涂刷不当，脱模布不平或漏洞造成黏膜<br>②模温过高或过低<br>③模具型腔表面粗糙度值高<br>④未经预吸胶 | ①选用合适的脱模剂，严格控制脱模剂使用工艺，正确使用脱模布<br>②控制好模温<br>③降低模具型腔表面粗糙度值<br>④尽量采用预吸胶 |
| 外形尺寸不合格 | ①模具尺寸超差<br>②加料量不准<br>③材料收缩率不合格<br>④压力机加热板不平行 | ①修整模具<br>②调整加料量<br>③检验材料收缩率或更换材料<br>④矫正加热板 |
| 夹杂 | ①纤维，树脂或溶剂中含杂质<br>②排布机不清洁<br>③铺层环境不清洁<br>④预浸料晾置时未加保护膜<br>⑤隔离纸质量差、掉毛<br>⑥操作时不慎，带进杂质或忘记去除预浸料保护膜 | ①严格检查原材料，去除杂质<br>②操作前、后清理排布机<br>③工作环境应干净整洁，操作人员应穿好工作服<br>④预浸料晾置时加盖保护膜，防止灰尘<br>⑤选用合格的隔离纸<br>⑥操作人员经培训、考核上岗 |

（续）

| 缺陷 | 产生原因 | 解决措施 |
|---|---|---|
| 制度裂纹 | ①制品结构不合理<br>②脱模不正确<br>③材料中水分、挥发成分含量大<br><br>④模具结构不合理（如排气孔、流胶槽等） | ①改进制品结构设计或成型工艺<br>②改进脱模方法<br>③原材料应该充分晾置，采用预热或放气操作，控制环境温度、湿度，控制成型温度<br>④改进模具结构，预热金属嵌件 |
| 孔隙 | ①纤维粗细不匀<br>②水分、挥发物含量大<br>③铺层间存在孔隙和气泡<br>④真空度不足<br>⑤加压时机不当 | ①严格筛选纤维<br>②原材料充分晾置，采用预热，放气操作<br>③铺层时压实<br>④保持固化前真空度<br>⑤适时加压，不要过早、过迟 |
| 分层 | ①铺层时未压实<br>②铺层时预浸料上黏有脱模剂或油污<br><br>③脱模不当<br>④压力不够<br>⑤胶、铆接应力集中 | ①铺层时各层间应压实<br>②严禁将脱模剂或油污黏在预浸料上，操作人员应戴手套<br>③正确脱模，不许乱撬、乱铲<br>④适当加大压力<br>⑤尽量避免胶、铆接时的应力集中 |
| 富树脂 | ①树脂含量过高<br>②模具不平，加热板不平<br>③未经预吸胶<br>④加压时机不当 | ①降低树脂含量、调整排布机、缩小纤维间距<br>②调平加热板及模具<br>③尽量采用预吸胶<br>④选好加压时机 |
| 夹层结构脱胶 | ①胶黏剂性能不好<br>②脱接工艺执行不当<br>③胶黏剂与被胶接材料不匹配 | ①选好胶黏剂<br>②按技术要求进行胶接<br>③选用匹配的胶黏剂与被胶接材料 |
| 疏松 | ①铺层未压实<br>②加料量不足或装料不均<br>③加压过早或太迟 | ①铺层时用压板均匀压实<br>②均匀加足料量<br>③适时加压 |

## 4.2.3 吸附预成型工艺禁忌

吸附预成型法（也称金属对模成型法）是指在成型模压制制件之前，预先将玻璃纤维仿制成与模压制件结构、形状、尺寸一样的坯料，然后将其放入金属对模内，加入液体树脂，进行加温加压成型玻璃钢制件的一种工艺方法。在压制前使短切原纱成型毡在预制实体模型上进行预切割和层间结合制成料坯，然后进行压制的工艺，也可属于预成型法。预成型坯制件常见缺陷原因分析及解决措施，见表4-6。

表 4-6　预成型坯制件常见缺陷的原因分析及解决措施

| 缺陷 | 说明 | 原因 | 解决措施 |
|---|---|---|---|
| 纤维花纹显露 | 制件表面上玻璃纤维的花纹过于显著或突出 | 模压温度不当 | 提高或降低温度，以获得好的表面，上、下模具取 3~10℃ 的温差以减少纤维花纹显露和增加较热一侧的光泽 |
| | | 树脂特性 | 有的树脂在很低温度下发生畸变，使纤维花纹更为明显，提高模压温度有助于解决此问题 |
| | | 预成型坯粗糙 | 采用表面毡以减轻制件纤维花纹显露 |
| 裂纹 | 树脂微开裂，可从表面伸向内部甚至贯穿整个制件 | 高活性树脂、高不饱和度的树脂固化速度快，放热温度高。在刚性树脂系统中固化收缩和热膨胀，即便在玻璃纤维均匀填充区域内也会引起裂纹 | 降低引发剂浓度：稍微延长固化时间，以降低放热温度。降低模压温度：减缓聚合，降低放热温度 加入惰性填料：降低单位体积内活性基浓度，以减缓放热。加入韧性树脂，以降低活性、增加韧性。减少苯乙烯用量，以减少收缩、降低放热温度 |
| | | 富树脂（玻璃纤维不足）区：因树脂集中而造成应力，即使是中等活性的树脂也会出现裂纹固化不足（见"气味"） | 改进预成型坯的均匀性：调整筛模和通风室，以改进预成型坯的纤维分布。若预成型坯均匀性得不到保证可参考"裂纹"的解决方法 |
| | | | 富树脂区往往因冲刷而造成，见"预成型坯的冲刷" |
| 孔穴 | 大量小气泡被固结在树脂中 | 见"针孔" | 见"针孔" |
| 气味 | 苯乙烯气味（不同于完全固化聚酯树脂的气味） | 固化不完全 | 延长固化时间，增加引发剂用量或提高模压温度 |
| | | 导致固化不完全的抑制作用 | 检查颜料的抑制作用，若有则应去除或附加引发剂，填料也是如此 |
| | 苯（甲）醛气味：类似樱桃味，注意与苯乙烯气味的区别 | 包括苯乙烯对产生苯（甲）醛的副反应。一般活性（不饱和度）小的树脂，苯（甲）醛气味较浓。 | 减少引发剂用量，用活性大些的树脂，降低模具温度。制件在 120℃ 的空气烘箱中后处理，以去除残余气味 |
| 富树脂区 | 树脂混合物很多或没有被增强材料填充的区域 | 设计不当 | 改进设计，最有利于模压的简单设计是等壁厚、无尖角。若需厚度变化则应是逐渐的，也可设计为在预成型坯中附加玻璃纤维 |
| 翘曲 | 制品变形 | 结构不平衡，因树脂比纤维的热胀系数约大 10 倍，若纤维、树脂分布不均，将会向富树脂一侧翘曲 | 玻璃纤维分布力求均匀。利用冷却夹具限制变形。减少苯乙烯含量，采用惰性填料以减少收缩。采用较低的模压温度 |
| | | 固化不均匀：若制件两面固化速度不同，则制件向先固化的一侧翘曲 | 调节两模具表面温度，消除模具表面的过热点 |
| | | 设计：弯曲制件有向小曲率面一侧收缩的倾向 | 采用冷却夹具，采用受热变形小的树脂，采用尽可能大的曲率半径，或使边缘局部增厚或金属加强 |

（续）

| 缺陷 | 说明 | 原因 | 解决措施 |
|---|---|---|---|
| 贫树脂区 | 该区增强纤维未被浸渍或含树脂很少 | 流动性差：压力机闭合后，树脂仅流到阻力小、压力低的区域 | 降低树脂黏度：流动阻力小，容易流到纤维较多的高压力区（见"预成型坯的冲刷"） |
| | | 早期凝胶：有时高活性或过度催化的树脂在浸透整个预成型坯之前即发生凝胶 | 减少引发剂用量，降低模具温度或加入阻聚剂，从而减慢反应速度，使纤维有充分时间被浸透 |
| | | 玻璃纤维过量，纤维过量区域压力高、浸透慢，且纤维过量易造成纤维花纹显露 | 采用更均匀的预成型坯 |
| | | 上、下模的配合不好：合理的模具配合间隙，可得到较高的型腔内压力，有利于树脂充满型腔各个部位 | 改进上、下模配合，检查树脂在预成型坯上的分布，使用过量的树脂 |
| 预成型坯的冲刷 | 模压中增强材料不规则位移或扯离 | 树脂混合物黏度高，流动阻力大，造成预成型坯中的玻璃纤维位移 | 减慢压力机闭合速度，加苯乙烯，减少惰性填料用量，用低吸值的填料 |
| | | 早期凝胶：高活性树脂在压力机闭合或树脂充满型腔之前发生纤维冲刷 | 降低引发剂用量，加入阻聚剂，以延缓凝胶而不影响固化 |
| | | 预成型坯质量差：预成型坯中玻璃纤维松散；预成型黏结剂溶于树脂也易发生冲刷现象 | 调节黏结剂分布：在引起松散玻璃纤维冲刷的地方，应附加黏结剂 |
| 针孔 | 制件表面上规则或不规则的小孔 | 空气被固结 | 改进上、下模的配合：0.05~0.10mm 的配合间隙可限制过量树脂自模具内流出，增加型腔内的压力，使气泡压缩或溶解 |
| | | 树脂混合物中的空气 | 模压前，使树脂混合物静置，消除气泡，在不降低性能的前提下，加入苯乙烯以降低树脂混合物的黏度，以利于去除气泡 |
| 起泡 | 表面上有半圆形鼓起（模塑物中的离层） | 固化不完全，气泡延伸范围较大 | 延长模压时间，提高引发剂用量 |
| | | 湿气、溶剂被困集，空气膨胀或蒸发 | 预成型坯应充分干燥，以避免树脂中气泡 |

## 4.2.4　缠绕玻璃钢制件工艺禁忌

将连续纤维经过浸胶后，按照一定规律缠绕到芯模上，然后在加热或常温下固化，制成一定形状制件的工艺方法叫纤维缠绕工艺。根据缠绕时树脂基体所处化学物理状态的不同，生产上分为干法、湿法和半干法三种。缠绕玻璃钢制件的缺陷产生原因及预防和修补方法，见表 4-7。

**表 4-7 缠绕玻璃钢制件缺陷的产生原因及预防和修补方法**

| 缺陷 | 产生原因 | 预防和修补方法 |
|---|---|---|
| 分层 | ①纤维织物未做前处理或处理不够<br>②织物在缠制过程中张力不够或气泡过多<br>③树脂用量不够或黏度太大，纤维没有浸透<br>④配方不合适，导致黏结性能差或固化速度过快、过慢<br>⑤后固化工艺条件不合适或温度过高或过早固化 | 采取相应措施或彻底铲除分层部分，并用角向磨光机或抛光机打磨掉缺陷区以外周边的石蜡树脂层，宽度不小于 5cm。然后，再按工艺重新进行铺层 |
| 气泡 | ①驱赶气泡不彻底<br><br>②树脂黏度太大，在搅拌或涂刷时，带入树脂中的气泡不能被赶出<br>③增强材料选择不当<br>④操作工艺不当 | ①每一层铺覆、缠绕都要用辊子反复滚压，辊子应做成环向锯齿型或纵向槽型<br>②加入苯乙烯稀释树脂<br><br>③重新选择增强材料<br>④选择适当的浸胶、涂刷和辊压等方法 |
| 表面发黏 | ①空气中湿度太大，水分对聚酯树脂固化有延缓作用并阻碍固化作用<br>②聚酯树脂中石蜡加得太少或石蜡不符合要求而导致空气中氧的阻聚作用<br>③固化剂、促进剂用量不符合要求<br>④苯乙烯挥发太多，造成树脂中的苯乙烯单体不足 | ①控制空气相对湿度低于 80%<br><br>②除增加适量石蜡外，还可以用其他方法（加玻璃纸或聚酯薄膜）将制件表面与空气隔绝<br>③在配胶液时应严格控制固化剂和促进剂用量<br>④要求树脂凝胶前不能加热，且环境温度不宜太高 |

## 4.2.5 拉挤成型工艺禁忌

拉挤成型工艺是将连续增强材料如无捻玻璃纤维、聚酯表面毡进行树脂浸渍，在一定拉力作用下以一定的速度经过一定截面形状的成型模具，并在模内加热固化，成型后连续出模，拉挤成型是一种连续的可高度自动化的生产工艺。拉挤成型工艺中常见的缺陷产生原因及减少或消除方法，见表 4-8。

**表 4-8 拉挤成型工艺中常见缺陷的产生原因及减少或消除方法**

| 缺陷 | 产生原因 | 减少或消除方法 |
|---|---|---|
| 制件弯曲、扭曲变形 | ①制件固化不均、不同步，产生固化应力<br>②制件出模后压力降低，在应力作用下变形<br>③制件内材料不均匀，导致固化收缩程度不同<br>④出模时制件未完全固化，在外来牵引力作用下产生变形 | 找对原因，采取措施 |
| 黏模：部分制件与模具黏附，使制件拉伸破坏 | ①纤维体积分数小<br>②填料加入量少<br>③内脱模剂效果不好或用量太小 | ①增加纤维<br>②增加填料含量<br>③改善脱模效果 |

（续）

| 缺陷 | 产生原因 | 减少或消除方法 |
|------|---------|---------------|
| "鸟巢"：增强纤维在模具入口处相互缠绕 | ①纤维断了<br>②纤维悬垂的影响<br>③树脂黏度高<br>④纤维黏附着的树脂太多<br>⑤牵引速度过高<br>⑥模具入口的设计不合理 | 找对原因，对症下药 |
| 固化不稳定：在模具内黏附力突然增加 | ①牵引速度过高<br>②预固化引起的热树脂突然回流 | 降低牵引速度等 |
| 未完全固化：苯乙烯蒸气压力高或冷凝物太多，苯乙烯闪蒸时产生裂纹 | ①拉挤速度太快<br>②温度太低<br>③模具太短 | 针对原因采取措施，加以解决 |
| 未完全固化：单体蒸汽压力太高或冷凝物太多，苯乙烯闪蒸时产生裂纹 | ①拉挤速度太快<br>②温度太低<br>③模具太短 | 针对产生原因采取整改措施 |
| 局部固化 | ①型材内部固化滞后于表面，引起制品内部出现裂纹<br>②制品太厚 | 减少制品厚度 |
| "白粉"：制件出模后，表面附着白粉状物 | ①模具表面粗糙度差<br>②脱模时，制品黏模，导致制件表面损伤 | 降低模具表面粗糙度值 |
| 表面液滴：制件出模后表层有一层黏稠液体 | ①制件固化不完全，温度低或拉速过高<br>②纤维含量少、收缩大，未固化树脂喷出<br>③温度过高，使制件表层的树脂降解 | 找对原因，采取措施 |
| 沟痕、不平：制件平面不平整，局部有沟状痕迹 | ①纤维含量低，局部纤维纱过少<br>②模具黏制件，划伤制件 | ①提高纤维含量<br>②改善脱模效果 |
| 白斑：含有表面毡、连续毡制件的表层，常出现局部发白或露有白纱现象 | ①纱和毡浸渍树脂不完全，黏层过厚或毡的性能差<br>②有杂质混入，在黏层间形成气泡<br>③制件表面留有树脂过薄 | ①改善纤维浸渍性<br>②避免杂质混入<br>③改进成型工艺 |
| 起鳞：表面粗糙度差 | ①脱离点应力太高，产生爬行蠕动<br>②脱离点太超前固化点 | ①降低模具表面粗糙度值<br>②延缓脱离点 |
| 裂纹：制件表面上有微小裂纹 | ①树脂层过厚产生表层裂纹<br>②树脂固化不均引起热应力集中，导致开裂（这种裂纹较深） | 针对原因加以解决 |
| 表面起毛：纤维露出制件表面 | ①纤维过多<br>②树脂与纤维不能充分黏结，偶联剂效果不好 | 针对原因加以解决 |

（续）

| 缺陷 | 产生原因 | 减少或消除方法 |
|---|---|---|
| 表面起皮、破碎 | ①树脂层过厚<br>②成型内压力不够<br>③纤维含量太少 | 针对原因加以解决 |
| 制件缺边角 | ①纤维含量不足<br>②上、下模之间的配合精度差或已划伤，造成在合模线上有固化物粘结和积聚，使得制件缺角、少边 | 找对原因，采取措施 |

## 4.2.6　RTM 成型工艺禁忌

树脂传递模塑（RTM）是在闭合型腔中预先铺覆好增强材料，然后将热固性树脂注入型腔内浸润增强材料，在室温或加热条件下固化脱模，必要时再对脱模后制件进行表面抛光、打磨等后处理，可得到两面光滑制件的一种高技术复合材料液体模塑成型技术。

RTM 成型工艺中常见的缺陷有气泡、干斑、变形、裂纹及无光泽，其产生原因及解决措施见表4-9。还有富树脂、贫树脂、孔隙、分层等。缺陷产生原因及解决措施见表4-1、表4-4 和表4-9。

表 4-9　RTM 成型工艺中常见缺陷的产生原因及解决措施

| 缺陷 | 产生原因 | 解决措施 |
|---|---|---|
| 气泡 | ①型腔内树脂反应放热过高，固化时间过短<br>②树脂注入型腔时混入空气过多<br>③树脂黏度过大<br>④树脂注入型腔压力过大<br>⑤成型工艺不当 | ①适当调整树脂固化剂用量，严防固化时间过短<br>②调整树脂注入点位置<br>③采用低黏度树脂<br>④降低树脂注入压力<br>⑤采用真空法或振动法，树脂注入前用可溶于树脂气体或蒸发方法将型腔中空气排出 |
| 干斑：树脂没有全部接触到或只是部分填充的区域 | ①浸润不充分<br>②渗透率不均匀<br>③模具太短<br>④排气口数量不足<br>⑤玻璃纤维污染 | ①调整树脂注射口和排气口，型腔满后保压一段时间后再打开排气口并重复这一过程<br>②调整制件形状结构，使模具间隙均匀<br>③模具型腔应比制品长 15~20mm<br>④增加排气口数量<br>⑤模具应清洗和玻璃纤维应清除石蜡 |
| 变形：表现形式为皱褶，是因玻璃布起皱的 | ①模具合模对玻璃布层的挤压<br>②树脂在型腔中流动冲挤玻璃布形成皱褶<br>③树脂注入时的压力过大<br>④玻璃布层过厚 | ①注意合模操作方法<br>②采用耐冲刷性好的玻璃纤维布<br>③降低注射压力<br>④减少玻璃布层数和调整制件结构 |
| 裂纹 | ①玻璃布纤维含量分布不均匀<br>②树脂固化不完全，固化后收缩率较大，导致内应力过大<br>③固化后的环境温差大，导致内应力大 | ①选择纤维含量分布均匀的玻璃布<br>②延长固化时间，选择收缩率接近的树脂与增强纤维<br>③选择温差均匀的环境 |

（续）

| 缺陷 | 产生原因 | 解决措施 |
|------|---------|---------|
| 无光泽 | ①制件轻度黏模<br>②模具成型表面粗糙度值高或附有污染物<br>③未涂脱模剂 | ①调整树脂黏度<br>②降低模具表面粗糙度值，清洗模具<br>③涂脱模剂 |

### 4.2.7 热压罐成型工艺禁忌

热压罐成型工艺是将复合材料毛坯或蜂窝夹芯结构或胶接结构用真空袋密封在热压罐中，在真空或非真空状态下，用罐体内部均匀温度场和气体对成型中的制件施加温度和压力，经过复杂的热压固化过程，使其达到所需要的形状和质量状态的成型工艺方法。

热压罐成型的常见缺陷有分层、变形、疏松、气孔和孔隙，其中分层为主要缺陷，常见缺陷的产生原因及解决措施见表 4-10。

表 4-10  热压罐成型工艺中常见缺陷的产生原因及解决措施

| 缺陷 | 产生原因 | 解决措施 |
|------|---------|---------|
| 变形：成型后制件外形曲率与图样不符 | ①纤维铺层不合理<br>②成型工艺不妥<br>③模具结构变形、模具材料不合适<br>④制件结构欠妥 | ①从角度、比例和顺序等方面调整铺层设计<br>②从固化温度、降温速率进行工艺优化<br>③改变模具结构、厚度、模具材料和热处理<br>④通过设置加强筋和改变模具结构增加模具强度 |
| 疏松 | ①加压过晚<br>②预浸料层间气路不通畅<br>③铺糊树脂方法不合理 | ①合理控制树脂压力<br>②要在预浸料间形成有效的气路<br>③采用零吸胶（即不铺放吸胶层的条件下）工艺 |
| 气孔和孔隙：气孔以单个状态出现；孔隙呈密集分布，是复合材料成型过程中形成的空洞 | ①纤维或纤维束没有完全浸透树脂<br>②树脂中和浸渍纤维用的有机溶剂存在质量问题，造成施加给气体的压力下降，胶液的温度发生变化<br>③预浸料从空气中吸收了水分<br>④固化过程中未释放挥发性低分子<br>⑤模具配合间隙大和真空袋漏气<br>⑥铺层中分布着空囊、皱褶、铺层递减和颗粒架桥<br>⑦树脂夹杂空气<br>⑧纤维吸水和挥发性溶剂<br>⑨制件形状结构不当 | ①确保纤维或纤维束完全浸透树脂<br>②选用高质量树脂和有机溶剂<br>③预浸料铺层时需要排出空气<br>④给予树脂一定压力，使挥发物溶于树脂<br>⑤控制模具配合间隙和检查真空袋是否破损<br>⑥改进铺层工艺<br>⑦多搅拌树脂<br>⑧晾置纤维，增加树脂压力<br>⑨改进制件结构 |

（续）

| 缺陷 | 产生原因 | 解决措施 |
|---|---|---|
| 分层：层间脱胶或开裂的现象，是制品热压罐成型最主要的缺陷 | ①制件受外力冲击产生失效<br>②界面黏结强度差，应力集中使界面产生微裂纹。纤维与树脂基体强度相差很大，易产生分层<br>③夹角铺层、背部铺层、拐角曲率半径和非等厚层易产生分层，成型工艺稳定性对分层影响较大。铺层长短不同，互相搭接<br>④制件结构不对称，造成纤维和温度分布不均匀，降温过程中产生内应力。存在纤维很难填充到的三角区和纤维不连续区<br>⑤预浸料局部污染和夹杂及排气不畅<br>⑥胶接界面脱开或胶接不良<br>⑦固化压力不足，固化温度偏低 | ①避免制件受大的冲击外力作用<br>②改善树脂黏结强度，采用合适固化压力，以抑制树脂基体中空隙的形成<br>③改进制件形状结构和铺层及成型工艺，建议采用固化、胶接共固化、二次胶接。纤维增强网络压实以保证制件纤维体积分数最大化<br>④改进制件结构<br><br>⑤清除预浸料污染和夹杂，改善模具排气性能<br>⑥模具装配和人为操作失误，应加强规范操作和管理<br>⑦采用合适的固化压力，以抑制树脂基体中空隙的形成，采用合适的固化温度，确保树脂充分固化 |

## 4.2.8　模塑料模压成型工艺禁忌

模塑料模压成型工艺：其原理和通用热固性材料（如酚醛、氨基树脂模压塑料）的模压成型相似，热固性材料在模具型腔中受热后具有良好的流动性，充模固化成型。由于采用了聚酯树脂，固化过程中无挥发性副产物产生，可采用较低的成型压力。但模塑料中含有一定量的增强纤维，使得模塑料具有与通用热固性材料不同的成型特点。模塑料常见成型缺陷的产生原因及其解决措施见表 4-11。

表 4-11　模塑料常见成型缺陷的产生原因及其解决措施

| 缺陷 | 特征 | 产生原因 | 解决措施 |
|---|---|---|---|
| 起泡 | 在塑料表面形成圆形状凸起 | ①模具温度低，物料没有充分固化<br>②模具温度高，单体沸腾或气化<br>③固化时间太短，物料没有充分固化 | ①提高模具温度<br>②降低模具温度<br>③延长固化时间 |
| 焦化 | 部分塑料热分解，通常发生在空洞处 | 存留的空气经压缩温度升高，使该处塑料分解 | 延长模具闭合时间，降低模具温度，排除存留型腔的空气 |
| 裂纹 | 处于表面或表面以下的细裂纹，通常在内半径处 | ①裂纹通常发生在 3.175 ~ 9.55mm 的内半径处，它产生的原因与在半径上物料流动有关<br>②模制压力太高 | ①避免有很多的物料流过 3.175 ~ 9.55mm 的内半径处<br>②降低模制压力 |
| 熔接线 | 两股或多股塑料流在汇合处不完全融合而形成 | 在模具中物料流动分成两股或多股的流头，它们在模塑料充满时，要汇合在一起，形成围绕杆柱或型芯的料流或料流不均衡 | 变更加料位置 |

（续）

| 缺陷 | 特征 | 产生原因 | 解决措施 |
|---|---|---|---|
| 模具碰伤 | 滑动配合的模具中，金属表面磨损或出现压痕，通常发生在溢料间隙处 | 金属模具配合时，由于导向不当或对不准造成束缚或卡住，可能是由于溢料的磨蚀所致 | 模具应正确地对位和导向，凸模完全进入凹模，溢料间隙有斜度 |
| 早期固化 | 由于物料在模具闭合前发生部分固化而引起表面发白或粗糙 | ①模具闭合前过分延缓，致使树脂过早凝胶<br>②模具温度过低以致在模具能够在闭合之前引起树脂凝胶 | ①减少加料量和闭模温度<br><br>②提高模具温度 |
| 剥落 | 呈现鳞片状的表面 | 模具温度太低 | 提高模具温度 |
| 裂缝 | 塑料破裂 | ①制件在顶出时损坏：制件上的沟槽引起黏附或卡紧；因顶出机构的缺陷而产生制件歪斜脱模；顶杆数量不足或处在薄壁处；黏模<br>②固化不完全以致制件顶出损坏<br>③过度固化引起物料收缩过大<br>④接头痕迹处薄弱<br>⑤流线处薄弱<br><br>⑥模具闭合速度太快<br>⑦嵌件温度太高或太低，特别是重型制件 | ①收缩小的物料沟槽，取浅的沟槽或取消沟槽；采用脱件板才不会出现制件歪斜脱模；增加顶杆数量；采用缓解黏模措施<br>②延长固化时间，提高模具温度<br>③缩短固化时间，降低模具温度<br>④适当放置预制坯料，清除流接痕迹<br>⑤调整加料位置和制件设计，可使物料流线减至最少<br>⑥降低模具闭合速度<br>⑦控制嵌件温度为最宜值（通过差试法求得） |
| 黏模（部分） | 制件部分黏在模具表面 | ①模具温度低，不完全固化以致没有足够的收缩而不能使制件从模具中脱出<br>②模具使用不当<br><br>③模具表面太粗糙<br>④固化时间太短、固化不完全以致收缩不足，不能使制件从模具中脱出 | ①提高模具温度<br><br>②连续装料模制，每次装料前均涂脱模剂，并应将所有黏附的痕迹（包括飞边）消除干净<br>③抛光模具表面<br>④延长固化时间 |
| 外部缺料（空洞） | 制件表面没有完全填满 | ①盲孔中存在空气不能通过物料溢出<br>②模具温度太高，致使物料流动停止太快<br>③模具温度太低，致使物料太易经由溢料间隙溢出<br>④闭模速度太快或太慢<br>⑤溢料间隙太大，使物料溢出太多<br>⑥在闭模前物料从凹模溢出<br>⑦装料量太少<br>⑧模具润滑剂太多 | ①盲孔设置出气口<br>②适当降低模具温度<br>③适当提高模具温度<br>④加快或减慢闭模速度（大多用差试法求得）<br>⑤降低模具温度，加快闭模速度或减小溢料间隙<br>⑥小心地安排装料<br>⑦增加装料量，使溢料间隙处有物料显著溢出<br>⑧少用润滑剂 |

（续）

| 缺陷 | 特征 | 产生原因 | 解决措施 |
|---|---|---|---|
| 翘曲 | 制后尺寸畸变 | 物料流动或固化不均匀，加之所有半径趋向变小（直角将变小 2°~3°） | ①制件设计成容许或防止翘曲（如采用肋）的结构<br>②变更模具中加料位置<br>③变更模具温度（制件在模具热表面有形成凹形的倾向） |
| 黏模（全部） | 制件全部黏附在模具上 | ①模具中的沟槽——很细小的沟槽将使收缩小的制件发生黏附<br>②顶杆将模具中的制件顶歪了<br>③制件部分地粘附在模具表面，可能使整个制件出不来 | ①去除沟槽<br>②正确地驱动顶杆安装板（不用液压或弹簧）。小心调节以消除歪斜<br>③检查模具温度、润滑剂、固化时间和模具表面粗糙度 |
| 内部缺料（空洞） | 制件的内部没有完全填满 | 发生在大于 9.55mm 的截面内部，这是由于玻璃纤维限制了树脂体积的收缩所造成的 | 除去抗电晕性能，对制件的其他性能没有损害，通过制件设计和加装型芯来避免过厚的截面 |

　　片状模塑料是一种新型的热固性玻璃钢模压材料。将短切原纱毡或短切玻璃无捻粗纱铺放在预先均匀涂覆树脂糊的聚乙烯承载薄膜上，然后在其上覆盖另一层上了树脂糊的聚乙烯薄膜，进而形成夹芯结构。通过捏压辊使树脂糊与玻璃纤维（或毡）充分揉捏，使纤维充分浸渍树脂后，经化学稠化变成干片状的预浸料，再将其收集成卷。再经熟化处理不黏手，按照图样要求剪裁成一定尺寸，揭去两面聚乙烯保护膜，按一定要求叠放在金属对模中进行加温压制成型。片状模塑料制品成型缺陷产生原因及其解决办法，见表 4-12。

表 4-12　片状模塑料制品成型缺陷产生原因及其解决办法

| 缺陷 | 说明 | 产生原因 | 解决办法 |
|---|---|---|---|
| 焦化 | 在未完全充满的位置上，制件表面呈暗褐色或黑色 | 被困集的空气和苯乙烯蒸气受到压缩，放出的热量使温度上升到燃点 | ①改进加料方式，使空气随料流出，不发生困集<br>②若褐色斑点在盲孔处出现，可使用三半模结构或用顶出销排气 |
| 内部开裂 | 制件内部裂纹 | 仅在厚壁制件个别层之间存在过大的收缩应力所致 | ①减小加料面积，以便各层纤维之间更好的交织<br>②降低成型温度 |
| 缩孔标记 | 在表面筋或者凸起部位的背面出现凹陷（发亮或发暗点） | 成型过程中不均匀收缩 | ①采用低收缩或无收缩树脂，增加温度较低的一半模具的温度，通常温差值可为 5~6℃<br>②加大压力，缩短纤维短切长度，改变模具结构设计，变换加料位置，采用较小的上下模配合间隙 |
| 表面发暗 | 表面没有足够的光泽 | ①压力太低<br>②模温太低<br>③模具型腔表面粗糙度差 | ①加大压力<br>②提高模温<br>③模具型腔镀铬 |

（续）

| 缺陷 | 说明 | 产生原因 | 解决办法 |
|---|---|---|---|
| 流动线 | 表面上局部有波纹 | ①模具闭合设计不当或损坏<br>②模温太低<br>③纤维在极长流程或不利流程处方向发生改变<br>④一边压力过度降低引起模具移动 | ①改进模具结构设计<br>②提高模温<br>③加大加料面积，缩短流程<br><br>④改进模具导向 |
| 型腔未充满 | 模具边缘部位未充满 | ①加料不足<br>②成型温度太高<br>③压力机闭合时间过短<br>④成型压力太小<br>⑤加料面积太小 | ①增加加料量<br>②降低成型温度<br>③延长压力机闭合时间<br>④加大成型压力<br>⑤增大加料面积 |
| | 在模具边缘少数部位未充满 | ①加料不足<br>②模具闭合前物料损失<br>③上下模配合间隙过大或配合长度过短 | ①增加加料量<br>②应更细心放料<br>③增加模具配合长度，若缺陷细小可提高成型温度或加入过量材料 |
| | 虽然整个边缘充满，但某些部位仍未充满 | ①加料不足<br>②空气未能推出<br>③盲孔处空气无法排出 | ①增加加料量<br>②改进加料方式，保证空气顺利排出<br>③采用三半模结构或使空气从顶出销处排出。若缺陷细小，可加大压力 |
| 表面起伏 | 在与流动方向成直角长度方向的垂直薄壁表面上产生波纹。或壁厚差大处产生不规则表面起伏 | 制件复杂的设计妨碍了材料均匀流动 | 如不能完全消除表面起伏，可用下列方法改进：<br>①增大压力<br>②改进模具设计<br>③变换装料位置<br>④采用低收缩或无收缩树脂 |
| 鼓泡 | 在已固化制件表面有半圆形鼓起 | ①片材层间困集空气<br>②温度太高（单体蒸发）<br>③固化时间太短（单体蒸发） | ①用预压除去层间空气，减小加料面积，以利于空气排出<br>②降低模具温度<br>③延长固化时间 |
| | 在厚截面制件表面上有半圆形鼓起 | ①在特厚制件中，内应力使个别层面扯开<br>②沿熔接线存在薄弱点<br>③在具有极长流程区的某方向上强度下降（纤维取向） | ①减小加料面积，使各层纤维更好交织。降低模具温度<br>②改变料块形式<br>③用增加加料面积的方法缩短流程 |
| | | 在脱模过程中造成损坏的原因如下<br>①形成切口（无意识产生）<br>②顶出销面积太小<br>③顶出销数量不够<br>④未完全固化 | ①去除切口<br>②增加顶出销面积<br>③增加顶出销数量<br>④增加固化时间或温度 |

（续）

| 缺陷 | 说明 | 产生原因 | 解决办法 |
|---|---|---|---|
| 表面多孔 | 表面上有大量小孔，制件脱模困难 | 加料面积太大，表面空气因流程过短而未能排出 | ①减小加料面积<br>②在大料块顶部加装小料块 |
| 翘曲 | 制件稍有翘曲 | ①制件在硬化和冷却过程中产生翘曲<br>②一半模具比另一半模具温度高得多 | ①制件应在夹具中冷却，在配方中用低收缩或无收缩树脂<br>②减少模具温差 |
| | 制件严重翘曲 | 流程特长引起玻璃纤维取向，产生翘曲 | 增加加料面积，缩短流程。在配料中采用低收缩或无收缩树脂 |
| 黏模 | 制件难以从模具内脱模，在某些部位材料黏在模具上 | ①模具温度太低<br>②固化时间太短<br>③料卷打开时间太长，或使用时仅打开了外层的料卷<br>④使用新模具或长期未用模具而又未经过开模处理<br>⑤模具表面太粗糙 | ①增加模具温度<br>②延长固化时间<br>③使用前料卷要始终保持密封<br>④生产初期应使用脱模剂<br>⑤表面抛光 |
| | 已固化制件难以脱出，某部位材料黏在模具上，同时制件表面有微孔和伤痕 | 加料面积过大，空气未能排出，造成空气阻碍固化 | 减小加料面积，在大料块顶部加小料块 |
| 模具磨损 | 已固化制件表面上有暗黑点 | 模具型腔磨损 | 模具型腔镀铬 |

### 4.2.9　复合材料制品成型模工作面脱模斜度的禁忌

**原因：**由于树脂具有收缩的特性，当液体树脂涂敷在模具成型面上铺覆的复合材料纤维布上固化时，制品会收缩，随之紧紧包裹在模具型面上很难脱模。因此，为了使制品能够顺利地脱模，模具的工作型面都必须制有脱模斜度。

**措施：**脱模斜度选取原则主要取决于制品的精度、形状、尺寸和壁厚，精度高的脱模斜度取小值，形状简单的取大值，尺寸小的取小值，尺寸大的取大值。

脱模斜度选取范围：对于手糊和喷射成型模型面的脱模斜度而言，可以取大一些。一般其他模具的脱模斜度可取 3°~6°，对于压力成型模型面的脱模斜度可取 1°~3°。对于存在着配合要求的尺寸，脱模斜度取尺寸公差的 1/5~1/3。壁厚小的制品，取小的脱模斜度。

**成效：**由于一般复合材料成型模不设置脱模机构，所以脱模斜度的选取就显得格外重要，合理的脱模斜度可以改善制品脱模状况。

### 4.2.10　复合材料制品成型模工作面表面粗糙度值选取的禁忌

**原因：**复合材料制品的脱模，一是依靠成型制品的模具型腔和型芯的抽取，二是依靠人工使用工具的剥离。因此，模具型腔和型芯的表面粗糙度，对复合材料制品的脱模也具有十分重要的意义。

**措施**：从制品脱模斜度考虑，模具型面的表面粗糙度值越低、模具表面越光洁、制品脱模力越小，越容易脱模。但是，模具型面表面粗糙度值越低，加工费用越高。因此，手糊和喷射成型模型面表面粗糙度值取 $Ra1.6\mu m$，压力成型模型面的表面粗糙度值取 $Ra0.8\mu m$，镜面要求制品成型模型面的表面粗糙度值取 $Ra0.4\mu m$。

**成效**：模具型面表面粗糙度值越低，复合材料制品的脱模就越容易。

### 4.2.11　复合材料制品成型面延伸尺寸的禁忌

**原因**：成型后制品的型面边缘处由于存在虚边、贫胶、气泡和分层等缺陷，制品边缘处的力学性能不能满足使用要求，这一段边缘是需要被切割的。

**措施**：在制品尺寸之上需要预留 10~15mm 的余量，成型模型面也就需要有 15~20mm 的延伸型面。制品脱模后需要将成型面延伸尺寸部分切割。

**成效**：可确保复合材料制品的质量，使得制品无虚边、贫胶、气泡和分层等缺陷。

### 4.2.12　复合材料制品切割尺寸标志的禁忌

**原因**：复合材料制品成型面延伸尺寸部分和孔槽中多余材料需要切割，可以采用带锯、铣削、冲切和激光切割加工，但复合材料制品形状复杂很难找到加工基准，因此需要加工出加工基准。

**措施**：为了能在制品上显现出制品的尺寸范围，可以在模具型面上加工出宽 0.3mm、深 0.3mm 的刻线，在制品图样孔槽中心位置上相对于模具型面中埋一些锥形钉，锥形钉仅外露 0.3mm×60° 的钉头。这样在制品的相应型面上就会出现 0.3mm×0.3mm 的图线和 0.3mm×60° 锥形孔窝，以此作为切割的孔和槽的基准。

**成效**：制品上有了切割尺寸标志，就有了加工基准，便能确保加工尺寸和形位精度达到要求。

### 4.2.13　复合材料制品切割加工方法禁忌

**原因**：复合材料制品切割加工中的锯、铣削和冲切方法，会产生热和灰尘，热量会使树脂产生有害气体，会对操作人员身体造成伤害。因此，要尽量不使用锯、铣削和冲切加工。

**措施**：采用激光切割加工，因为加工过程是在密封的环境中加工，所以操作人员接触不到有害气体和灰尘。

**成效**：长期在有害气体和灰尘中工作，会对人的血液和神经造成伤害，而采用激光切割加工，可确保操作人员免受有害气体和灰尘的伤害。

### 4.2.14　复合材料制品手糊或喷射成型禁忌

**原因**：复合材料制品成型可以采用手糊或喷射成型，也可采用对合模成型、袋压成型、真空袋成型、热压罐和 RTM 成型技术。手糊、喷射成型、合模成型和袋压成型都需要操作人员在模具上使用树脂进行复合材料纤维布裱糊，而树脂会给人体健康带来有害的影响。

**措施**：尽量采用真空袋成型、热压罐和 RTM 成型技术、不接触树脂的裱糊，或尽量采用机械化和自动化的裱糊过程，即使要直接接触树脂裱糊，也一定要带好有过滤网的呼吸器和口罩，口罩要每天更换，呼吸器的过滤网也要经常清洗。

**成效**：确保操作人员的身体健康是头等大事，只有消除有害环境才是最安全的措施，同时也要提高自身防护水平。

### 4.2.15　玻璃钢供氧面罩外壳单模成型禁忌

玻璃钢产品手糊成型工艺方法具有多种的形式，手糊成型工艺方法的选定应根据玻璃钢产品的技术要求、形状、尺寸和批量来确定。

**原因**：单模手糊成型工艺分析如图 4-23a 所示，以玻璃钢纤维布在单模进行手糊成型，玻璃钢纤维布不能贴紧凸起和凹进的曲面，便会产生气泡、贫胶和富脂缺陷。制品中出现气泡和贫胶会使得氧面罩外壳达不到强度和刚度要求，富脂又会增加制品的重量。

**措施**：采用对合模手糊成型，用玻璃钢布和树脂可在凸模也可在凹模上裱糊，然后将凸模和凹模对合在一起，并用螺钉固定，对合模手糊成型工艺分析如图 4-23b 所示。

**成效**：由于凸模和凹模仅相差氧面罩外壳的壁厚，且凸模和凹模是采用加工中心进行加工的，因此，当凸模和凹模对合在一起，并用螺钉固定后，气泡、贫胶和富脂的缺陷便不会存在，氧面罩外壳的壁厚也可保持均匀。

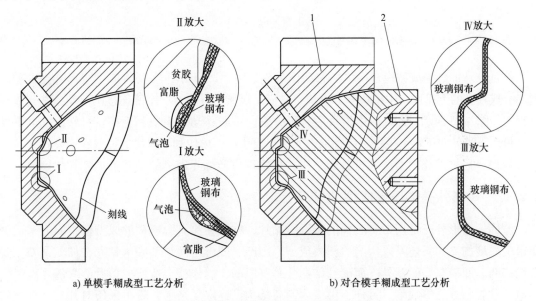

a) 单模手糊成型工艺分析　　　　b) 对合模手糊成型工艺分析

图 4-23　供氧面罩外壳手糊成型工艺分析

1—凹模　2—凸模

### 4.2.16　弯形外壳内抽芯与脱模禁忌

弯形外壳，如图 4-24 所示，材料：碳纤维，壁厚：3mm，弯形外壳不允许通过搭接裱糊或机械对接连接的方式成型制品。在利用带粘接剂面的碳纤维布粘贴后达到制品厚度，再采用真空袋压结构的形式放置在模具平台上并推进热压罐内成型。

**原因**：弯形外壳具有两端的型孔、两处凸台"障碍体"、一处凹坑"障碍体"及一处封闭边形式"障碍体"，成型弯形外壳内型的型芯如果要从左端脱模，则右端的型芯受到中部凸台和凹坑"障碍体"的阻挡；如果要从右端脱模，则又会受到左右端凸台和封闭边形式

"障碍体"的阻挡。当然，成型模可以采用石膏制成凸模进行成型加工，只要将石膏凸模砸碎就可以获取弯形外壳，但这种成型方法所得到的制品精度低，且效率低，不适合弯形外壳批量成型加工。只有成型弯形外壳内型的型芯能够完成抽芯，碳纤维的弯形外壳加工才能完成。

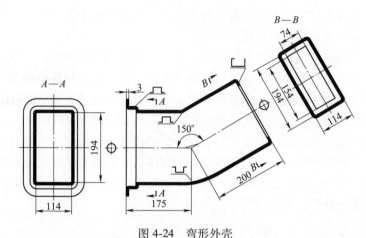

图 4-24  弯形外壳

┌┐ —凸台"障碍体"  └┘ —凹坑"障碍体"  ⊕ —"型孔"  └─┘ —封闭边形式"障碍体"

**措施：**弯曲外壳成型模三模块抽芯动作分解如图 4-25 所示，需要将成型弯形外壳内型的型芯分成独立的上模块、中模块和下模块，它们是以燕尾滑块与燕尾槽连接的。其抽芯与脱模过程，如图 4-25 所示，先抽取中模块后，再分别向中心移动上模块和下模块，然后抽取下模块，最后下移并向下转上模块之后抽取，实现上模块、中模块和下模块的抽取和脱模。

**成效：**通过外壳内型型芯拆分的结构，可实现弯形外壳内型的型芯的抽芯和脱模。

## 4.2.17  弯形外壳热压罐成型的禁忌

**原因：**弯形外壳是用带有胶面的碳纤维贴片，粘贴在涂有脱模剂的成型模型面上来达到要求的厚度的。如果还是采用凸、凹模成型，因凸、凹模型面与型腔毕竟存在加工误差，就会造成凸、凹模空间的差异。而碳纤维贴片是等厚的，这样就会造成成型后的弯形外壳产生气泡、贫胶和分层等缺陷。另外，由于内型芯结构已经够复杂了，若再采用对开的外型腔的外模，则会带来两个消极后果：一是重量变重；二是空间位置紧张，无法设置外模。

**措施：**弯形外壳热压罐成型如图 4-26 所示，热压罐成型是以透气毡（吸胶麻布）铺设在弯外壳附近，以便能够吸收多余的胶。然后，按顺序铺设密封胶带、脱模布、带孔隔离膜、透气毡（吸胶麻布）和真空袋膜，在真空袋膜对接处用压敏胶带粘接形成真空袋。在真空袋膜适当位置上安装好真空阀及管道，再将包裹在真空袋的模具放到模具平台上后，推进热压罐中并关闭罐盖。按设定的温度、压缩空气和抽真空参数等，由热压罐的控制台开启工作至弯外壳固化成型后，打开热压罐的盖推出模具平台，卸去真空袋即可获得弯外壳。

**成效：**热压罐成型存在着包括真空袋和热压罐双重抽真空所产生的对碳纤维贴片的均匀压力，加上热压罐内温度会使得碳纤维贴片紧紧地贴住内型芯和固化成型，使弯形外壳能达到最佳质量要求。

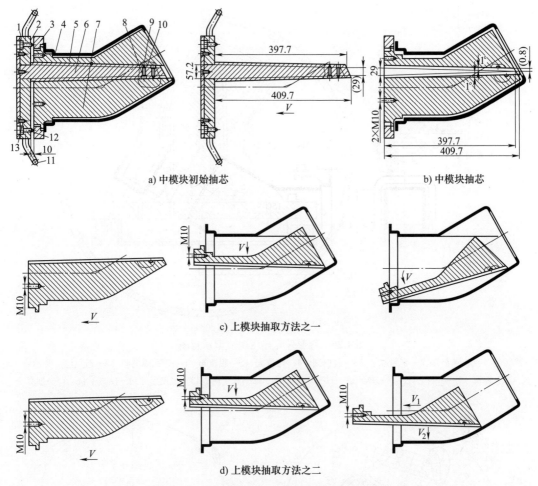

图 4-25　弯形外壳成型模三模块抽芯动作分解

1—垫板　2—固定板　3—挡板　4—弯外壳　5—上模块　6—中模块　7—下模块　8—焊接手柄
9—紧定螺钉　10—内六角螺钉　11—螺塞　12—弹簧　13—限位销

a) 中模块初始抽芯
b) 中模块抽芯
c) 上模块抽取方法之一
d) 上模块抽取方法之二

### 4.2.18　多个凸台形体头盔外壳袋压成型的禁忌

　　袋压成型是一种技术要求高、以复合材料制成制品的技术。这种制品一般要求制品为等壁厚，且不能存在着富胶、贫胶、气泡和分层现象等缺陷，还要求制品重量不能超差，制品内外表面光洁，无划痕等。

　　**原因：**具有多个凸台形体玻璃钢头盔外壳的技术要求：壁厚为 $1.5 \pm 0.3$ mm；壳体中不得存在贫胶、富胶、气泡的现象，允许存在皱褶的现象；裱糊后需要在组合凹模中加工出 $10 \times \phi 3.1^{+0.028}_{+0.010}$ mm 的孔。下端两侧的 $2 \times \phi 3.1^{+0.028}_{+0.010}$ mm 孔，可作为头盔外壳激光切割时安装在夹具上的定位基准和夹紧要素，以头盔外壳上端两侧 8 孔中的 $2 \times \phi 3.1^{+0.028}_{+0.010}$ mm 孔作为夹具上的定位基准。多个凸台形体头盔外壳，如图 4-27 所示。

　　**措施：**针对富胶、贫胶、气泡和分层缺陷应采取的措施。凹坑处未放置压块的成型状况如图 4-28a 所示，对于头盔外壳外形来说应采用刚性的左、右模板结构，内型应采用刚性的

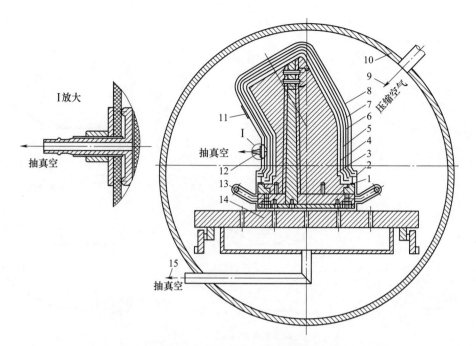

图 4-26　弯形外壳热压罐成型示意图

1—透气毡（吸胶麻布）　2—密封胶带　3—脱模剂　4—弯外壳　5—脱模布　6—带孔隔离膜　7—透气毡（吸胶麻布）
8—真空袋膜　9—压缩空气　10—热压罐　11—压敏胶带　12—真空阀　13—成型模　14—模具平台　15—抽真空

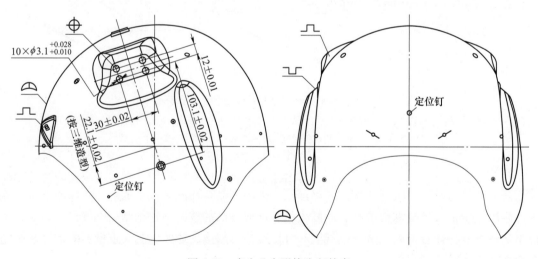

图 4-27　多个凸台形体头盔外壳

⌐ —凸台形式"障碍体"　⌐ —凹坑形式"障碍体"　⌒ —弓形高形式"障碍体"　⊕ —型孔

　　左、右压块的结构。利用橡胶袋中压缩空气传递给左、右压块的均匀压力，使左、右模板与左、右压块之间保持着均匀的间隙，以实现如图 4-28b 所示的凹坑处放置了压块的成型状况下的头盔外壳壁厚的结构。这样左、右压块可以将头盔外壳壁中多余黏结剂和壁厚中的气体通过钻套孔排出型腔之外，而凸台处也因保持着均匀间隙而保留着黏结剂，这样就不可能出现富胶、贫胶、气泡和分层的缺陷。

**成效：** 左、右压块和玻璃钢头盔外壳在均匀压力的作用下，使玻璃钢纤维布可以贴紧左、右模板的型腔，成型的玻璃钢头盔外壳不会存在着缺陷。

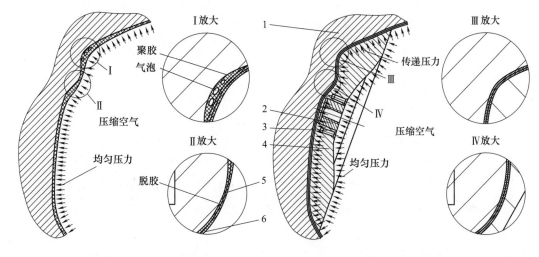

a) 凹坑处未放置压块的成型状况　　　　b) 凹坑处放置了压块的成型状况

图 4-28　头盔外壳成型工艺分析

1—左、右模板　2—镶件　3—沉头螺钉　4—左、右压块　5—橡胶袋　6—黏结剂

## 4.2.19　多个凸台形体头盔外壳皱折的禁忌

用平面纤维布去裱糊橄榄球形头盔外壳，必须将纤维布沿周剪除一些缝后才能裱糊，但这样就会出现重叠的皱折缺陷。

**原因：** 头盔外壳壁厚皱褶缺陷分析，由于头盔外壳呈橄榄球形状，玻璃布是平面形状，所以以平面形状的玻璃布裱糊成橄榄球形状，纤维布面积的变化必定会使布产生许多的皱褶，未剪缝玻璃布裱糊成橄榄球形状产生的皱褶如图 4-29a 所示。多层皱褶叠加会使局部壁的厚度显著增加，甚至无法成型为橄榄球形状。

**措施：** 针对皱褶缺陷采取的措施，要使平面形状的玻璃布能够裱糊成橄榄球形状，只能将玻璃布在皱褶严重处先剪开一条缝，再将两边多余料剪去，利用缝两边玻璃布的搭接形成橄榄球形状，剪缝后玻璃布裱糊成橄榄球形状产生的皱折如图 4-29b 所示。这种玻璃布相互搭接便成了皱折，皱折是玻璃钢制品制作所允许的。但是，如果多层玻璃布同在一处折叠所积累的厚度也会使壁厚 1.5±0.3mm 超差。因此，玻璃布层次间折叠处需要错位才能避免厚度的超差。

**成效：** 经过将纤维布剪开一条缝后搭接，并且保证布层间皱折错位，才能成型橄榄球形状的头盔外壳。这类头盔只有防碰撞作用，防弹绝对不能使用这类头盔，因为头盔开缝搭接强度很差，不能承受子弹的射击，且防弹头盔也不能使用玻璃钢布为材料。

## 4.2.20　警用防弹头盔外壳成型的禁忌

警用防弹头盔除了可防止碰撞，还应具有防穿刺和阻燃的作用，甚至是可防枪击的作用。这种防弹头盔现在不仅可以被武警和军队使用，而且还被金融、税收、海关缉私以及其

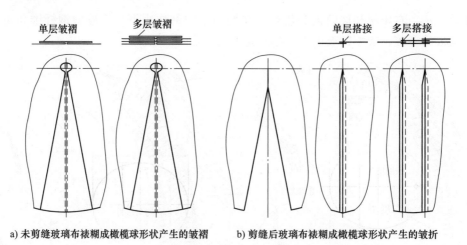

a) 未剪缝玻璃布裱糊成橄榄球形状产生的皱褶　　　b) 剪缝后玻璃布裱糊成橄榄球形状产生的皱折

图 4-29　玻璃布裱糊成橄榄球形状产生皱褶与皱折

注：粗实线表示玻璃布的厚度。

他需要防爆的工作人员广泛使用。

**原因：**警用防弹头盔外壳在防护子弹击穿或锐器穿刺的过程中，起到最主要的作用，可以说没有外壳的阻挡作用头盔是无法实现防弹的功能的。警用防弹头盔外壳，如图 4-30a 所示，我国目前主要使用的材料是芳纶、基纶复合材料和钢基纶复合材料，头盔外壳壁厚为 3mm，其技术要求：等壁厚、壁中无富胶、无贫胶、无气泡、无分层、无皱褶和无皱折等缺陷。

**措施：**头盔外壳皱折的解决方法：用凯芙拉布或经剪叠的凯芙拉布，裱糊成橄榄球形状的警用防弹头盔外壳，必然会产生皱折或皱褶。皱折或皱褶有两方面不良影响：一是因布的叠贴会增加叠层壁的厚度；二是由于皱折处布的纤维是断裂的，所以其刚性和强度值均有下降。如果此处又正好是子弹和锐器穿刺的地方，那么就不能很好地起到防护的作用。为了解决这个问题，需要用凯芙拉纤维编织成与头盔外壳相似形状，头盔外壳预成型编织物如图 4-30b 所示。因为头盔外壳壁厚为 3mm，而凯芙拉纤布的厚度只有 0.23mm，因此，头盔外壳预成型件最好有 12 层，每层的尺寸比相对应层的尺寸小 0.25mm 厚度。为了不使预成型套件在铺垫时出现错铺，套件编织后应盖有 1、2、…、12 的序号。这样在套件铺垫时，可由小号往大号逐渐铺垫。如果嫌 12 层套件数量过多的话，最少可以由 6 层套件组成，但每铺垫一层就需要同时铺垫 2 个同一序号的成型套件。

RTM 成型的基本原理是将复合纤维增强材料编织成三维预成型坯，铺放在凸模上，再置放到闭合的型腔内，以树脂压注机用低压力（小于 0.69MPa）将树脂胶液注入型腔，以浸透复合材料预成型坯件，然后固化成型，脱模成为制品。RTM 成型具有产品两面光洁、无各种缺陷和能进行流水作业操作的优点，该项技术可不用预浸料、热压罐，因此，可有效地降低设备成本、成型加工成本。

由于树脂注入方式可以很大程度减少树脂产生的有毒气体对人体和环境的侵害，所以更有利于操作人员的健康，也不会污染工作环境。RTM 成型采用的是低压注射（小于 0.69MPa），有利于制备大型、外形复杂、两面光洁及不需后处理的整体制品。因此，防弹头盔外壳的成型可选取 RTM 成型技术。

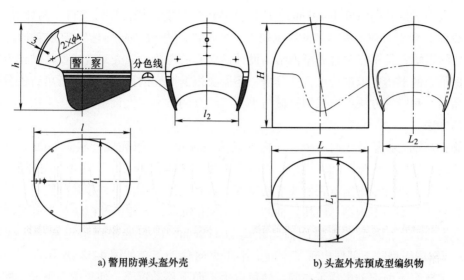

a) 警用防弹头盔外壳　　　　　　b) 头盔外壳预成型编织物

图 4-30　警用防弹头盔外壳与头盔外壳预成型编织物

**成效**：凯芙拉材料坚韧耐磨，可做成防弹衣和防弹背心，在军事上被称为"装甲卫士"。凯芙拉布头盔外壳预成型套件不存在剪缝后的皱折，又采用了 RTM 成型工艺，故可实现防弹作用。

## 4.2.21　玻璃钢罩壳成型的禁忌

操纵杆罩壳是一种壁厚为 2mm 的玻璃钢制品，如图 4-31 所示，罩壳形体上存在着 130mm×180mm×2mm 和两处 R30mm 的凸台"障碍体"要素、96mm×84mm 和 60mm×38mm 的型槽要素；罩壳异形孔的深度为 198mm；60mm×38mm 的孔，可在成型后采用线切割进行加工。

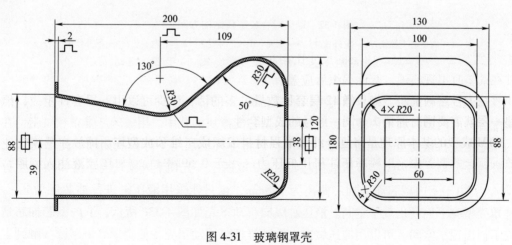

图 4-31　玻璃钢罩壳

⌐ —凸台"障碍体"　　⌑ —型槽

**原因**：为了确保罩壳壁厚均匀性和无各种缺陷，裱糊成型采用的是内、外组合对合成型模结构。因为异形孔的深度为198mm，所以抽芯机构只能采用液压缸进行。两处 $R30mm$ 凸台"障碍体"要素对成型模抽芯的影响较大，如何减弱凸台"障碍体"要素对抽芯机构的运动形式的影响，是罩壳对合成型模结构设计最核心的考验。罩壳对合成型模结构方案，除了要根据罩壳的形体要求进行可行性分析，还需要根据罩壳的批量大小进行可行性分析。小批量制品抽芯和脱模方法可以采用机械与手工相结合的方案，大批量则应该采用全机械抽芯和脱模的方法。

**措施：** 当罩壳批量较小时，模具结构可以采用方案一。罩壳成型状态如图 4-32a 所示，以燕尾滑块配合的上内型芯和下内型芯安装在内型芯支撑块的孔中。用玻璃纤维布和树脂，在组合内型芯上进行裱糊至罩壳所要求的厚度。再将上外模块与下外模块闭模，让罩壳固化成型。外模块分型、下内型芯液压缸抽芯如图 4-32b 所示，先使上外模块与下外模块产生分型运动 $v_{FX}$。由于下内型芯需要的抽芯距离为198mm，故只能采用液压缸进行抽芯运动 $v_{YGChX}$，这样罩壳型腔下部便出现了空间。手工纵向移动罩壳如图 4-32c 所示，下内型芯抽芯后造成了罩壳下面部分出现了空间，便可以手工向下移动罩壳，使得罩壳下面型腔接触到上内型芯后，便可避开罩壳中部 $R30mm$ 凸台"障碍体"的阻挡作用。手工横向移动罩壳如图 4-32d 所示，手工移动罩壳，使其避开下内型芯中部 $R30mm$ 凸台"障碍体"的阻挡作用，就可以用手移开罩壳，实现罩壳的脱模。

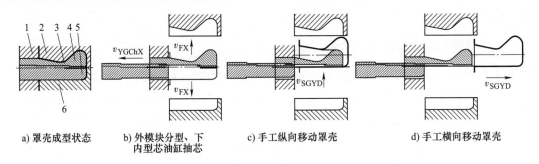

| a) 罩壳成型状态 | b) 外模块分型、下内型芯油缸抽芯 | c) 手工纵向移动罩壳 | d) 手工横向移动罩壳 |

图 4-32　罩壳对合成型模结构方案一

1—内型芯支撑块　2—上外模块　3—罩壳　4—上内型芯　5—下内型芯　6—下外模块

$v_{FX}$—分型运动　$v_{YGChX}$—液压缸抽芯运动　$v_{SGYD}$—手工移动运动

当罩壳批量较大时，模具结构可以采用方案二。罩壳成型状态如图 4-33a 所示，以燕尾滑块配合的上内型芯和下内型芯，安装在内型芯支撑块的孔中。用玻璃纤维布和树脂，在组合内型芯上进行裱糊至罩壳所要求的厚度。再将上外模块与下外模块闭模，使罩壳固化成型。外模块分型、下内型芯液压缸抽芯如图 4-33b 所示，先使上外模块与下外模块产生分型运动 $v_{FX}$。由于下内型芯需要抽芯距离为198mm，也只能采用液压缸进行抽芯运动 $v_{YGChX}$，这样罩壳型腔下面便出现了空间。液压缸纵向移动罩壳如图 4-33c 所示，下内型芯抽芯造成罩壳下面出现了空间，可以用液压缸向上推动推杆再推动罩壳，使得罩壳下型腔接触到上内型芯后，便可避开罩壳中部 $R30mm$ 凸台"障碍体"的阻挡作用。液压缸横向移动罩壳如图 4-33d 所示，用液压缸移动罩壳后，使得罩壳避开下内型芯中部 $R30mm$ 凸台"障碍体"的阻挡作用，再可以用液压缸抽芯运动 $v_{YGChX}$ 抽取上内型芯，从而可实现罩壳的脱模。

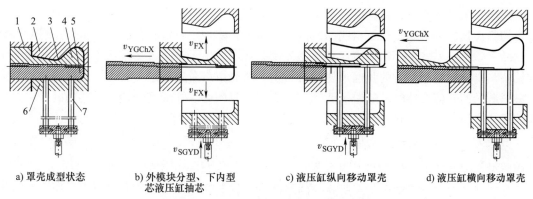

a) 罩壳成型状态　　b) 外模块分型、下内型　　c) 液压缸纵向移动罩壳　　d) 液压缸横向移动罩壳
　　　　　　　　　　　芯液压缸抽芯

图 4-33  罩壳对合成型模结构方案二

1—内型芯支撑块  2—上外模块  3—罩壳  4—上内型芯  5—下内型芯  6—下外模块  7—推杆

$v_{FX}$—分型运动  $v_{YGChX}$—液压缸抽芯运动  $v_{SGYD}$—液压缸移动运动

## 4.2.22  供氧面罩外壳激光切割夹具的禁忌

激光加工能量密度很大、作用时间短、热影响区小、热变形小、热应力小，加上激光为非机械接触加工，对工件没有机械应力作用，故适合于精密加工。激光的高能量密度足以熔化任何金属，特别适合于加工一些高硬度、高脆性、高熔点的其他工艺手段难以加工的材料。

原因：目前，激光切割机有三轴、四轴、五轴和六轴的形式，激光切割机利用激光器发出的激光，由计算机控制激光切割头的移动，切除安装在固定夹具上复合材料制品毛坯图样要求的几何形状之外材料，以及需要切除的毛边和孔槽中多余料，供氧面罩形体分析如图 4-34 所示。

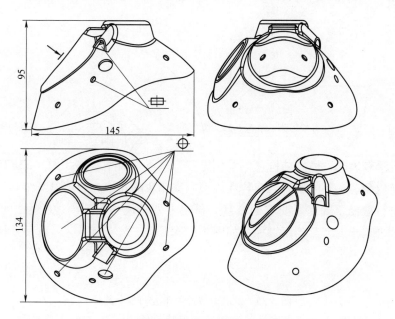

图 4-34  供氧面罩形体分析

↓—夹紧符号  ⊕—型孔  ⊞—型槽

注：供氧面罩是以内形进行全形定位。

**措施：** 激光切割复合材料制品要求：既要满足激光切割夹具的定位和夹紧的原则，确保激光切割夹具能够限制复合材料制品的六个自由度，实现复合材料制品完成定位，对复合材料制品夹紧要可靠。夹具结构应避免与激光头的运动发生干涉：夹具结构不能影响到激光头连续切割复合材料制品时的几何形体运动轨迹。激光束应避免切割夹具体：在激光束切割复合材料制品的几何形体时，应避免激光束切割到夹具实体。在激光切割外缘毛边时，夹具实体的尺寸应小于复合材料制品相对应几何体尺寸 2~3mm；在激光切割孔槽的尺寸时，夹具的尺寸应大于复合材料制品对应几何体尺寸 2~3mm。激光夹具体上应有排烟通道：激光在切割复合材料制品时产生的高温，使得固化的树脂融化并产生烟雾，这种烟雾是有毒的气体，会污染环境，人长期吸入这种气体也会致癌。因此，在激光切割复合材料制品时，一定要有排气装置，每个复合材料制品切割部位的激光夹具体上都必须设计有排烟通道。

供氧面罩外壳激光切割的过程：通过夹具体的型面对氧面罩外壳进行全形定位，用 M5 六角螺母和开口垫圈将供氧面罩外壳夹紧。供氧面罩外壳激光切割夹具如图 4-35 所示。先将供氧面罩外壳下摆的边角余料切割掉，再将供氧面罩外壳上孔和槽中的废料切割掉，最后才可将装有 M5 六角螺母和开口垫圈处的孔中废料切割掉。当此孔切割结束时，供氧面罩外壳就可以立即取下。但是，此孔中的废料仍被 M5 六角螺母和开口垫圈夹紧着。需要松动 M5 六角螺母，再卸下开口垫圈，即可以从 M5 螺栓上取出废料。因为，此废料孔为 $\phi10mm$，是可通过成型模的钻套加工出来的，而 M5 六角螺母内接外径的直径是 9.2mm，故废料可以从 $\phi10mm$ 孔卸除。如果不是如此，那就要将 M5 六角螺母完全从 M5 螺栓旋出后再取下废料，这样旋进和旋出 M5 六角螺母会影响装卸的效率。

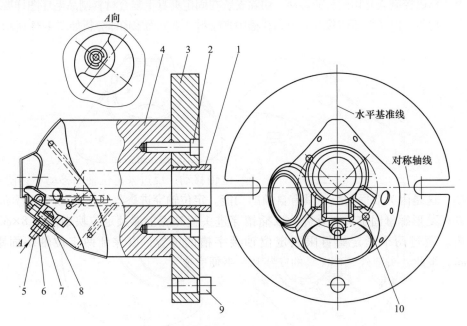

图 4-35  供氧面罩外壳激光切割夹具

1—定位销  2—内六角螺母  3—底盘  4—夹具体  5—M5 螺栓  6—M5 六角螺母
7—开口垫圈  8、10—圆柱销  9—限位销

**成效：** 激光切割夹具安装了供氧面罩外壳后，激光头切割运动不会与夹具体产生运动干

涉。整个激光切割是在密封的环境中进行，毒烟可经过烟道从定位销的孔由抽油烟机排出室外。

### 4.2.23  头盔外壳激光切割夹具的禁忌

头盔外壳在成型模中手糊成型固化后，可用手电钻加工出 8×φ3.1mm 和 2×φ3.1mm 共 10 个孔，这些孔可以作为头盔外壳激光切割夹具的定位基准和夹紧要素。具有多个凸台、凹坑形体头盔外壳的定位基准和夹紧要素，如图 4-36 所示。

**原因：** 根据头盔外壳边角料和孔槽中废料切除工艺方法的分析与选择，应该采用激光切割加工方法。而激光切割加工方法，需要将头盔外壳安装在激光切割夹具上，然后将激光切割夹具再安装在激光切割设备平台上。

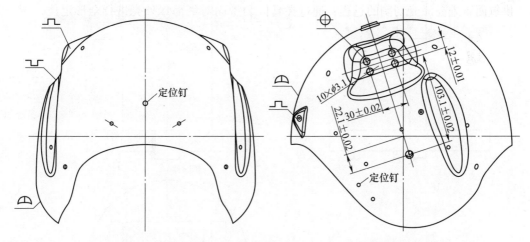

图 4-36  具有多个凸台、凹坑形体头盔外壳的定位基准和夹紧要素
⌐∏—表示凸台"障碍体"    ∪—表示凹坑"障碍体"    ⌒—表示弓形高"障碍体"

**措施：** 头盔外壳激光切割夹具如图 4-37 所示。底盘上的定位销与激光切割设备的孔连接，通过限位销进行限位。底盘上安装着支座，支座下端安装着双面偏心轮、轴和手柄。旋转轴上的手柄使双面偏心轮顺时针转动，带动两端定位轴压缩弹簧向左右两端等距离移动。双面偏心轮的特点是转动双面偏心轮才能使定位轴移动，反过来定位轴的移动不会使双面偏心轮转动，这是因为双面偏心轮具有自锁的功能。定位轴穿进头盔外壳下端两侧 2×φ3.1mm 孔中，并以菱形螺母固定头盔外壳，以插销穿进头盔外壳上端及定位块中两侧 8×φ3.1mm 孔的孔内。通过两个紧定螺钉限制定位轴腰字槽的位置，以保证两定位轴端面距离为 247.7mm。至此，头盔外壳在夹具的安装和装夹便完成了。

安装好定位轴和双面偏心轮等定位与夹紧机构，再安装好两个定位块，然后在坐标镗床上加工孔 8×φ6H7，并需要保证孔距（30±0.02）mm、（12±0.01）mm 及（103.1±0.02）mm 的尺寸。

定位销必须加工出通孔，以利于抽风机从头盔外壳激光切割过程中排除有毒气体。由于夹具体大部分安装在头盔外壳之内，激光切割时不会影响到激光头的切割运动，也不会使激光切割到夹具的零部件。

由于激光切割产生的烟雾会腐蚀金属材料，同时会熏黑模具零件的表面，故所有的模具零部件都需要进行镀铬。

成效：激光切割夹具安装了头盔外壳后，激光头切割运动不会与夹具的任何零部件产生运动干涉。整个激光切割是在密封的环境中进行，毒烟可经过烟道从定位销的孔由抽油烟机排出室外。

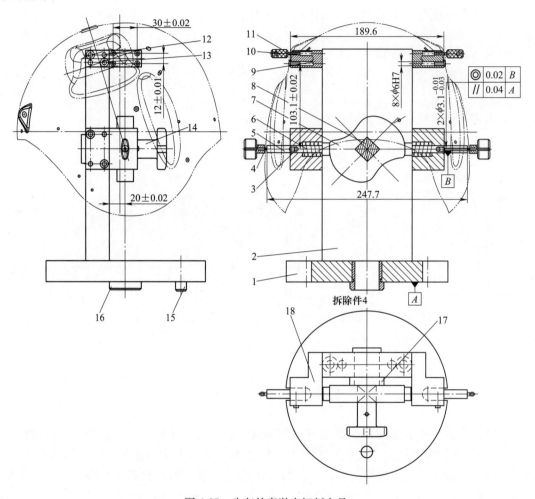

图 4-37  头盔外壳激光切割夹具

1—底盘  2—支座  3—紧定螺钉  4—菱形螺母  5—定位轴  6—弹簧  7—双面偏心轮

8—轴  9—定位块  10—衬套  11—插销  12—圆柱销  13—内六角螺钉

14—手柄  15—限位销  16—定位销  17—垫圈  18—支架

# 参 考 文 献

［1］ 于骏一，邹青．机械制造技术基础［M］.2 版．北京：机械工业出版社，2012.

［2］ 熊良山，严晓光，张福润．机械制造技术基础［M］.武汉：华中科技大学出版社，2007.

［3］ 卢秉恒．机械制造技术基础［M］.2 版．北京：机械工业出版社，2005.

［4］ 王先逵．机械制造工艺学［M］.2 版．北京：机械工业出版社，2007.

［5］ 李益民，金卫东．机械制造技术［M］.北京：机械工业出版社，2013.

［6］ 孙凤，刘延霞．模具制造技术基础［M］.北京：北京理工大学出版社，2018.

［7］ 陶春生．模具设计与制造［M］.长沙：国防科技大学出版社，2010.

［8］ 杨占尧．冲压成形工艺与模具设计［M］.北京：航空工业出版社，2012.

［9］ 张信群．冲压工艺与模具设计［M］.北京：中国铁道出版社，2012.

［10］ 姚军燕，晁敏，寇开昌．塑料成型模具设计［M］.西安：西北工业大学出版社，2016.

［11］ 许发樾．实用模具设计与制造手册［M］.北京：机械工业出版社，2001.

［12］ 滕宏春，匡余华，赵利群．模具制造加工操作技巧与禁忌［M］.北京：机械工业出版社，2007.

［13］ 田宝善，田雁晨，刘永．塑料注射模具设计技巧与实例［M］.2 版．北京：化学工业出版社，2009.

［14］ 陶永亮，欧阳婷，郑英杰．盘簧盖板注射模进料方式的改进［J］.模具制造，2019，19（2）：29-32.

［15］ 陶永亮，闫烨．基于称重法对多腔进料平衡的调整［J］.工程塑料应用，2012，40（3）：62-65.

［16］ 陶永亮，邱峰，黄登懿，等．聚碳酸酯塑件注射模浇口选择的要求［J］.模具制造，2021，21（10）：39-43.

［17］ 陶永亮．模具浇口对注塑件熔接痕的影响［J］.电加工与模具，2011（5）：42-46.

［18］ 陶永亮．调整浇口解决电池槽产品缺陷的方法［J］.工程塑料应用，2011，39（9）：81-84.

［19］ 陶永亮，陈晓东．塑料模具报价方法的探讨［J］.模具制造，2019，19（6）：6-8.

［20］ 陶永亮，欧阳婷．高光无痕注塑模具材料选用思考［J］.橡塑技术与装备，2020，46（22）：31-34.

［21］ 陶永亮．透明件注塑模具保养与实施［J］.塑料制造，2012（Z1）：88-91.

［22］ 陶永亮，刘馨玲．汽车前照灯灯体变形控制方法［J］.工程塑料应用，2015，43（2）：67-70.

［23］ 陶永亮，郭文乐．注塑聚丙烯蓄电池槽两端收缩变形缺陷与对策研究［J］.工程塑料应用，2013，14（3）：51-55.

［24］ 陶永亮，刘昌华．注射模型腔强度计算［J］.模具制造，2012，12（2）：52-55.

［25］ 陶永亮．基于正交试验法置物箱成型工艺的优化研究［J］.现代塑料加工应用，2011，23（6）：52-54.

［26］ 刘斌，崔志杰，谭景焕，等．模具制造技术现状与发展趋势［J］.模具工业，2017，43（11）：1-8.

［27］ 刘道春．探讨塑料模具制造技术发展的新视点：一［J］.塑料包装，2015，25（6）：26-29，11.

［28］ 刘道春．探讨塑料模具制造技术发展的新视点：二［J］.塑料包装，2016，26（1）：25-27，16.

［29］ 金龙建．冲压模具结构设计技巧［M］.北京：化学工业出版社，2015.

［30］ 金龙建．冲压模具设计要点［M］.北京：化学工业出版社，2016.

［31］ 金龙建．冲压模具设计实用手册（多工位级进模卷）［M］.北京：化学工业出版社，2018.